공학설계와 의사소통

Engineering Design and Communication

권성규 지음

도서출판 학산미디어

머리말

이 책은 '공학설계입문'과 '공학 의사소통' 두 가지 학습 주제를 통합하여 가르치기 위한 것이다.

세계은행 김용 총재는 2016년 6월 '미래인재 양성과 대학의 역할'을 주제로 한 강연에서, 한국 젊은이들은 "단순히 지식과 기술만 가르치는 교육을 넘어 타인과의 소통과 팀워크 등 소프트스킬을 갖춘 인재로 거듭나야만 경쟁력이 있다"고 소프트 스킬의 중요성을 강조했다. 또 공동 발표자였던, 연세대학교 총장은 "이제 대학은 정답만 찾는 교육을 넘어 다양한 대안을 찾는 '발산적 사고'가 교육 목표가 되도록 역할을 해야 한다"고 했다.

공학교육인증기준에 따라 우리나라 대부분의 공과대학들은 2000년대 초부터 학생들에게 새로운 방식의 설계 교육을 하게 되었다. 그런데 우리나라 대학들의 공학교육체계는 "개념설계의 역량이 어떻게 형성되는 것인가에 대한 논의는 상대적으로 소홀"히 하는 등으로, 아직도 "개념설계와 같이 창의적인 역량을 가르치기 위한 준비가 되어 있지 않"다. '개념설계 역량의 부재'가 우리나라 산업의 성장잠재력 약화의 중요 요인의 하나로 지목된다는 것은 공학설계 교육이 부실하거나 아니면 그 교육이 더 강화되어야 한다는 사실을 대변한다.

마찬가지로 공학교육인증 때문에 우리나라 공과대학들이 학생들에게 글쓰기와 발표를 가르치게 되었다. 그로 인해 우리나라 대부분 대학교들에서 교양교육과정에 변화가 시작되었고, 기초글쓰기가 중요한 교양과목으로 자리를 잡게 되었다. 그러나 공학글쓰기 과목은 아직도 제자리를 못 잡고 있다. 이런 문제에 대한 여러 이유들 중 가장 큰 것은, 공학글쓰기는 기초글쓰기처럼 독립 과목으로 가르칠 수 없다는 것이다.

공과대학 교과과정이 공학설계를 가르치기 위한 것이라고 할 때, 기초설계 과목의 중요성에 비추어 과목용 대부분의 교재들은 개념 설계 국면의 문제정의 단계와 구체화 설계 국면의 내용들을 너무 단순하게 소개한다. 그런 이유 등으로 상당수 학생들이 기초설계는 대충 배우고 마는 과목으로 알고 있으며, 공학설계는 '만들기' 혹은 '도면 작업'이라고 오해하는 실정이다. 그렇지만 학생들은 기초설계 과목에서 앞으로 그들이 요소설계 과목들에서 어떤 주제에 대해 배울 것이며 그 주제들이 공학설계를 위해 어떤 중요성을 가지는 지를 배워야 한다.

전문 주제에 대한 언어인공물과 글쓰기 과정에 대한 이해를 바탕으로 그것을 생산하는 능력은 창의적 문제 해결과 지식 생산이라는 관점에서 공학설계 과정에 요긴하다. "글쓰기는 지식 생산과 창출에 있어 없어서는 안 될 기초과정 중 하나이며 글쓰기 훈련은 지식 융합 사회에서 반드시 수행되어야 할 과정이다." 그런 측면에서, "학생 주도적 활동을 통해 스스로 생각하고 이미 알고 있는 지식을 자기화 하여 새로운 지식을 생산하는 과정을 체험함으로써 지식 생산자로서의 역량을 갖추도록 하는 것이 중요하다."

설계 과목들은 공과대학 학생들이 팀 활동으로 창의적인 문제 해결 능력을 기르고 전공 주제에 대해 의사소통하는 기량을 개발할 수 있는 중요한 교과과정이다. 기초설계와 글쓰기를 통합하여 가르치는 일은, "(학생들이) 인문학적 상상력과 과학기술 창조력을 갖춘 창의 융합형 인재로 성장할 수 있도록" 하려는 '창의적 인재 육성' 관점에서 의미가 크다.

이 책의 전반, 1장에서 3장까지는 기초설계, 후반, 4장에서 6장까지는 글쓰기와 발표, 7장은 팀 활동에 대한 내용이다.

1장은 design과 설계 및 문제 해결 관점에서, 공학설계가 무엇인지 살피고, 공과대학 학생들이 배우는 기초설계, 요소설계, 종합설계는 어떤 과목들인지에 대해 소개한다. 2장은 설계 과정 중, 개념 설계에 치중하되, 구체화 설계에 대해서도 설명한다. 이 장은 창의적 문제 해결의 기반이 되는 문제정의와 발명을 지향하는 디자인 사고의 이해를 강조하고, 추상적인 개념을 구체화하는 제품 체계, 형상 설계, 매개변수 설계 단계들을 소개하며, 그 단계들의 활동 주제들과 요소설계 과목들의 관계도 설명한다. 3장은 공학설계 과정을 중재하는 언어인공물인 문제정의문서, 진도보고서, 설계보고서 및 설계발표의 기능에 대한 것이다. 이런 인공물들의 생산 방법과 그 예들이 부록에 제시되었다.

4장은 공학글쓰기에 대한 것으로, 전문 주제에 대한 글쓰기 과정을 설명한다. 이 장은 글을 쓰기 전에 수사적 상황을 규명하고 글에 쓸 내용을 생성하는 일의 중요성을, 문제 해결 과정과 연관지어, 설명하고, 효과적인 정보 전달을 위한 고쳐 쓰기를 강조한다. 5장은 효과적인 발표를 위한 자료 생성과 청중을 고려한 입말 의사소통을 위해 알아야 할 사항들을 설명한다. 6장은 의미 전달을 뒷받침하는 시각자료의 특성과 그것들을 언어인공물 생산에 이용하는 방법에 대한 것이다.

7장은 팀워크에 바탕을 둔 창의성 개발을 위해 필요한 팀 회의와 팀 글쓰기에 대한 내용이다.

이 책은 새로운 과목을 위한 전혀 새로운 책이다. 이 책은 기초설계나 공학글쓰기를 가르치기 위해 쓸 수 있다. 다른 책들과 달리, 이 책은 여러 설계 과제들에 대해서는 소개하지 않는다. 반면에, 이 책은 문제정의와 디자인 사고를 중심으로 하는 개념 설계와 구체화 설계 단계들을 비교적 자세히 살핀다. 특히 문제정의문서, 진도보고서 및 설계보고서 쓰기에 도움이 될 예문이 수록되었다. 공학글쓰기를 가르치기 위해서 이 책을 쓴다면 문제 해결 활동을 수반하는 것이 좋다. 설계과제에 대한 발표를 준비하는 데 필요한 사항들도 비교적 자세히 기술되어 있다.

주요 예문이나 시각자료들은 영어 문헌 자료들에서 빌어 왔다. 쉽게 읽을 수 있게 나름의 노력을 기울였으나 번역된 자료들이 많아서 혹 읽기 불편한 내용도 더러 있을 것 같다.

이 책으로 기초설계와 공학 의사소통을 제대로 배워서, 학생들이, 4학년 때, 동료들과 캡스톤디자인을 멋지게 마무리하고, 취업을 위한 자기소개서 쓰기나 면접에서, 설계와 의사소통 능력에 대해 자신 있게 글로 쓰고 대답할 수 있기를 기대한다.

2019년 2월 20일

계명대학교 기계자동차공학과

권성규

차례

CHAPTER 01

공학 설계

Design은 여행[1]이다. 에너지 효율이 좋은 집이나 대형 도심 개발 프로젝트를 디자인하거나, 더욱 효과적인 칫솔이나 새로운 수술 로봇을 발명하려고 하거나, 승용차를 더 안전하게 또는 제트 비행기를 더 빠르게 만들기를 원한다면, 여러분은 자신이 만들려는 제품에 독특하고 문제를 해결하려는 인간 노력에 보편적인 어떤 과정을 거쳐 가는 여행을 할 것이다(Karsnitz, 2009: ix)

Design은 다음 예들처럼 다양하게 분류될 수 있다. Design이 특별한 품목이나 제품에 따라 혹은 직업 전문 분야에 따라 분류될 수 있기 때문에, 사실, design의 가짓수는 수도 없이 많다.

1 의복 디자인	5 빌딩 디자인	9 난방 시스템 설계
2 실내 디자인	6 선박 디자인(설계)	10 기계 설계
3 고속도로 design	7 교량 디자인(설계)	11 엔지니어링 설계
4 조경 디자인	8 computer-aided design	12 공정 설계

위 분류에서 알 수 있듯이, design이 미(美)의 추구와 관련될 때 '디자인'(예, '산업 디자인')으로, 공학에 적용하는 때에는 '설계(設計)'라고 (예, '기계 설계') 부른다. '디자인'은 외형을 아름답게 꾸미는 미술과 연관된 분야로, '설계'는 공학의 한 분야로 인식되기도 한다. 예를 들어, 심미적 관점에서 자동차의 외관을 design하는 일은 '디자인'이라고 즉 '산업 디자인'이라고 부르고, 기계로서의 자동차의 뼈대, 차체를 design하는 일은 '설계'라고 혹은 '공학설계', 즉 '기계설계'라고 부른다. 이런 면에서 design 능력은 과학이기도 하고 예술이기도 하다(Dieter, 2013: 1). 사실은 "공학적 문제에 대한 해결책은 항상 예술과 닮은 창의성의 요소와 관련이 있다"(헨리 페트로스키, 2017: 360). 이 책에서 설계는 주로 공학설계(engineering design)를 의미한다.

Design은 인간의 수요를 충족하기 위한 계획을 세우는 것, 새로운 제품을 생산하기 위한 계획을 세우기 위해 반복하는 의사 결정(Karsnitz, 2009: 3), 혹은 새로운 것을 생성하거나 문제를 푸는데 사용되는 과정을 말하기도 한다. Design 한다는 것은 사회

1) 귀로(歸路)가 정해지지 않은 여행(journey). "공학자라면 잘 알고 있듯이, 공학이란 지속적인 과정이다. 이를 여행으로 비유할 수 있는데, 다만 자주 멈추고, 뒷걸음질이 많으며, 방향을 여러 차례 재설정하고, 진정한 의미에서 최종 목적지가 없다는 점이 특징이다."(헨리 페트로스키, 2017: 321)

의 인지된 필요를 충족하기 위해서 새로운 어떤 것을 다시 합성하거나 현존하는 사물들을 새로운 방식으로 배열하는 것이다. "익숙하고 오래된 것을 새롭고 기발한 방식으로 재조직하거나 단순한 방식을 복잡한 시리즈로 재탄생시키는 과정과 절차 역시 디자인이다"(헨리 페트로스키, 2005: 23).

아무라도 이러저러한 사정으로 design에 연관되는데, 심지어 일상생활에서 조차, 그런 문제를 마주치게 되고 해결해야 하는 상황들이 발생하기 때문이다. 가족의 휴가 여행을 design하는 문제를 고려해 보라. 집에서 거리가 다른 모두 7 곳의 목적지가 있다고 하자. 교통비가 각각 다르고, 일부 목적지들 중에는 한 나절 만에 도달할 수 없는 곳도 있을 것이다. 아이들은 호수나 강이나 바닷가 휴양지로, 부인은 백화점, 극장, 및 놀이 공원이 있는 쇼핑센터가 있는 대도시로, 그렇지만 남편은 골프장이나 가까이 낚시할 곳이 있는 자연휴양림 피서지로 가고 싶어 할 것이다. 이 수요와 바람들에 시간과 돈이 연관되는 때, 다양한 해결책들이 있을 수 있다. 이 목적지들 중 한 곳 이상의 최적의 장소가 있으면 다행이지만 없을지도 모른다. 그렇지만 휴가지와 방식이 결정되면 그곳까지의 여행 경로, 휴게소, 교통수단 및 휴가 시설의 이름이 정해질 것이다. 사실, 휴가 design 문제를 해결하는 데는, 서로 연관된 복잡한 인자들이 있음을 쉽게 알 수 있다.

Design은 항상 문제를 해결하는데 영향을 미치는 제약 사항들의 지배를 받는다. 예를 들어, 휴가 design 문제에서 두 가지 제약 사항은 휴가에 쓸 수 있는 시간과 돈이다. 해결책에 연관된 제약 사항들도 있다. 위 경우에 식구들의 수요와 바램이 제약 사항들의 일부이다. 최종적으로, 합의된 design 해결책이 최적이 아닐 지도 모른다. 이 경우에 최적의 해결책은 가족 각자와 모두가 휴가 여행이 좋았다고 말하는 때 판정된다.

Design 문제는 가설적 문제가 아니다. 설계는—한정적인 행동을 취함으로써 종국적인 결과를 생성하거나 또는 물리적인 현실을 가지는 어떤 것을 생성하는—믿을 만한 확실한 목적을 가진다. 그런데 공학에서 조차도 "design"은 다른 의미로 쓰인다. 어떤 사람들은 designer를 기어, 클러치 혹은 다른 기계 구성품의 상세한 것들을 제도하기 위해 제도판을 쓰는 사람으로 생각한다. 다른 사람들은 design을, 통신 시스템과 같은, 복잡한 시스템을 생성하는 일로 생각한다. 공학의 일부 영역에서는 design 대신 아예 systems engineering 또는 applied decision theory 라는 용어를 쓴다. 그렇지만 design 기능을 어떤 말로 설명하는 지에 상관없이, 공학 관점에서 design은 과학 원리들과 엔지니어링 도구—수학, 컴퓨터, 그래픽스(graphics), 및 언어—들을 이용해서 인간의 필요를 충족할 계획을 만들어 내는 과정이다.

공학(engineering)은 과학과 수학을 바탕으로 인간에 유용한 산물을 만드는 데 필요한 기술(technology)을 창조하는 일에 대한 학문이다. 공학은 과학이나 기술과 다르다. 우리가 과학기술(科學技術)이라고 말할 때는 대개, 기술이 과학에 바탕을 둔 것이라는 의미가 전제된다. 그러나 실제 기술을 만들어내는 일은, 과학이 아니라, 공학(工學)의 몫이다. 과학은 공학의 도구이다. 과학은 자연 현상이 왜 그런지 질문에 대한 답을 구하는 일이고, 그 일을 하는 사람들이 과학자이다. 설계는 과학이 공학과 공유할 수 없는 요소이다. 공학 설계를 하는 사람들이 엔지니어(engineer)이다. 설계로 만들어진 기술을 세상에 구현하는 일을 주로 하는 사람들이 기술자(technologist)이다. 기술을 구현하는 데 필요한 여러 일들을 하는 사람들이 기능공(technician)들이다.

공학은 물리적 현실뿐만 아니라 사회적 맥락과도 연관된다. 그 맥락에서 사람들은 엔지니어의 아이디어를 받아들이고, 더 나아가 자금을 지원할 수 도 있고, 결과물을 구입하기도 한다. 그래서 엔지니어가 기술을 개발하는 일은 그 일을 둘러싸고 있는 사회적 그리고 정치적 과정들로부터 분리되어 있을 수 없다. 효과적인 기술들은 사람들에게 이로움을 주어야할 뿐만 아니라 효율적이고 유용한 제품들의 개발과 생산으로 이어져야 한다(Winsor, 1996: 45).

설계는 공학의 근본적인 것이다. “설계는 목표하는 기능과 성능을 포함한 제반 요구조건을 만족하는 시스템이나 시스템의 일부를 고안하는 전 과정을 포함한다. 설계는 수학, 기초과학, 공학주제 영역의 이론을 바탕으로 정답이 없는 문제를 해결하는 방안을 고안해서 사용 가능한 자원을 최적으로 활용하여 그 방안을 구현하는 반복적인 의사결정 과정이다.” 한 마디로, 설계는 기술을 창조하는 과정이다.

공학교육인증기준에 따라, 대부분의 공과대학들은, 학생들에게 기초설계, 요소설계 및 종합설계, 세 종류의 설계 과목들을 가르친다. 이 중에서 기초설계와 종합설계('캡스톤디자인')는 설계만을 위한 과목이다. 그 두 과목 외에, 일부 전공 선택(요소설계)과목들에는, 졸업에 필요한 학점 외에, 설계학점(3학점 과목에 대해 보통 1학점 정도)이 따로 배정되어 있어서, 학생들은 그 과목들을 배우는 동안, 주로, 구체화 설계와 관련되는 내용을 배우고, 그에 대한 설계 과제를 한다.

1-1 기초설계

공학설계, 특히, 기초설계 교육의 중요성은, 서울대학교 공과대학 26 명의 교수들이 쓴 책『축적의시간』에서 다음 내용을 읽게 되면, 새삼스럽다.

> 첫째로, 우리나라 플랜트 회사들이 기본설계 능력을 보유하고 있지 못합니다. 엔지니어링은 기본적으로 설계 능력이 굉장히 중요한데, 우리는 주로 선진국에서 설계 패키지를 사오고 있습니다. …. 엔지니어링은 설계 과정을 의미하고,…. 우리나라는 상당히 다양한 케이스에 대해서 구매와 시공은 잘하고, 세계적인 경쟁력도 갖추고 있습니다. … 엔지니어링은 다시 개념 설계, 기본설계, 상세 설계로 구분되는데, 전체 구조를 잡는 개념 설계를 우리나라 회사들이 못합니다. 사실 개념 설계뿐만 아니라 기본설계도 거의 못하고, 상세 설계를 주로 하지요(서울대학교 공과대학, 2015:134).

공과대학 학생들은 전공 주제를 배우기 전, 1학년 2학기 또는 2학년 1학기에, 공학의 실제를 경험하는, 즉 설계 구성요소와 현실적인 제한조건을 경험하는, 공학설계의 일반적인 개념에 대한 이해와 창의력을 기르기 위한 기초설계(또는 설계입문) 과목을 배운다.

기초설계는 "공학설계의 일반에 대한 이해와 창의력을 기르기 위한,"(ABEEK, 20012: 136) "아직 공학을 완전히 습득하지 못한 학생들이 정해진 재료를 가지고 지혜를 짜서 서투른 손으로 기구를 직접 만들고 '공학이란 무엇인가?'를 체험해 볼 수 있게 하는" 과목이다(주종남, 2006). 이 과목에서 학생들은 처음으로 팀 활동으로 문제를 해결하기 위한 아이디어들을 개발하고 설계 과정을 경험하게 된다.

기초설계 과목에서, 공과대학 학생들은, 대체로, 개념 설계(2-1 절)에 집중하며 구체화 설계(2-2 절)까지의 과정을 경험한다. 기초설계 과목용 과제는, 예를 들어, 모형 수륙양용차량 개발이나 종이다리 만들기(송동익, 2010: 105)와 같은 것들이다. 또는, 공과대학 2학년 학생들은, rocket project(bottle rocket project)와 crane ("Hoistinator") project를 하거나 wind turbine 개발 과제를 하기도 한다(Riddell 2010: 8). 물론 이런 과제들은 팀 과제이다.

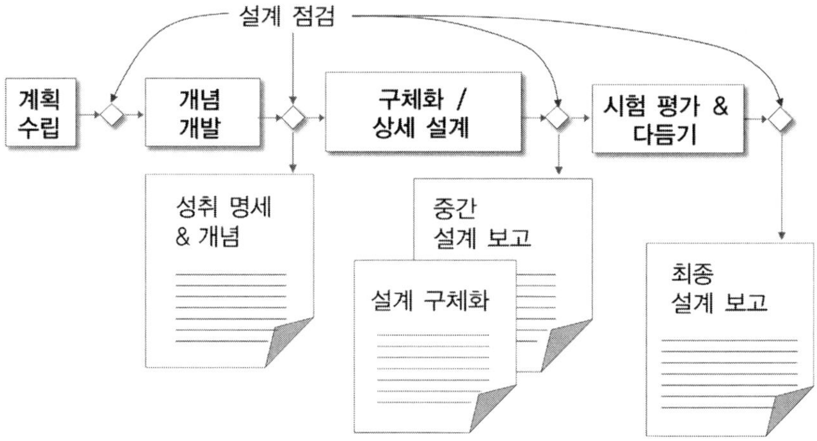

그림 1-1 기초설계에서 발생하는 의사소통 수요

기초설계는 저학년 학생들이 프로젝트를 상세 설계까지 모두 해 내기를 기대하지 않기 때문에, 대체로 개념 설계에 치중하여, 소비자를 이해하고,[2] 팀을 이루어 문제를 해결하며, 시각적 추론 및 스케치하는 능력 등 설계기본소양을 가르치기 위한 과목이다(김관명, 2013). 학생들은 설계부를 작성하고, 정기적으로 회의록과 진도보고서를 제출하고 진척 내용을 발표한다. 학기말에 설계 결과물인, 인공물, 모형이 평가되고, 학생들은 설계보고서와 함께 결과물을 제출한다. 그림 1-1(Eggermont, 2010: 4)은 기초설계 과정의 국면마다 여러 의사소통 수요가 있음을 묘사한다.

기초설계를 배우는 학생들은 문제를 해결하는데 필요한 여러 아이디어들을 팀 활동으로 발굴하고 생산하는 때뿐만 아니라 그것들을 평가하고 최적의 것을 선정하기 위해서도 팀 수준에서 입말과 글말로 의사소통을 할 수 있어야 한다. 이런 과정에서 팀워크가 중요하고 그를 바탕으로 팀 창의성이 발휘된다. 이런 활동 내용은 팀의 진도보고서로 작성되어야 한다. 팀 수준의 의사소통이란 사회적 맥락이나 소통 목적과 관련한 담화공동체 지식이 소통 내용의 배경이 되는 것을 말한다.

2) 기초설계 과목에서도, 학생들이, 교수를, 단순히 과목을 가르치는 사람으로서가 아니라, 실제 의사소통 청중 및 도출한 해결책을 고대하는 고객으로 간주하여, 프로젝트를 경험하게 하는 것이 바람직하다(Yarnoff, 2010: 3).

1-2 요소설계

요소설계는 기초설계와 전공 필수과목들을 배우고 나서, 학생들이, 보통 3학년부터 배우는 전공 선택 과목들과 관련된 설계이다. 요소설계는 이런 전공 선택 과목들의 일부 내용과 연관된 주제에 대한 설계를 말한다. 학생들이 전공분야의 문제 해결을 위한, 특히 구체화 설계 관련 요소들을 빠짐없이 체계적으로 배울 수 있도록 그런 과목들이 교과과정에 편성되어 있다. 이 과목들에서 학생들은 "과목의 성격에 따라 다양한 방법(학생의 창의력 함양, 개방적 사고를 통한 문제 해결, 현대적인 설계 이론과 방법의 개발, 설계 문제의 공식화, 설계명세서 작성 방법, 다양한 방식의 문제 해결 고찰, 가능성의 고찰, 구현과정, 협력적 설계, 상세 시스템 명세 작성 등)으로 설계 구성 요소들에"(ABEEK, 2014) 대해 배운다.

요소설계에서, 학생들은, 전공 필수과목들에서 배운 지식을 바탕으로, 예를 들면, 문제를 해결할 개념(기초설계에서 중점적으로 배운)을 구체화하는 설계 국면과 관련한 제품의 체계 결정, 모듈이나 구성품들의 형상과 그것들의 연결이나 결합 방식들의 결정, 및 그것들의 재료와 치수 및 공차를 정하는 매개변수 설계에 필요한 지식과 구체적 기법들을 배우고, 그와 관련된 도구들의 사용을 실습하기도 하며, 그 맥락에서, 설계 학점이 정해져 있는, 설계 과제를 한다. 또 학생들은 지난한 계산 과정을 통해서나, 설계 지원 응용 프로그램들을 이용하여, 설계 매개변수들의 값을 결정하는 과제도 한다.

요소설계 과목들의 목표는, 개념을 인공물로 구체화하는데 필요한 다양한 요소들에 대한 학습과 연습이다.

1-3 종합설계

'캡스톤디자인'이라고 부르는, 종합설계 과목은 학생들이 요소설계 과목들을 대부분 배운 후, 보통 4학년 1학기나 2학기에 배운다. 종합설계 과목에서 학생들은 초보 엔지니어로서, 개념 설계를 거쳐, 요소설계 과목들에서 배운 모든 지식을 동원해서, 구체화 설계도 하고, 상세 설계를 한 후, 도면도 그리고, 시제품을 제작하여 시험하고 평가하는 단계까지를 배우고, 그 전 과정을 경험한다.

종합설계는 보통 팀 활동으로, 주어진 문제를 정의하고 문제를 해결하기 위한 자료들을 수집하여 해결책을 선정하고 해결 가능성을 탐색하는 순환적인 과정을 거쳐, 최신 도구를 사용하여 그 방안을 구현하고, 그 과정에서 생산된 모든 자료와 지식을 바탕으로 보고서를 작성하며, 그 결과를 발표할 수 있는 능력을 배양할 수 있도록 고안되고 운영되어야 하는 과목이다. 종합설계에서 다루어야 하는 문제는 산업현장에서 요구하는 것이나 그에 버금가는 최신 문제가 바람직하다. 따라서 학과는 당시의 기술수요와 산업체의 요구사항을 충분히 반영하여 최신 문제를 종합설계 과제로 발굴할 수 있도록 학생들을 도와야 한다. 특히 현실적 제한조건과 주요 설계 구성요소 등이 세밀하게 다루어지도록 종합설계 과목이 운영된다.

그림 1-2(Hackman, 2013: 72)는 회사 조직을 모방하여 만든, 공과대학 4학년 학생들이 팀을 구성하고 과제를 구하여 운영되는 캡스톤디자인 수업 구조를 보여준다. 이 그림에서 보면, 점선보다는, 실선에 의해 연결된 요소들 사이의 의사소통 수요가 더 많다.

종합설계 과제를 완수하기 위해서 학생들은, 전공에서 배운 모든 지식을 종합적으로 적용하고 제품을 설계하고 제작하여 결과를 발표하고 그에 관한 보고서를 제출한다. 개념 생성이나 특히 제품에 대한 시장 수요나, 교내 제작이나 교외 제작과 관련하여 학생들은 현장 전문가들과 의사소통해야 하는 상황을 맞게 된다. 그런 상황에서 학생들은 제품의 형상이나 기능에 대해 의사소통하기 위해서 스케치를 이용하기도 하지만, 보통 도면을 작성한다. 물론 이런 일들도 팀 활동이다.

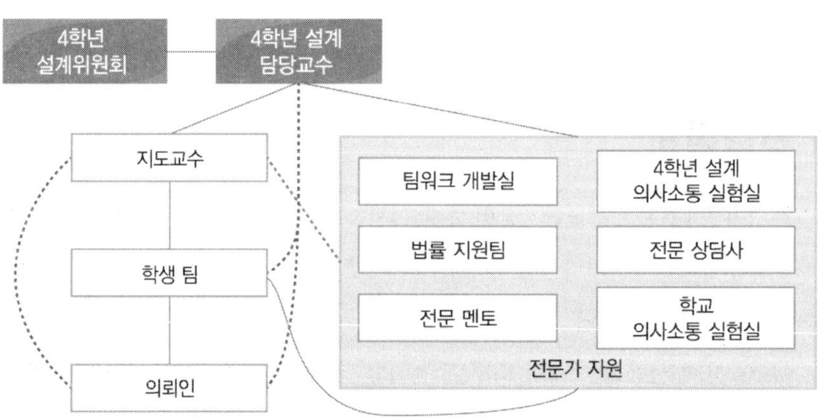

그림 1-2 4학년 캡스톤디자인 운영 구조

종합설계는 학생 개인의 학습 성과 성취도를 측정[3]하는 데 이용되는 중요한 과목이다. 공학설계 과목들은 독립된 기술 의사소통 과목이나 실험 실습 과목들과 함께, 오랫동안 학생들이 의사소통 기량을 기르는 데 도움이 되는 요긴한 과목이었다. 공학설계 과목들은, 그 본성에 의해서, 직업 전문적인 감각을 생성하기에 이상적인 과목들이고, 따라서 과목 담당 교수가 학생들로 하여금 의미 있는 직업 전문가적인 관행에 연관되도록 하는 것이 글쓰기 학습을 위한 중요한 요소이다. 효과적으로 의사소통할 수 있는 능력은 캡스톤디자인 과목에서 가장 적절히 평가될 수 있다(Paretti, 2008: 491).

'캡스톤디자인'은 공학계열의 학생이 학부 과정동안 배운 이론을 바탕으로 작품을 기획, 설계, 제작하는 전 과정을 경험[4]하는 종합설계 과목이다(이태식, 2009). 이 과목에 대한 다양한 정의들을 종합해 보면, 캡스톤디자인의 목표는 공과대학을 졸업하는 학생들이 취업 후 재교육 없이 곧바로 현장에서 엔지니어링 일을 할 수 있게 하는 것이다. 이 과목은 공학 지식뿐만 아니라 기존 이론 과목들에서는 다루기 힘든 창의성, 효율성, 경제성 등에 대한 통합적 문제 해결 방법과 의사결정, 의사소통 방법 및 팀워크 개발에 대해 가르친다. 따라서 캡스톤디자인을 제대로 이수하자면, 학생들은 수학, 과학, 컴퓨터 등의 기본 지식이 탄탄해야 하고, 전공 관련 여러 주제에 대한 온전한 지식도 가져야 한다. 졸업을 앞둔 4학년 학생들은, 문제를 정의하고, 대안을 생성하며, 고객과 인터뷰도 하고, 보고서를 쓰며, 발표[5]도 할 줄 알아야 한다(Yarnoff, 2010). 따라서 이 과목을 배우는 동안 학생들은 상세 설계까지를 경험하고 결과물도 제출해야 한다.

종합설계 과정을 마무리하기 전에, 설계 인공물, 보고서 및 발표에 6 가지 설계구성요소(목표설정, 합성, 분석, 제작, 시험, 평가)와 6 가지 제한조건(원가, 안전성, 신뢰성, 미학, 윤리성, 사회적 영향)들이 제대로 반영되었는지 평가된다(이희원, 2010). 캡스톤디자인 작품에 대해서는 교 · 내외의 여러 경진대회가 있어서, 학생들은 학기말에, 최선을 다해서, 특히, 시작품 제작(이태식, 2009)과 발표 및 설계보고서를 작성한다.

종합설계 과목의 학습 목표들은 다음과 같다(Hackman, 2013: 68).

---

3) 공학교육인증을 받기 위해서, 학과는 학생들이 소정의 학습 성과를 성취하는 것을 입증해야 한다.

4) 자연과학을 배우는 학생들이 전공을 충실히 배운 후 4학년에서 적절한 교양과목을 수강하게 하면 교양과 전공의 융합적 상승효과와 캡스톤디자인 과목으로서의 효과도 기대할 수 있다(강명구, 2012: 349).

5) 캡스톤디자인 수강생 21명 중 19명은 구두 발표가 가장 값진 것이었다고 평가했다. 그들이 잘하지는 못하지만 가장 필요한 기량으로 간주하는 대중 발표 연습을 할 기회가 발표이고 또 그들은 구두 발표를 그들이 프로젝트에 서로 협력하여 일할 수 있게 하는 도구로 여긴다(Paretti, 2008: 497).

- 기초 이론과 지식, 공학 원리, 창의적 문제 해결 및 연속 학습을 통합함으로써 산업 현장의 실제 문제들을 해결하는 진정한 산업 엔지니어링 실습에 필요한 기량들을 개발하고
- 팀워크, 리더십, 프로젝트 관리, 직업전문가다움, 및 글말과 구두 의사소통과 같은 "소프트" 기량들을 개발하며
- 문제 정의와 범주 확정, 과제 제안, 과제의 가치 산정, 및 자세한 비용/이점 분석과 같은 비즈니스-관련 기량들을 배우고
- 기밀 유지, 비밀 보장 협정, 지적재산권, 및 기술 면허 등을 포함하는 법적 이슈들에 관해 배우기

과목 일정은 그림 1-3에서 가로축을 따라 볼 수 있다. 학생들이 팀을 구성하고 프로젝트를 스스로 선정한다. 학기 시작 전 팀들은, 각자 있는 곳에서, 여러 수단을 이용해서 팀원들끼리 서로 의사소통하는 법을 개발한다. 이 일이 성가시긴 하지만, 학생들은 그로 인해 팀 의사소통 역량이 향상됨을 경험할 수 있다.

의사소통이 설계에서 절대 필요한 요소이기 때문에, 의사소통을 위한 글쓰기와 발표를 배우는 것은 공학설계의 학습목표를 성취하는데 도움이 된다.[6] 공학설계 능력을 평가하는 6 가지 영역 중 사회적 능력이 가장 중요[7]한데, 그 능력은 의사소통과 팀워크, 두 가지 요소로 평가된다. 팀이 진행하는 설계 과정은 각 단계에서 팀원들 간 그리고 프로젝트 관련 다양한 이해 당사자들 간의 의사소통을 요구한다. 그런 일과 맞물려 진행되는 보고서 쓰기와 발표가 설계가 나아가도록 뒷받침한다.

6) "글쓰기는 아무 과목에서나 학습과 어떻게 학습할지를 가르치기 위한 매개체로서 중심적인 역할을 한다"(Herrington, 1981: 387).

7) 공학설계 능력을 평가하는 데 두 번째로 중요한 절차적 능력이다. 그 능력은, 문제 확인 및 정의, 계획 및 관리, 정보 수집, 아이디어 도출, 아이디어 평가, 5 가지 요소로 평가된다(김태훈, 2005: 55).

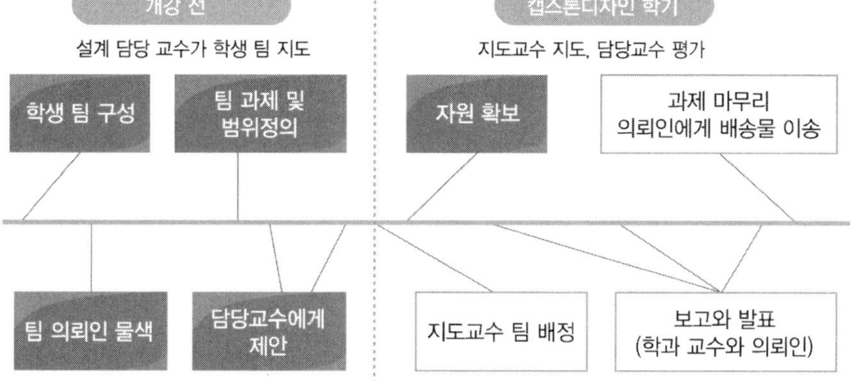

그림 1-3 4학년 캡스톤디자인 일정표

개념 설계에서 수요 확인과 그를 충족하는 성취 명세를 규명하는 능력[8]은 문제를 정의하는데 요긴하다. 구체화 설계에서, 특히, 그래픽과 시각자료들을 글말 텍스트와 통합하는 능력은 제품 형태와 외양에 관한 아이디어를 스케치하고 그래프를 그리며 수식을 쓰는 등으로 제품 체계와 형상 설계 및 매개변수 설계를 하는데 중요하다. 설계 과정 동안, 정보 전달과 지식 생산에 필요한 언어인공물을 생산하는 능력은 문제 해결 이해 당사자들과 효과적으로 의사소통하는데 필수적이다. 이런 의사소통 능력은 공학 설계 과정 중에 하는 보고서 쓰기와 발표 과제에 따라 팀워크에 바탕을 두고 개발된다. 따라서 기초설계를 배우면서 글말과 입말 의사소통 능력을 기르는 것은, 창의성을 진작하는 등으로, 공학설계 능력을 기르는 만큼이나 중요하다.

설계 과정에서 생산되는 언어인공물들은 설계 엔지니어들이 해결해야 하는 문제들을 살피는 일을 "중재하는 인공물"이다(Paretti, 2008). 그런 중재 인공물들은 프로젝트를 추진하는 책임 엔지니어들과 매니저들(공학설계 과목에서 과목 담당 교수) 사이를 중재할 뿐만 아니라, 개발 중인 설계가 고객이 요구하는 성능 기준을 충족하는지를 판단하려는 설계자들과 고객 사이의 관계도 중재한다. 예를 들어, 캡스톤디자인을 위한 진도보고서, 설계부, 구두 발표 및 설계보고서와 같은, 글말이나 입말 텍스트들은 설계 팀원들 사이에 정보와 아이디어의 교환을 중재하는 도구들이다. 또 설계 과정 중에 설계 텍스트들을 회람하는 일은 설계 팀원 각 개인들이 후속하는 의사결정이나, 계산 또는 설계를 수정하는 때에 알고 있어야 하는 정보를 챙겨두기 위한 팀의 상호작용이다.

---

8) 설계 개념을 효과적으로 전달하고 설득하는 능력은 공학 설계자에게 중요하다(김관명, 2013: 63).

CHAPTER 02

설계 과정

Design한다는 것은 인간의 수요를 충족하기 위한 계획을 세우는 것이다. 충족되어야 할 (없어서는 안 되는)필요가 처음부터 아주 잘 정의되기도 한다. 다음은 문제 해결의 필요가 잘 정의된 두 가지 예이다(Shigley, 1983: 4).

1. 우리는 어떻게 화석 연료를 쓰지 않고, 지구 표면을 손상하지 않으며, 깨끗하고, 안전하며, 경제적으로 많은 양의 동력을 획득할 수 있나?
2. 이 자동차의 변속기가 말썽이다. 지난 6주 동안 여덟 번이나 고장 났다. 고쳐야 겠다.

그렇지만 문제 해결 수요가 너무 흐리멍덩하고 어설프게 정의되어 있다면, 상당히 고심하고 노력을 기울여서 그것을 명백하게 진술해야 한다. 다음 두 가지 예를 보자.

1. 항공기 사고로 많은 사람들이 죽는다.
2. 대도시의 거리와 고속도로에 자동차들이 너무 많다.

이런 유형의 설계 상황에서는 필요한 것이 무엇인지 그에 따라 풀어야할 문제가 무엇인지 그 어느 것도 확인되지 않는다. 또한, 많은 문제들로 인해 상황이 복잡하다.

문제 해결

문제는 두 가지로 구별된다. 풀이 과정이 정해져 있어서 하나의 답, 정답이 있을 수 있는 구조화된 문제와 정답은 없지만 다양한 방법으로 쓸 만한 근사해를 구하는 비 구조화된 문제. 예를 들어, 수학이나 공학 공식을 적용하여 정해진 절차에 따라 풀 수 있는 문제들과 같이, 답이나 해법이 잘 알려진 것들이 구조화된 문제들이다. 이에 비해, 문제 자체가 명백하게 정의되어 있지 않고, 그 해결 과정이 정형화되지 않은 다양한 단계들로 구성되어, 근사해 중에서 최적해를 구해야 하는 것들이 비 구조화된 문제들이다.

설계 문제는 비 구조화된 문제이다. 설계 문제에 대해서는 "정답"을 요구할 수 없는데, 그런 답이 없기 때문이다. 사실, 문제에 대한 답을 찾는 동안 지식이 발달하거나 구조 혹은 사회적 요인들이 변한다면, 오늘 "좋은" 답이 내일 "부실한" 답이 되기도 한다.

표 2-1 문제 해결 도구

문제 정의	원인 파악	해결책 찾기와 구현
브레인스토밍 유사성 다이어그램 Pareto 차트	데이터 수집 인터뷰 초점 그룹 surveys	해결책 찾기 브레인스토밍 How-how 다이어그램 개념 선정
	데이터 분석 checksheet 히스토그램 흐름도 Pareto 차트	구현 Force field 분석 글말 구현 계획
	근원 탐색 인과 다이어그램 Why-why 다이어그램 상호관계 digraph	

문제는 일반적으로, 문제를 풀거나 필요나 수요를 충족하기 위해서, 그 문제를 이해하고, 계획을 고안하여, 계획을 실행하고, 실행 결과를 살펴서 계획의 효과성을 평가하는 단계들을 거쳐 해결된다. 설계에 유용한 문제 해결 방법론은 다음 단계들로 구성된다. ① 문제 정의, ② 정보 수집, ③ 해결책들의 반복적인 생성, ④ 대안들의 평가와 의사 결정, ⑤ 결과에 대한 의사소통. 이 문제 해결 방법은, 제품을 개발하기 위한 착상이나 구성 요소의 설계에서나, 설계 과정의 아무 시점에서 이용될 수 있다. 표 2-1 (Dieter, 2013: 126)은 문제 해결 아무 국면에서 이용될 수 있는 도구들을 보여준다.

이런 문제 해결 방법론의 단계들은 차례대로 정연하게 나아가지는 않는다. 문제를 정의하고, 정보를 수집한 다음, 해결책을 생성하고, 대안들을 평가하는 단계로 나아감에 따라 설계 엔지니어들은 문제를 더 잘 이해하게 된다. 사실, 설계는, 부분적인 해결책들을 찾고 문제를 정의하는 사이를 오고가는, 반복적인 본성을 가진다. 그림 2-1은 설계 과정의 순환적 특성을 묘사한다.

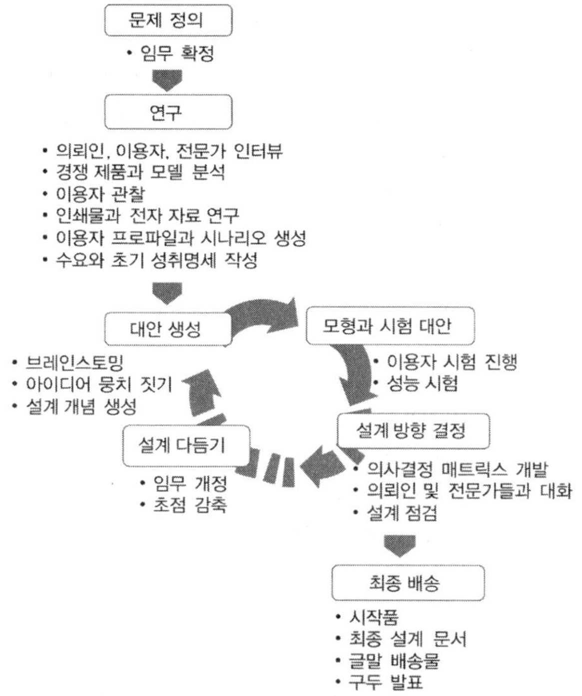

그림 2-1 순환적인 설계 과정

공학 설계 문제의 구조를 짜는 수단을 제공하고 실현 가능성 있는 해결책을 이끌어내는 다양한 설계 과정들이 있고, 그것들은 반복적이고 순환적인 여러 단계들로 구성된다. 설계 과정은 문제 해결 방법론을 설계에서 상세하게 구현하는 과정이다. 설계 과정은 논리적인 문제 해결 기법 그 이상도 그 이하도 아니다. 설계 과정은 "문제를 풀거나 사람의 필요나 결핍을 충족할 수 있는 많은 해결책들을 개발하고, 어떤 기준이나 제약 조건들을 적용하여 그 해결책들의 범위를 좁히는데 사용되는 체계적인 문제 해결 전략이다."

설계 과정은 적게는 5 가지 많게는 무려 25 가지 단계들로 나누기도 한다. 그러나 그 분할은 대체로 문제 해결(설계) 방법론에 바탕을 두고 있으며, 모든 설계 과정은 '계획, 순서, 반복'이라는 중요 국면들을 반영한다. 그림 2-2(Karsnitz, 2009: 32)는, 반복하고 순환하는, 문제 해결 관점의 5-단계 설계 과정을 묘사한다.

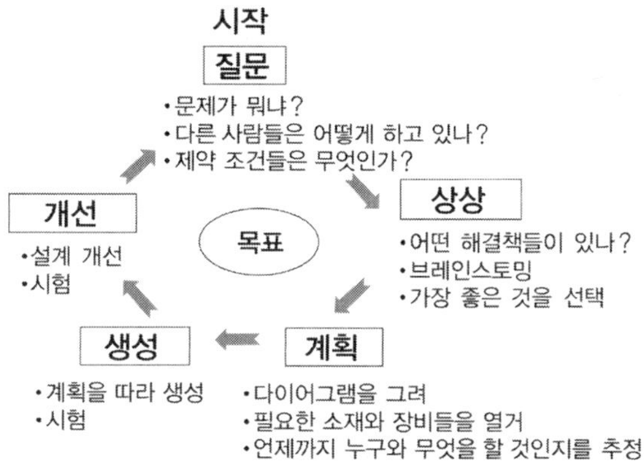

그림 2-2 5 단계 설계 과정의 예

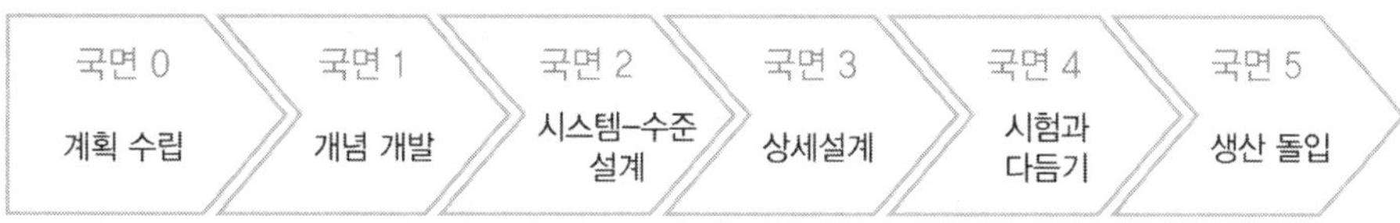

그림 2-3 제품 개발 과정의 여섯 가지 국면

제품 개발 과정은, 그림 2-3(Dieter, 2013: 37)이 묘사하는 바처럼, 크게 여섯 가지 국면으로 나눌 수 있다. 국면 0에서 설계의 필요성이 확정되면, 공학 설계 과정(국면 1, 2, 3)을 거쳐 국면 4와 5가 계속된다.

국면 0에서는 제품 개발 프로젝트가 승인되는데 필요한 계획이 수립된다. 이 계획 수립은 보통 두 단계로 진행된다. 첫 단계는 가능한 시장이 있는지와 제품이 회사의 전략 계획에 합치하는 지를 결정하고 신속하게 조사하여 프로젝트의 범위를 정하는 것이다. 이 단계에는 또한 기술과 제조 타당성을 결정하기 위해서 예비적 엔지니어링 평가가 수행된다. 만약 가망성이 있는 것으로 판단되면, 프로젝트를 생성하기 위해, 다음 단계인, 상세 조사로 나아간다. 이 일에는 마케팅, 설계, 제조, 재정, 및 가능한 법무부서 사람들이 연관된다. 프로젝트를 확립하기 위해, 마케팅 부서는 목표 시장, 제품 입지, 및 제품의 장점을 확인하기 위해 시장 분할이 연관되는 시장 개척 분석을 자세히 한다. 제조 부서는 가능한 생산 제약 사항과 비용을 확인하고, 공급망 전략을 고려하며, 가능하다면 일부 예비적인 설계 개념들이 유효한지를 검증하기 위해서 시험하거나 개념 증명 분석을 한다. 설계 부서는 기술 전문적 역량을 평가하기 위해 더욱 깊이 탐색한다. 프로젝트 생성의 핵심 부분은 재정 분석인데, 이익 가능성을 예측하기 위해서 마케팅 부서의 판매와 비용 예측 자료가 이용된다. 국면 0이 끝나고, 프로젝트가 국면 1로 진입하고 나면 비용이 상당히 커지기 때문에, 앞으로 나아갈지에 대해 매우 신중하게 결정된다.

국면 1, 2, 3은 공학설계 과정이다.

국면 4, 시험과 다듬기 국면은 생산을 대비해 시험용 제품을 여러 개 만들어서 시험하는 국면이다. 첫 번째 시험용(alpha) 시제품들은 보통 실제로 생산할 때 쓸 부품들로 만들어진다. 이것들은 같은 치수를 가지는 부품들로 제품의 생산 본과 동일한 소재들을 사용하지만, 실제 공정과 세공 연장들로는 만들지 않을 수 있는, 실제로 작동하는 모델들이다. 이것은 부품들을 신속히 확보하고 그리고 개발 비용을 최소화하기 위한 조치이다. 이 시험의 목적은 제품이 설계된 대로 실제로 작동할 것인지 그리고 그것이 고객 수요들을 충족할 것인지를 결정하는 것이다. 그 다음 beta 시험은 실제 생산 공정과 세공 연장들에 의해서 만들어진 부품들로부터 조립된 시제품들에 대해서 수행된다. 그것들은 자체 설비에서 광범위하게 시험되고 그리고 선정된 고객들에게도 그들의 사용 환경에서 시제품들을 시험하도록 요청한다. 이 시험의 목적은 제품의 성능과 신뢰성에 관한 의심을 해소하고 제품이 시장에 출하되기 전에 필요한 엔지니어링 조치를 하기 위한 것이다. 이 국면의 끝에서, 설계가 잘 되었는지 그렇게 개발된 제품이 원래 의도와 합치하는지가 점검된다. 이 시점을 지나면 많은 자금이 투여되기 때문에, 생산 자금이 투입되기 전에 재정 산정과 시장 전망이 수정된다.

국면 5, 생산 개시 국면에서는, 제작이 시작되어, 의도된 생산 시스템으로 조립되고 제품이 만들어진다.

국면 3, 4, 및 5에 대해서는, 4학년 때 배우는, 종합설계 과목에서 자세히 논의될 것이다.

제품 개발을 위한 공학설계 과정의 세 국면(개념 설계, 구체화 설계, 상세 설계)과 그 여덟 단계의 내용들이 그림 2-4(Dieter, 2013: 15)에 요약되어 있다. 이 그림에는 여덟 단계들이 순차적으로 진행되는 것으로 묘사되어 있지만, 보통 여러 단계들이 순환되고 반복된다.

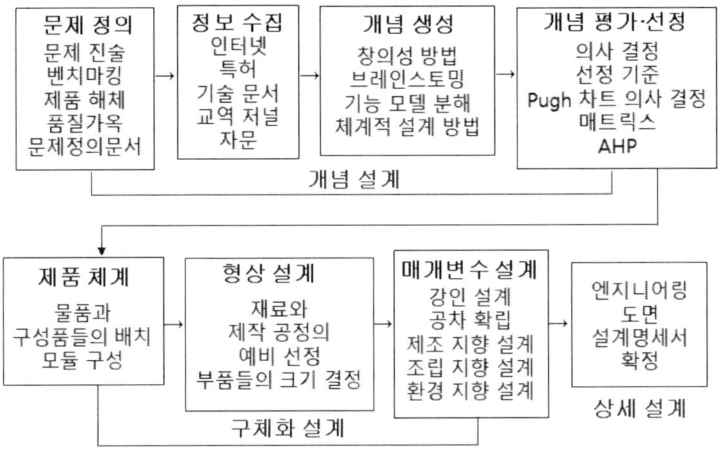

그림 2-4 설계 과정의 세 국면과 여덟 단계

그림 2-1(Yarnoff, 2010: 50)이 그런 특성을 잘 묘사한다. 문제 정의-연구-대안 생성-설계 다듬기까지가 개념 설계 국면에 해당하는 단계들이다. 그 중에서, 개념 설계의 '대안 생성' ~ '설계 방향 결정' 단계들 사이의 순환 특성이 묘사되어 있다. 이 순환에 창의적 사고와 분석적 사고가 관련된다. 이에 대해서는 2-1.3 절에서 자세히 논의된다.

2-1 개념 설계

개념 설계는 문제가 정의하고, 그 문제를 해결할만한 여러 아이디어들이 생성된 뒤, 그 중 최선의 개념이 선정되기까지이다. 개념이란 문제 해결의 가능성이 있는 방안을 말한다. 이 국면을 '타당성 연구'라고 부르기도 한다. 개념 설계에서는 최대의 창의성이 요구되고, 최고의 불확실성이 연관되며, 비즈니스 조직의 많은 기능들 간의 조정이 요구된다. 문제 정의, 정보 수집, 개념 생성, 개념 선정, 설계명세서의 정교화, 설계 점검 등이 이 국면의 주요 내용이다. 개념 설계의 여러 단계들의 내용은 표 2-2 (Dieter, 2013: 71)와 같다.

표 2-2 개념 설계의 단계별 주요 내용

1. 문제 정의	• 수요 확인 • 문제 진술 • 벤치마킹 • 제품 해체 • 품질 가옥(House of Quality) • 문제정의문서 (성취명세 포함)
2. 정보 수집	• 인터넷 • 특허 • 전문 기사 • 교역 저널 • 자문
3. 개념 생성	• 창의성 방법 • 브레인스토밍 • 기능 모델 • 분할 • 체계적 설계 방법
4. 개념 평가	• 의사 결정 • 선정 기준 • Pugh Chart • 결정 매트릭스 • Analytic Hierarchy Process (AHP)

2-1.1 문제 정의

문제가 정의되면 문제의 반은 해결된 것이다.[1)]

기초설계 과목의 과제는 예를 들어, '종이다리 만들기'(송동익, 2010: 105), '창의적 로봇 제작 프로젝트'(송동주 외 7인, 2014: 193)와 같은 것들이다. 다음과 같은 과제[2)]가 주어질 수 있다.

과학상자(외형 지름이 30 mm 정도 되는 세 종류의 직류 전기모터를 구동기로 작동할 수 있는, 모형 차량, 산업용 기계, 항공기 등과 같은, 간단한 기계들을 조립하는데 필요한 다양한 부품들을 담은 키트 상자)와 일정 금액으로 조달할 수 있는 재료나 부품

1) "A good task definition is already half-way to a solution." (Eder, 2008: 143)
2) 기초설계 과목용으로, 예를 들어, '수륙양용차량개발'

들을 이용해서, 유선(길이 1 m)으로 제어되는 모형수륙양용차량을 개발하시오.

운전자는 한 손에 제어기(모터를 구동하는 건전지가 내장되어 있고, 제어 스틱으로 모터의 회전 속도와 방향을 조종할 수 있는) 하나를, 혹은 양 손에 제어기 하나씩을 쥐고 차량을 운전한다.

종합설계 과목에서는 예를 들어, 다음과 같은 과제가 제시될 수 있다(Dieter, 2013: 73).[3]

뛰어난 농구 선수는 여러 거리에서 다양한 각도로 슛을 한다. 점프 능력과 슈팅 능력을 기르기 위해 농구 선수들은 수많은 시간 동안 연습을 한다. 아마추어 선수들은 대부분의 연습 시간을 슈팅한 볼을 주우러 다니느라 허비한다. 그래서 볼 줍는데 걸리는 시간을 최소화하고 슈팅 연습 시간을 최대화할 수 있는 장비에 대한 수요가 있다.

(1) 문제 해결 임무

이런 과제에 대해, 설계팀의 문제 해결 임무가 정해진다. 그것을 문장으로 적은 것이 임무, 목표 혹은 '설계 진술문'이다. 또한 그것은 설계 과제의 주제[4]이거나 과제들이 해결책-중립적이고, 큰 해결책 공간을 제공하면서도, 너무 많은 정의역 구체적인 지식을 요구하지 않는지를 확인하는 "지침"이기도 하다.

임무문은 간결하고, 일반적이며, 어떤 해결책을 연상하게 하는 용어들을 포함하지 않아야 한다. 임무는, 특별한 형체를 부여하기 보다는 기능을 시각화하는, 말로 표현되어야 한다. 예를 들어, "더 좋은 잔디 깎는 기계를 설계하라"에 대해, 오랜 세월 동안 고안되어 온 풀을 깎는 무수히 많은 방식들에 대해 연구한 후에, 어떤 설계자는 "풀을 짧게 깎는 장비를 설계하라"로 진술할 것이다. "잔디 깎는 기계"라는 편견적인 단어가 덫이 될 수 있다. "잔디 깎는 기계"라는 말에, 보통 사람들은, 빙빙 돌아가는 칼날들과 시끄러운 엔진을 가지고 있는 기계를 연상한다.

---

3) 캡스톤디자인을 수강하는 학생들 중, JSR Team이, 이 수요를 충족하는, 'Shot- Buddy'라는 제품의 개발을 과제로 택했다. 그 제품은 shooting return device(공을 회수하는 장비)가 자동 방식으로 shooter에게 향하게 하는 시스템이 될 것이다. 회전하도록 조정할 수 있는 공 회수기 제품들이 시장에 나와 있지만, 그것들은 모두 수동식이어서, shooter가 슈팅 위치를 여기저기로 옮겨 다니는 데 따라 볼 공급 위치를 자동적으로 바꾸지 못한다. 이 과제를, 이하에서는, 'Shot-Buddy' 문제라 부른다.

4) 예를 들어, "eco-friendly or green design"(Thompson, 2010)

임무문은 해결책-독립적이어야 한다. 즉, 그것은 해결책(설계 인공물)이 해야 하는 바를 기술할 것이지만, 실제 해결책을 언급하지는 않아야 한다. 그래야 설계팀이 열린 시각으로 프로젝트의 다양한 해결책들을 모색하게 되고, 프로젝트에 나중에 합류하게 되는 사람들에게 문제 해결책을 구성하는 요소들이 선정된 근거를 설명할 수 있게 된다. 나중에 팀이 특정 해결책을 향해 감에 따라, 프로젝트 정의에는 그 해결책의 구체적인 사항들이 포함될 것이다.

문제 진술문 혹은 임무문은 문제정의문서와는 다르다. "문제 진술문은 문법적으로 오류가 없고 의미가 정확하게 전달되는 간결하고 명쾌한 문장으로 문제를 기술한 것이다"(박강 외, 2010: 89). 임무문은 해결할 문제를 간명하게 요약하고, 문제 해결 방향을 제시해서, 설계팀이 무슨 일을 하려고 하는지를 다른 사람들에게 알리기 위한 것이다.

(2) 제약 사항

공학설계 문제는 다음과 같이 진술될 수 있다: "문제 해결책을 개발하는 과정에 영향을 미치는 제약 사항들이 있는 조건에서, 과제를 최적으로 완수하는, 그 시행에 일정한 제약 사항들이 작용하는, 구성 성분, 시스템 또는 공정을 고안하라."

문제 해결책을 개발하는 데 영향을 미치는 제약 사항들은 그 일을 하는 사람들, 즉 엔지니어들의 지식, 시간, 실험 설비, 혹은 전산 시설 등이고, 해결책 시행에 영향을 미치는 제약 사항들은 자연, 비용, 쓸 수 있는 재료, 시설, 혹은 제작 기량 등이다. 또 문제 해결 의뢰인, 규제자들 혹은 다른 이해 당사자들에 의해 설계에 부과되는, 예를 들어, 제품 개발 기간에 대한 시간 제약, 설계에 드는 비용 제약, 및 인공물의 품질 등과 같은 제약 사항들도 있다.

제약 사항들은 변화될 수 없는 것들이어서 해결책 개발을 제한한다. 예를 들어, 설계 인공물은 의뢰인이 요구하는 공장 설비를 이용해서 제조되어야 한다거나 또는 개별 단위 설비를 만드는데 일정 수준 이하의 비용이 들어야 한다는 것이 정해진다. 제약 사항들은 또한 산업 표준이나 규제 기관들(예를 들어, 노동청, 국토부 등)에 의해 부과되기도 한다.

이런 제약 사항들은 엔지니어링 설계의 특성과도 관련된다. 그림 2-5(Dixon, 1966: 9)는 엔지니어링 설계의 특성을 두 차원으로 묘사하는 개략도이다. 가로축은 과학-생산 차원이고, 세로축은 정치-예술 차원이다. 가로축 성분들을 보면, 엔지니어들은 과학과 수학을 알고, 이해하여, 활용할 수 있어야 하고, 또한 그들이 하는 일을 생산 조건들에 연관 지을 수 있어야 한다. 세로축 성분들을 보면, 엔지니어들은 예술과 기능 혹은 기교 관점에서, 인공물의 아름다움을 생각하지 않을 수 없고, 정치와 경제 관점에서, 자연 자원의 이용과 환경 문제 및 대중의 삶과 정치적 의사결정에 설계가 미치는 영향도 고려할 수 있어야 한다.

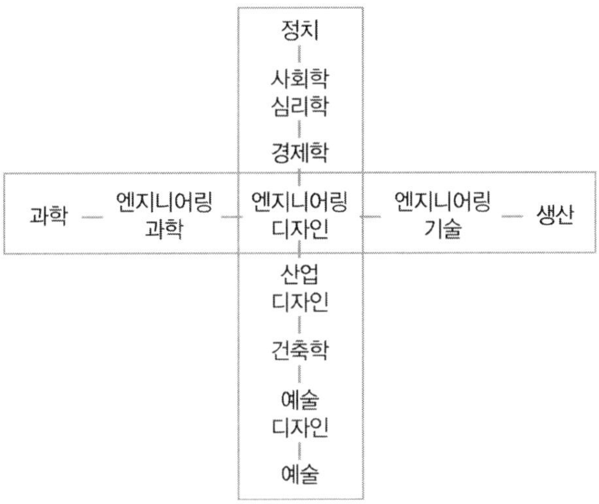

그림 2-5 엔지니어링 설계의 두 가지 차원

(3) 이용자와 이해 당사자

문제가 정의되려면 문제 해결 수요가 확인되어야 한다. 여기서 수요란 문제가 해결되기를 바라거나 그로 인해 영향을 받을 사람들이 바라는 것이고, 수요 확인이란 설계팀원들이 그것을 온전히 이해하는 것을 말한다.

Design에 대해서, 문제 해결 의뢰인(혹은 고객)이 있고, 또 그들에게는 design 인공물들을 이용하려는 사람들이 있다. 고객은 "개인이나 조직이 제공하는 것을 받아들이거나 이용하는 사람들"이다. 이들은 design 인공물을 돈을 주고 사서 그것을 이용할 사람들과 조직이다.

제품의 성공이나 실패에 의해 영향을 받을, 이용자들과 이해 당사자[5]들은 다음 범주들에 속한다.

- 1차 사용자: 소비자, 의뢰인, 및 제품의 구입, 이용, 혹은 정비 보수에 관해 중요한 의사를 결정하는 그 외의 사람. 이 사람들은, 예를 들어, 몸이 불편한 아동을 위한 제품을 개발하는 경우에, 그 제품의 1차 사용자들은, 아이들, 그 부모들 및 보모들 세 그룹으로 나누어질 수 있다.
- 2차 사용자: 의뢰인의 다양한 부서(제작 운전, 서비스, 마케팅, 등)의 직원들. 이들은 일정 시점에서 제품을 다루어야 할, 설치자, 수리공, 판매인 등이다.
- 그 외의 이해 당사자들: 규제 기관, 지역 기관 단체, 및 설계에 의해 어떻게 해서든지 영향을 받는 그래서 그 제품의 기능에 관심을 가진 사람들이다.

전통적인 제품 설계는 주로 '설계 결과에 대한 이해 당사자'라 부르는 의뢰인, 고객 및 이용자들에 집중하지만, 이해 당사자들은 네 범주로 분류될 수 도 있다.

① 개발/취급 이해 당사자(설계 과정과 제조 및 배송이나 설치 등에 관여하는 개인들 포함)

② 설계 결과 이해 당사자(의뢰인, 고객, 및 이용자)

③ 외부의 영향(사회, 정부, 및 환경)

④ 외부에 미치는 영향(1차, 2차, 및 3차 효과로 분류)

모든 이해 당사자들을 명확히 밝히는 것은 설계가 외부에 미치는 충격의 측면들을 살피는 관점에서 중요하다.

(4) 요구 조건

완벽한 디자인은 "필요하고 마땅히 있어야 할 모든 요소와 품질, 특징을 갖춘"다(헨리 페트로스키, 2005: 18).

> "수천 번에 달하는 실패가 지금의 명품 다이슨을 만들었습니다. 다이슨은 먼지 봉투 없는 진공청소기를 만들기 위해 무려 5127번의 실패를 겪었습니다."(英國 다이슨社 CEO) 맥스 콘체는 "소비자들이 어떤 기능에 불만을 느끼는지, 어떤 성능이 제대로

5) 제품을 이용하고, 생산하며, 시장을 개척하고, 설치하며, 정비하고, 혹은 다른 방식으로 제품과 상호작용할 사람들, 또한 제품으로 인해 영향을 받을 더 큰 공동체에 속한 사람들.

작동하지 않는지, 어떤 부분이 불편한지부터 분석한다."고 말했다. 이 부분을 해결하기 위해 시제품을 만들고 시험 작동을 해보고 마음에 들지 않으면 또 다른 시제품을 만드는 과정을 반복한다(조선일보, 2017-9-5, B4).

설계는 사람이 하는 일이다. 개인이나 사회 그룹으로서 사람은 현재 상황의 결함들을 알아차리거나 그것들에 반응하여, 보통 요구 조건들을 공식화한다. 그리고 나서 사람은 이해 당사자들을 위해 바람직하게 개선된 장래 상황을 마음속에 그려 그 목표들을 설정하고, 결함을 극복하기 위한 그럴듯한 수단을 확립하여, 그 목표들을 향한 활동들을 시작한다(Eder, 2008: 12).

설계팀이 전혀 모르고 있거나 상세히 진술할 수 없는 사용자와 이해 당사자들의 요구 조건들을 밝혀내는 것이 매우 중요하다. 예를 들어, 셀 폰을 시험하는 사람들은 그들이 전화번호를 급히 알아야 하는 상황에 처해 보기 전에는 내장 전화번호부가 "필요하다"는 것을 알지 못했을 것이다(Yarnoff, 2010: 54). 내부 고객들 (즉, 제조) 혹은 대형 소매업자들의 요구 사항들도 요구 조건들에 포함될 지도 모른다.

예를 들어, 안전한 제품이란 무엇인가? 값이 싸다는 것은 무엇을 의미하는가? 최선을 어떻게 정의하는가? Green design이나 친환경 설계 주제는 제품의 기능 요구 조건에 어떻게 반영되어야 하나? 'Green'은 기능 요구 조건들이 어떻게 성취되어야 (혹은 되지 않아야) 하는 지를 묘사하는 수식어이지만, 그 단어는 그 기능이 무엇인지 혹은 설계가 실제로 무엇을 해야 하는지와는 아무 연관이 없다.

제품이 충족해야 하는 수요를 확인하는 과정은 복잡하다. 이를 위해서는, 가정하지 않고, 고객의 아이디어를 모두 듣고 기록해야 한다. 예를 들어, 어떤 고객이 휴대용 여행 가방에 관해 "가지고 다니기 쉬운 것이면 좋겠다."라고 말했다고 하자. 누군가가 그 말을 "더 가볍게 만들어 달라"라는 뜻으로 이해하여, 무게를 설계 매개변수로 설정하여 그것을 최소화하려고 덤빌지 모른다. 그러나 고객이 원한 것은 비행기 짐 선반에 쉽게 들어가는 기내용 가방이었을 수 있다. 운반하기 쉬운 특성은 가방에 바퀴를 다는 설계로 혁신되었다.

문제 해결을 바라는 사람들의 수요를 파악하기 위해서 팀은 관찰, 인터뷰, 경쟁 제품 분석, 인쇄물과 온라인 자료 탐색, 이용자 프로파일과 시나리오 개발, 초점 그룹, 고객 불만사항 점검, 고객 서비스 부서가 가지고 있는 제품보증에 대해 제기된 고객 문제

점검, 고객 설문조사 등을 한다. 또 공동체 요구 조건들이나, 산업 표준과 환경 규제 등도 파악되어야 한다.

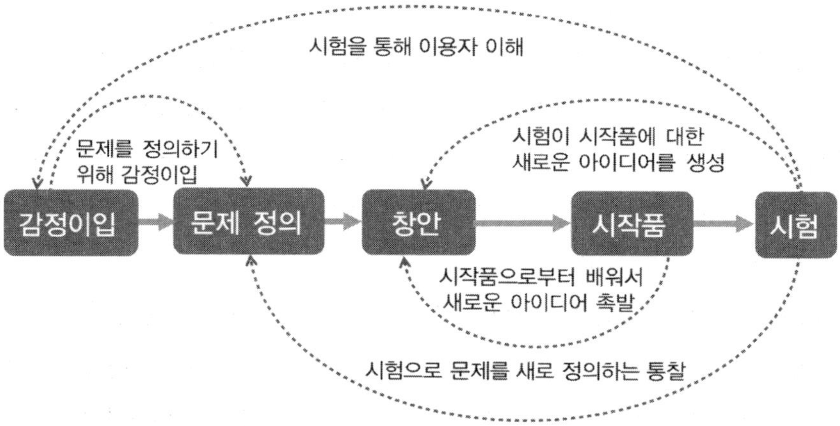

그림 2-6 디자인 사고의 5 단계

수요를 확인하기 위해, 디자인 사고(design thinking)[6] 모델에는, 이해 당사자들을 '이해'하고 '관찰'하는 단계[7]가 있다. Designer들은, 이해 단계에서, 문제의 배경을 연구하고 기존 자료들을 조사하며, 관찰 단계에서, 사람들이 어떻게 활동하고 상호 작용하는지를 관찰하고 그에 대해 깊이 생각한다. 디자인 사고에서는, 그림 2-6에서처럼, 이 두 단계를 합쳐서 감정 이입[8](感情 移入, empathize)라고 부른다.

문제 해결 관점에서, 감정 이입은 수요 확인에 필요한 정보를 수집하기 위한 강력한 방식이고, 대부분의 사람들은 그들과 다르지만 배경이나 경험이 유사한 특정인에 대해 생각함으로써 감정 이입을 배울 수 있다. 감정 이입을 시도하는 때, 사람들이 어떻게

6) Design thinking은 design 행위에 내재하는 창의성으로 인해, design, 엔지니어링, 경영 혹은 관리, 및 비즈니스와 같이 갖가지 전공 분야에서 문제를 창의적으로 해결하기 위한 가장 효과적인 방식들 중의 하나로 인식되고 있다.

7) Stanford 대학교의 d.school (혹은 Design School)은 design thinking을 6 단계로 정의한다. understand, observe, define, ideate, prototype, and test. 이 단계들은, 결국 문제 해결의 의뢰인과 인공물을 소비할 고객 및 그들의 문제와 그 요구 조건들을 그들의 상황과 입장에서 이해한 뒤, 다양한 대안을 찾는 발산적 사고와 주어진 상황에 최선의 방법을 찾는 수렴적 사고를 반복하여 혁신적인 결과를 내는 창의적 문제 해결 과정이다
(http://cafe. naver.com/umii/4267: 2016-09-01).

8) 뜻은 '자연의 풍경이나 예술 작품 따위에 자신의 감정이나 정신을 불어넣거나, 대상으로부터 느낌을 직접 받아들여 대상과 자기가 서로 통한다고 느끼는 일.'

느낄까에 대해 상상하는 것 보다 그들의 경험에 대해서 그들과 직접 대면 대화를 하는 것이 더 낫다. 결국, 사람들에게 그들이 어떻게 느끼는지, 그들이 무엇을 원하는지, 그리고 그들이 무엇을 생각하는지를 묻는 것이, 단순해 보일 지도 모르지만, 더 정확하다.

감정 이입의 필요성은 "사람은 다른 사람의 모카신을 신고, 자기가 걷던 길을 걸어보아야 한다."는 인디언 속담이 잘 말해준다[9]. 감정 이입과 관련하여, 수년 전에, Ford 자동차 회사는, (대부분 남성) 엔지니어들에게, 임산부들이 운전석에서 겪는 둔한 몸놀림의 문제들을 직접 경험하도록, 'the Empathy Belly'라는 시뮬레이터 복대를 착용하도록 했다. 또 껍데기 속의 호두 알이 인격을 가진 것으로 생각해 보자. (그 속은 어둡지?) 알이 껍데기를 깨고 나오기 위해서는, 그 속에서 어떻게 해서든지 껍데기를 깨트려야 한다. 이것이 실현되면 공기-압력 계략은 쉽게 구상될 수 있다. 이 문제를 푸는데 있어서 근본적인 단계는 껍데기 내부로부터 생각하는 것이다.

제품의 목표 고객을 소홀히 하는 경향이 있다(Karsnitz, 2009: 41-42). 고객은 요구 조건 정보의 중요한 원천이다. 그들의 수요를 더 잘 이해하기 위해서는 실제 고객(들)과의 상호 작용을 중시해야 한다. 그래서 고객이 필요한 것들을 4 가지 범주로 구분하는 것이 좋다: ① 반드시 가져야 하는 ② 강력하게 요망되는 ③ 덜 요망되는 (절대적으로 필요하지는 않아) 및 ④ 요망되지 않는 (전혀 원하지 않는). 이 구조에 따르면 가능한 특징들이나 기능들을 정량화하기 더 쉽다. 이 4-수준 시스템은 특징들을 단순히 "좋은" 또는 "나쁜"이라고 구별하는 것 보다는 훨씬 나은 것이다.

표 2-3(Karsnitz, 2009: 41-42)은 그 특징들을 비교하여 범주화하는 시스템의 한 예를 보여준다. 이 문제를 위해서, 어떤 자동차 회사의 마케팅 그룹이 새로운 하이브리드 스포츠 유틸리티 차량에 요망되는 특징들에 관해 중요한 고객 그룹을 인터뷰했다고 상상하라. 특징들을 추정해서 평가하는 이 4 가지 수준들은 고객이 필요한 욕구들을 더욱 정확하게 기술하거나 추산하는데 도움을 준다. 예를 들어, "반드시 있어야 하는" 또는 "강력하게 요망되는" 특징들은 아마도 설계에 포함되어야 할 것이다. 그러나 "대체로 요망되는" 특징들은 다른 제약 조건들이 고려될 때 제거될 지도 모른다. 마지막 "요망되지 않는" 범주는 즉각적으로 제거될 특징들을 담고 있다.

9) 손정락, "감정 이입의 '떼루와'가 필요하다," 『교수신문』, 2016-09-26.

표 2-3 요구 사항들의 특징 매트릭스의 예

인지된 필요	특징
반드시 있어야 하는 것	존재하는 모델과 똑같은 내부 공간 36 mpg (고속도로) 30 mpg (도시) 전륜 구동 10년 보증
강력히 요망되는 것	4륜 구동 (선택 사항) 45 mpg (고속도로), 35 mpg (도시) GPS 장착할 수 있어야
대체로 요망되는 것	TV 장착 (선택사항) 좌석 열선
요망되지 않는 것	디젤 연료 (현재는 새로운 하이브리드 기술만이 89-옥탄 가스에 작동한다) MP3에 장착할 수 있어야

제품의 개발을 독려하는 것은, 통상적으로, 엔지니어가 생각하는 고객들이 아니라, 고객들이 바라는 바들이다. 고객이 필요한 것들에 대한 정보는 다양한 채널로 획득된다.

- 고객 면담
- 초점 그룹

  초점 그룹은 제품의 목표 고객들이나 6~12명 정도의 고객들과의 협의된 토의
- 고객 불만
- 품질보증 자료

  제품 서비스 센터들과 보증 부서들은 기존 제품의 품질에 관한 풍부하고 중요한 데이터의 원천이다.
- 고객 설문조사

시스템 엔지니어링 관점에서, "요구사항 정의 프로세스는 이해 당사자 또는 원천 요구사항을 시스템 기술 요구사항으로 변환시키는 프로세스"로서, "'수요(임무)→근원적 요구 조건→작동 개념→시스템 요구 조건'로 진행된다." 그 과정에서 "개발 대상의 범위는 무엇이며 어떤 수준의, 그리고 어떤 종류의 기능을 수행해야 하는"지가 명확히 규명

되어야 한다.

목표 고객들의 수요를 이해하기 위해 개발 팀원들의 경험을 이용하는 것도 좋은 방식이다. 팀은 그들의 관심 영역에 있는 현재 제품들이 충족하지 못하는, 그래서 이상적인 새 제품이 충족해야 하는 내용을 가장 먼저 확인하는 것이 좋다. 사실, 충족되지 않는 수요를 자세히 밝히는데 있어서, 설계하고자 하는 제품의 소비자들이면서 그 제품의 개발에 참여하는, 팀원들보다 더 나은 관심 그룹은 없다. 그래서 JSR Design 팀은 가장 먼저 농구공 회수 시스템의 성능과 특징들을 조사한다(Dieter, 2013: 74).

이 일을 위한 자연스러운 아이디어 생성 도구가 브레인스토밍이다.

■ 브레인스토밍

브레인스토밍은 특별히, 최대한 많은 가능성을 탐색하기를 원하는, 설계 과정을 시작하는 때 유용하다. 브레인스토밍은 또 설계 대안이나 그것들을 수정해야 하는 때, 혹은 설계 과정의 아무 시점에서 난관에 봉착했을 때도, 효과적이다.

■ 브레인스토밍 규칙

세계적인 design 선도 기업, IDEO는 브레인스토밍을 위해 팀들이 다음 규칙들을 따르기를 추천한다(Yarnoff, 2010: 66-7).

1. 판단은 미루어 둔다. 이것은 가장 따르기 힘든 규칙인데, 우리가 신속한 판단을 하는데 길들어있기 때문이기도 하다. 그렇지만 신속한 판단은, 다른 사람들이 그들의 아이디어들을 내 놓기를 주저하게 만들어서, 아이디어의 흐름을 막고 브레인스토밍 분위기를 가라앉힌다.
2. 다른 사람들의 아이디어에 편승한다. 일이 계속되기 위해 온전한 아이디어가 필요한 것이 아니라는 것을 금방 알게 될 것이다. 설익은 아이디어도 그것대로 훌륭한데, 누군가 다른 사람이 그것이 이런 것을 의미했을 것이라고 생각한 것 위에 정보를 취해서 그것을 무엇인가 다른 것으로 바꾸어 놓을 것이기 때문이다. 성공의 비밀은 누군가의 아이디어에 대해 너그러워 지는 것이고 다른 사람들의 설익은 (또는 심지어 충분히 익은) 아이디어들에서 정보를 취하는 것이다.

3. 한 번에 한 가지 대화. 여러 사람들이 그들의 아이디어들을 내 놓기를 기다리지 못 하는 때 흥분을 하게 되지만, 에너지가 계속 흐르도록 하고 황당함을 최소화하기 위해서, 촉진자는 첫 사람이 그의 아이디어를 모두 꺼내 놓은 다음에, 다음 사람이 하도록 조정해야 한다.
4. 토픽에 집중해서 벗어나지 않는다. 아이디어 내놓기에 집중하다보면 설계 문제로부터 벗어나게 될 수 있다. 너무 멀리 벗어나지 않기 위해서, 주제를 벗어나는 것 같은 아이디어는 관련되는 문제와 연관되게 하라. 이 계획되지 않은, 강제로 맞추어 넣기는 의외의 놀라움을 낳을 수 있다.
5. 무모한 아이디어들을 격려한다. 근본적, 황당한, 비현실적, 비실제적, 원초적인, 그리고 심지어 위험한 것들도 생각한다. 무모한 아이디어들이 동료 참여자들에게 해결책을 불붙이는 대단한 방식이 될 수 있다.
6. 질보다 양이다. 목표는 그냥 "좋은" 아이디어들이 아니라, 최대한 많은 아이디어들을 생성하는 것이다. 위 내용을 참고해서 영감을 얻어라.
7. 그려라. 어떤 개념을 설명하는데 도움이 되고 그것을 자세히 기록하는 일을 마주하면 그림이 정말로 천 마디의 말보다 낫다. 그림은 또한 말이나 언어가 드러내지 못할 아이디어들 사이의 연관성을 드러낸다. 아이디어 각각을 스케치하고 그것에 번호를 따로 붙여야 한다.

다음은 JSR 팀원들이 제품 성능과 특징에 대해 브레인스토밍한 자료의 목록이다 (Dieter, 2013: 75).

1. 골 망에 못 미쳐 실패한 공 회수
2. 골 망 테두리나 백보드에 닿지 않은 공 회수
3. 슈터가 코트의 어디에 있는지 추적
4. 슈터가 있는 곳으로 공 되돌려 주기
5. 공을 신속히 되돌려 주기
6. 슈터가 골대를 향하는데 방해하지 않아야 해
7. 어린이용 농구 골대의 (예, 높이 조절이 가능한) 골 망에도 맞아야
8. 골 망과 코트에 쉽게 설치되어야

9. 가정 집 코트의 골 망에도 맞아야 (예, 공원이나 차고나 집 벽에 장착된 농구 골대)
10. 작은 공간에 저장될 수 있어야
11. 장시간 골 망에 설치된 채로 두어도 고장 나지 않아야
12. 골대 가까이 양 날개 쪽에서 슛한 (골 망 정면을 벗어난) 공도 회수
13. 3점 슛 거리에 있는 슈터에게도 도달할 만큼 충분한 에너지로 공 회수
14. 공을 정확하게 회수 - 그래야 슈터가 공을 잡으려고 움직이지 않아도 돼

JSR 팀원들은 이 항목들 각각을 포스트-잇에 쓰고 그것들을 벽에 무작위로 붙인 다음 그것들끼리의 관계를 살핀다. 그러고 나서 유사한 것들을 그룹으로 묶는다. 각 그룹을 대표하는 제목을 포스트-잇에 써서 그것들을 벽에 붙인다. 표 2-4(Dieter, 2013: 75)는 그렇게 정리된 결과를 보여준다. 이 표에서 숫자는 브레인스토밍 목록의 번호이다. 이 표를 보면, 제품 특성들이 5 가지 범주로 분류되어 있다.

표 2-4 JSR 팀이 5 가지 범주로 정리한 제품의 여러 특성

공 회수 영역	공 반환 방향	반환 특성	크기와 모양	그 외
1	3	4	6	11
2		5	7	
6		13	8	
12		14	9	
			10	

브레인스토밍이 인기 있는 방법이기는 하지만, 그것은 감정, 환경, 및 정신적 장애들을 극복하지는 못한다. 사실, 그 과정은 일부 팀원들에게 정신적 장애를 (예, 혼란으로 불안, 비평의 두려움, 및 그릇된 가정들의 영속) 심화할 수 있다. 창의성의 기를 꺾는 이 영향을 제압하기 위해서, 팀은 공식적인 브레인스토밍을 하기 전에 브레인라이팅(brainwriting) 연습을 할 수 있다(Dieter, 2013: 204).

브레인스토밍 과정을 돕는 한 가지 방식은 새로운 아이디어를 개발하는데 도움을 주는 점검목록을 사용해서 정상적인 사고 패턴을 쪼개는 것이다. 브레인스토밍의 창안자

가 그런 목록을 제안했는데, Eberle는 그것을 SCAMPER(Substitute, Combine, Adapt, Modify magnify minify, Put to other uses, Eliminate, Rearrange reverse의 대문자 첫 글자들을 모은 말)로 개조했다. 브레인스토밍을 하는 동안 아이디어 발산의 흐름이 떨어지기 시작하는 때 SCAMPER 점검 목록을 자극제로 사용하면 좋다(Dieter, 2013: 203).

JSR 팀은 Shot-Buddy를 위한 시장과 소비자 그룹들에 관한 정보를 연구하여, 다음과 같은 고객 요구 조건들을 알게 되었다.

1. 날씨 무관 – 시스템은 그것을 장기간 사용하는 자리에 내버려 두어도 비와 눈에 노출되어 녹이 슬어서 해를 입지 않아야 한다.
2. 정확한 공 회수 – 효과적인 공 회수 시스템은 공이 공 회수 시스템을 벗어나는 때에도 슈터의 자리로 공을 되돌려줄 수 있어야 한다.
3. 도구나 공구 없이 설치 – 시스템은 아무 도구나 공구(수동이나 전동 공구)들 없이 조립, 해체 혹은 설치될 수 있어야 한다. 이 요구 조건은 고객 시간과 에너지를 절약하려는 바램으로부터 생긴다.
4. 5년 수명 – 이것은 환경 인자들뿐만 아니라 제품의 최대 이용 (12 피트) 높이들로부터 떨어지는 위험 물건들에 대처하는 능력을 포함한다.
5. 신속한 회수 – 개발될 제품은, 심지어 골대를 벗어난 공들조차도, 신속히 회수해야 한다. 그래야 슈터는 실제로 특별한 슈팅 “감”을 느껴서 유지하는데 도움이 되는 리듬을 가질 수 있게 된다.
6. 차고에 보관 – 시스템은 창고나 헛간의 다른 물건의 자리를 크게 조정하지 않고서 작은 공간에 끼어들 수 있어야 한다.
7. 대부분의 골 망 형상들과 호환성 – 농구공 회수 시스템은 아무 농구 골 망 브랜드에 부착되도록 호환되어야 한다.
8. 공이 끼이지 않아야 – 공이 시스템 어디에 끼이거나 회수 되지 않는 일 없이 다른 속도로 모든 각도들로부터 던져진 공들을 회수해야 한다.
9. (망에 들어가거나 못 들어간) 대부분의 공들을 잡아내 – Shot-Buddy는, 골 망에 들어가거나 골 망을 벗어난, 두 가지 슈팅의 넓은 범주에 대해 작동해야 한다.

10. 장애물이 없어야 – Shot-Buddy에는 슈팅 공의 개수를 제한하지 않도록 코트 바닥에서나 공중에서 볼을 슈팅한 사람이 골 망에 접근하는 것을 방해하는 구성품들이 있어서는 안 된다.

고객 요구 조건들은 5 가지로 분류될 수 있다. 1 순위는 목마름, 굶주림, 성욕, 수면, 거처, 및 운동과 같은 신체가 요구하는 생리적 수요, 2 순위는 위험, 박탈이나 위협 등으로부터 보호되는 안전과 보안 수요, 3 순위는 다른 사람들로부터 받는 사랑과 존경에 대한 사회적 수요, 4 순위는 자존과 성취 및 인정에 대한 정신적 수요, 5 순위는 자기 개발, 창의성, 및 자신의 표현을 통한 자아실현을 위한 자기만족 수요이다.

이 요구 조건들은 성능, 시간, 비용 및 품질의 관점에서 이해될 수 있다. 성능은 설계 인공물이 작동하는 때 성취해야 하는 내용이다. 품질은, 설계팀의 관점에서, '명시되거나 함축된 수요를 충족하기 위한 제품의 능력에 영향을 미치는 제품이나 서비스의 모양새와 특성들의 총체이다.' 일부 기능 요구 조건[10]들이 품질과 연관되는데, 예를 들어, '사용하기 쉬움'은 고객 수요이기는 하지만, 품질 요건에 해당하기도 한다. '사용하기 쉬움'의 한 측면은 이용자들이 제품을 어떻게 사용할 지에 대해 이해하도록 정보를 제공하는 것이므로, '이용자에게 정보 제공'은 진정한 기능 요구 조건이다.

설계팀은 이 요구 조건들에 바탕을 두고 활동한다. 부록 1 '프로젝트 정의'에는 이용자 요구 조건들을 파악하는 여러 방식에 대한 예들을 볼 수 있다.

고객이나 최종 사용자가 원하는 것을 아는 것만으로는 문제 해결책을 생성하기에 충분하지 않다. 기술과 비즈니스 전문가들과 매니저 그룹들의 승인을 받을 수 있을 정도로 그것에 대해 충분히 설명된 후에야 제품 개발을 위한 개념 생성이 진행될 수 있다 (Dieter, 2013: 94).

■ 벤치마킹(benchmarking)(Dieter, 2013: 95)

고객들과 이해 당사자들은 문제 관련 기초 지식과 전문성이 적어 그들이 원하는 바를

10) 예를 들어, 친환경 식기세척기의 개념 설계에서, 배수구에 이르기 전에 고체 음식물 찌꺼기 걸러내기, (세제, 물, 에너지, 열 등)덜 쓰기, 친환경 재료 이용 등이 기능 요구 조건들이다.

공학적 특성들로 기술할 수 없다. 설계 팀원들은 구체적 기능을 생성하는 물리적 부품들과 구성품들을 상상할 수 있기 때문에 제품을 해결책-중립적인 형식으로 기술할 수 있다. 팀원들은 그들이 설계할 것과 유사한 제품에 대한 그들의 이해를 확장하고 새롭게 하기 위해 벤치마킹이라고 부르는 통상적인 제품 개발 활동을 이용한다. 벤치마킹이라는 말은 측량을 위한 수준기표(基標)로부터 따온 이름이다.

설계 엔지니어들이 하는 성능 벤치마킹 절차는 다음 8 가지 단계들로 요약된다.

1. 특징, 기능, 그리고 최종 사용자 만족에 가장 중요한 요인들을 결정
2. 제품의 기술 측면에서 성공에 중요한 특징과 기능 결정
3. 제품 원가를 현저하게 증대하는 기능 결정
4. 제품을 경쟁자들과 구별하는 특징과 기능 결정
5. 가장 큰 개선에 핵심적인 기능 결정
6. 가장 중요한 기능이나 특징을 정량화하거나 측정하는데 쓸 척도 결정
7. 성능을 시험해서 제품과 경쟁 제품 평가
8. 제품, 수집된 데이터, 경쟁자들에 관한 결론에 관해 알게 된 모든 정보를 요약하는 벤치마킹 보고서 작성

문제를 연구하는데 있어서, 요구될 수 있는 기술, 과정, 또는 소재들의 일부 유형들에 대해 약간이라도 아는 것이 도움이 된다. 예를 들어, 문제를 해결하는데 (a) 인간공학(human factors) 설계 측면, (b) 특별한 구조 또는 기계 설계를 고려해야 하나? (c) 광학 또는 전자공학 역량들이 요구되나?

(5) 성취 명세

성취 명세는 임무 완수를 위해, 문제가 풀려질 수 있고, 그래서 문제가 풀렸음을 입증하는 데 쓸 척도이다[11], 수요가 확인되면 디자이너들은 의뢰인이나 고객들이 진정으로 바라는 바가 무엇인지를 알아내어야 한다. 일부 요구 조건들에 대해서는, 설계 인공물이 성취해야 하는 바, 가능하다면, 요구 조건들이 성취되었음을 판정할 수 있는 기준이 될, 측정 가능한 수치, 예를 들어, 용인되는 범위 혹은 한계 값들이 제시되어야 한다.

---

11) 설계가 문제를 해결해서 잘 작동하는지를 보이기도 쉽지 않다.

예를 들어, '엔진의 출력 동력은 $5 \pm 0.25\,hp$여야 한다.'

표 2-5 성취 명세

성취 명세
1 장비는 자체 동력원을 써야 한다
2 내 부식이 강해야 한다
3 가격은 12만원 이하여야 한다
4 10m 거리에서 소음이 80 dB이하여야 한다
5 시간당 면적 약 4000 m2 밭의 잔디를 깎을 수 있어야 한다
6 ……

예를 들어, "풀 깎기 장비"가 성취해야 하는 사항, 즉 성취 명세들의 표본 세트를 표 2-5에서 볼 수 있다. 이 명세들은(제약 사항 혹은 요구 조건으로 간주될 수 있는) 엔지니어의 설계 자유를 과도하게 제한하지는 않지만, 설계를 제약한다. 명세 1에 대해 가솔린 엔진을 요구하는 것은 부적절 할 것인데, 요망되는 기동력을 제공할 다른 가능성들이 존재하기 때문이다. 마찬가지로, 명세 2에 대해 스테인리스 강철을 요구하는 것도 현명하지 않은데, 부식저항성이 다른, 덜 비싼 재료들이 있기 때문이다, 요약하면, 성취 명세들은, 최대한 온전하고 일반적인 방식으로 문제를 정의하는, 설계로 성취되어야 하는 것들을 명시하는 계약 사항들이다. 설계가 완료되면, 그 명세에 견주어, 인공물이 명세들을 충족하는 지가 시험될 수 있다.

문제(혹은 프로젝트)를 정의하는 일과 관련한 여러 이름들이 있다. "사용자 요구 조건," "기능 요구 조건과 제약 사항," "엔지니어링 명세," "the spec 명세," 한 세트의 "성취 명세(performance specifications)," "task specifications," 또는 "task definition" (Eder, 2008: 143) 등.

성취 명세는 문제가 풀려질 수 있고 그리고 문제가 사실을 좇아 풀려졌다는 것이 보여 질 수 있도록 그 문제를 조심스럽게 정의하고 제약하는, 즉 설계 결과의 인공물이 충족해야 하는 바를 정의한다. 성취 명세는 어떻게 문제를 해결해야 하는 지를 정의하는 설계 명세(design specifications)[12]와는 구별된다(Norton, 2013: 10).

성취할 것들을 자세히 밝히기 위해서는 다음과 같은 공학적 특성들이 확립되어야

12) 설계 명세는 어떻게 문제를 해결할 것인지에 대한 것으로, 그 문서를 '설계명세서,' 혹은 '제품설계명세서(Product Design Specification, PDS)'라고 한다(Yarnoff, 2010: 49).

한다.

■ **설계 매개변수**

매개변수 값들은 설계의 형태와 행태를 결정하는 물리적 성질들이다. 매개변수들은 설계자들에 의해서 설정될 수 있는 설계의 특징들과 그리고 설계의 성능을 기술하기 위해서 사용되는 값들을 포함한다. 설계자들이 특정한 제품 성능 수준을 성취하기 위해 매개변수 값들을 선정하지만, 구체화 설계가 마무리되기 까지 매개변수 설계가 성공할 것인지에 대해서는 보장할 수 없다.

■ **설계 변수**

설계 변수는 설계 팀이 의도에 따라 선정할 수 있는 매개변수이다. 예를 들어, 전기 모터의 회전축의 회전 속도를 감축하기 위한 기어 비는 설계 변수일 수 있다.

■ **제약 사항**

값이 고정된 설계 매개변수는 설계 제약 사항이다. 제약 사항들은 설계 자유도를 제한한다. 그것들은 특정한 색깔 선정, 표준 고정 죔쇠의 사용, 혹은 설계 팀과 고객 둘 다의 통제를 넘어서는 인자들에 의해 결정되는 구체적인 크기 제한의 형태를 취한다. 제약 사항들은 설계 변수나 성능 매개변수의 최대 혹은 최솟값 등을 제한한다. 제약 사항들은 값들의 어떤 범주의 형태를 취할 수 있다.

다음은 JSR 팀이 조사한 요구 조건들에 대응하는 공학적 특성들이다(Dieter, 2013: 98).

1. 공 회수(골 망 주위) 면적
2. 공이 끼일 확률
3. 공 회수의 정확성(시간 %)
4. 공 회수의 평균 시간
5. 슈터의 위치 감지

6. 구별되는 인근 슈팅 지점 사이를 회전하는데 걸리는 시간
7. 구별되는 인근 슈팅 지점 사이의 간격
8. 공 회수 하부시스템을 회전하는데 필요한 에너지나 토크
9. 무게
10. 시스템 설치 시간
11. 소재 강도
12. 농구 골대에 제품을 부착하는 요소들의 강도
13. 날씨 저항성 - 실외 농구 코트에 설치되는 제품의 구성품들이 5 년 동안 제 기능을 해야 한다

여기 열거된 공학적 특성들은 물리적 그리고 성능 특성들의 혼합이다. 슈터의 위치를 감지하는, 5 번과 같은 공학적 특성은 시스템의 핵심 기능과 관련된다. 여러 위치 감지 방법들이 Shot-Buddy를 위해 제안될 수 있다. 그 각각은 다른 설계를 낳는다.

설계가 어떻게 작동하는지를 관찰하는 것이 쉽지도 않고 효율적이지도 않다는 점에 대해 이상하게 생각할 수 도 있다. 팀원들이 설계를 함에 따라 자신들이 한 일을 평가하는데 도움이 되는 문제 정의가 필요하다. 제약 사항들과 수요 확인을 통해 정리된 요구 조건들을 '문제 진술'이라 부르기도 한다. 설계가 사용자, 의뢰인, 및 다른 이해 당사자들의 요구 조건들을 충족한다는 것을 팀이 표현할 수 없다면, 팀은 자신들이 한 설계가 성공할 것인지를 말할 수 없다. '문제정의문서'는, 다른 사람들이 나중에, 그것을 작성한 팀과 상관없이, 그것을 개정해서 쓸 수 있다.

문제 정의의 주된 기능은 설계의 목적을 기술하고, 설계 인공물이 어떻게 작동할 것인지, 그리고 사용자가 그것과 어떻게 상호작용해서 팀, 의뢰인, 및 감독자들이 설계를 평가할 수 있는지를 기술하는 것이다. 문제 정의는 팀 설계에서 더욱 중요하다. 이 장 첫 머리에서, 설계 문제는 정답이 없는 '비 구조화된 문제'라고 했다. 그래서 설계로 해결해야 하는 문제는 분명히 정의되어야 한다.

'기초설계' 과목을 배우는 설계팀은, 예를 들어, 다음과 같은 5 가지 부분으로 구성되는 문제정의문서를 작성한다.(부록 1 '프로젝트 정의' 참고).

- 임무: 해결해야 하는 문제에 대한 간결하고 해결책–독립적인 진술문
- 제약 사항: 의뢰인, 규제자, 혹은 다른 이해 당사자들에 의해서 설계에 부과되는 제한 사항
- 이용자와 이해 당사자: 사용, 생산, 시장 개척, 설치, 유지와 보수, 혹은 제품과 다른 방식들로 상호작용할 사람들; 또한, 제품에 의해 영향을 받을 수 있을 더 큰 공동체 구성원
- 요구 조건: 이용자들과 이해 당사자들이 설계 결과물이 충족하기를 바라는 바
- 성취 명세: 요구 조건이 충족되는 지를 측정하는 때 이용되는 척도

문제정의문서나 성취명세서는 설계 과정과 더불어 성장하는 문서이다. 비록 상식이나 경험에 근거해서 해결책을 제안할 수 있다고 하더라도, 그 내용을 문서로 미리 작성해 놓고 설계를 하지는 않는다. 대신, 성취 명세나 설계 명세는 연구와 시험이 진행됨에 따라 진화한다.

문제정의문서 초기 본에는 보통 임무문이 포함되는데, 아마도 의뢰인이 제시하는 몇 가지 제약 사항들과 "설치하기 쉬운"과 같은 일부 폭 넓은 사용자 요구 조건들일 것이다. 사용자들에 대해서 더 많이 파악하면, 문제정의문서는 더욱 상세하고, 구체적이며, 초점이 맞춰진다. 예를 들어, 혁신적인 책상 정리 시스템을 개발하기 위한 문제정의문서 초기 본에는 "책상이 난장판이 되는 것을 막아야 해"라는 요구 조건이 포함될 것이다. 나중에는 그 요구 조건에 대해서 "전체 책상 면의 적어도 50%에는 쓸데없는 문서들이 없어야 해"라는 성취 명세가 적혀 질 수 있을 것이다. 더 상세해져서, 비록 관련 없거나, 불필요하거나, 비용이 너무 많이 들 것이 명백한 요구 조건들과 명세들이 제거되는 방식으로, 문제 정의는 진화할 것이다. 어찌되었건, 핵심은 문제정의문서가 설계의 모든 요구 조건들과 그것의 성공을 측정하기 위한 성취 명세를 포함해야 한다는 것이다.

문제정의문서는 문제의 모든 측면들에 대한 열린 생각을 격려한다. 그런데, 문제가, 너무 협소하거나 너무 느슨하지 않게, 정의되어야 창의적 해결책 개발에 도움이 된다. 문제를 정의하는 제약 사항들과 요구 조건들이 발명의 재능을 발휘할 공간을 구성하는 잠재적 측면들이 된다.

JSR 팀은 자신들이 제품 특성 파악과 이용자와 문제 해결 이해 당사자들의 수요 확인을 통해 조사한 10 가지 요구 조건들에 대응해서 성취해야 할 것들을 8 가지 범주들로 정리했다. 대부분의 요구 조건들에 대해서 그 대응 성취 명세들이 아직 정해지지 않았지만, 그것들은 설계 과정이 진행됨에 따라 차차 정해져야 한다(Dieter, 2013: 112).

① 제품 정체

- 제품 이름(모델 번호 혹은 다른 모델이나 사내 제품군들과 구별하기 위한)
- 제품의 기본 기능
- 제품의 특수 기능
- 주요 성능 목표 (동력 출력, 효율, 정확성)
- 서비스 환경 (사용 조건, 보관, 수송, 사용과 예측할 수 있는 오용)
- 요구되는 사용자 훈련

② 시장 확인

- 목표 시장과 그 규모의 기술
- 기대되는 시장 수요 (연간 단위)
- 경쟁 제품
- 상품화 전략 (상표, 로고, 상품 이름)
  - 새로운 (또는 재설계된) 제품에 대한 수요는 무엇인가?
  - 새로운 제품에 대한 경쟁이 얼마나 치열한가?
  - 기존 제품들과의 관계?

③ 프로젝트 기한

- 남은 기간
- 정해져 있는 프로젝트 기간

④ **물리적인 기술**

새로운 제품에 대한 물리적 요구 조건들에 관해 무엇이 알려져 있나 (혹은 이미 결정되었나)?

- 개념 설계 과정에 앞서 알려져 있거나 고정된 설계 변수들의 값 (즉, 외부 치수)
- 일부 설계 변수들에 대해 알려진 범위를 결정하는 제약 사항들 (즉, 용인될 무게의 상한)

⑤ **자금 요구 조건**

제품과 그 개발의 경제성에 관해 회사는 무엇을 가정하는가?

- 수익성에 관한 회사의 기준은 무엇인가?
- 수명 주기 동안의 가격 정책 (목표 제조비용, 가격, 추정 소매가격, 할인)
- 보증 정책
- 기대되는 재정 성능 혹은 투자 대비 회수율
- 요구되는 자본 투자의 수준

⑥ **수명 목표**

시간이 지남에 따라 제품의 성능이 변하는 데 대해 어떤 목표들이 설정되어야 하나? (이것은 제품의 시장 경쟁력에 연관될 것이다.)

가장 최근의 재활용 정책들은 무엇이고 그 정책들은 목표 제품의 설계에 어떻게 반영될 수 있나?

- 유효 수명과 판매 수명
- 설치와 운전비용 (에너지 비용, 운전원들의 규모, 등)
- 정비 보수 일정과 위치 (사용자 수행 또는 서비스 센터 방문)
- 신뢰성 (실패까지의 평균 시간): 핵심 부품 확인과 그것들의 신뢰성 목표
- 수명 종료 전략 (재활용 구성품들의 비율과 유형, 제품의 제조, 회사 수거, upgrade 정책)

⑦ 사회, 정치, 및 법적 요구 조건

제품이 출시될 시장을 통제하는 정부 대리기관, 협회, 혹은 규제들이 있나?
제품이나 그것의 하부시스템들의 일부가 특허 출원될 가능성이 있나?

- 안전성과 환경 규제. 모든 목표 시장에 대한 적용될 정부 규제
- 표준. 적용될 수 있는 관련 제품 표준 (보증보험 실험실, OSHA)
- 안전성과 제품 책임 수용. 예측할 수 있는 비정상 이용자, 안전 표시 작성을 위한 지침, 적용될 수 있는 회사 안전성 표준
- 지적 재산권. 제품 관련 특허. 기술의 핵심 부품들에 대한 허가 획득 전략

⑧ 제조 명세

어떤 부품이나 시스템들을 자체(내부에서) 제작할 것인가?

- 제조 요구 조건. 최종 제품을 제조하기 위해 요구되는 공정과 역량
- 공급자. 주요 공급자들과 구매 부품들의 조달 전략 확인

이것들은 제품 개발 요구 조건들에 대응해서 성취해야 하는 항목들이다. 그것들은 범주별로 나누어지고, 일부 범주들에 대해서는 설계 팀이 답을 해야 하는 것들이며, 다른 항목들은 설계 팀의 의사결정 내용들로 대체된다. 모든 제품에 대해 이 8 가지 항목의 내용들이 고려되어야 하는 것은 아니지만, 많은 제품들에 대해 그것들이 적용될 수 있다.

이 항목들에 대한 명세들은 부록 2 '성취명세서'에서 볼 수 있다. 부록 1, '프로젝트 정의'에는 성취 명세를 포함하여 문제를 정의하는 문서를 작성하는데 필요한 상세한 내용들이 기술되어 있다.

개념 생성을 시작하기 전에, 문제정의문서는 최대한 완전해야 한다. 그러나 문제정의 문서에는 요구 조건들이 어떻게 충족되는 지에 대해서는 언급되지 않는다.

문제정의문서는 역동적 문서이다. 설계를 시작하는 시점에서 그 문서는 최대한 온전해야 하지만, 설계가 발전함에 따라, 문제정의문서는 제때 개정되어야 한다. 그리고 문제정의문서는 항상 최신의 것으로 유지되어야 하고, 늘 설계의 현재 상황을 반영하는 문서여야 한다.

문제정의문서는 특히 개념 설계를 하는 동안 여러 사람들과의 의사소통의 바탕이 되는 언어인공물이다. 보고서를 작성하기 위해서도, 글을 써서 해결해야 하는 문제를 정의를 해야 하는데, 그 때도 문제정의문서가 이용된다.

■ 설계 일정과 책임 분담

문제가 정의되면, 팀은 임무를 완수할 일정표를 만들어야 한다. 또한 팀원 누가 정의된 문제의 부분들을 책임지고 언제까지 해결할 것인지가 정해져야 한다.

큰 프로젝트를 하는 때는, 언제나, 일거리를 나누고, 활동을 조정하며, 일정을 확립하여 그에 따르는 것이 아주 중요하다. 성공하는 팀들은 과제를 여유 있게 완수하기 위해서 두 가지 중요한 도구들을 이용하는데: 책임 분담 매트릭스 Responsibility Allocation Matrix(통상적으로 RAM chart 라고 부르는)와 Gantt chart. RAM 차트는 누가 무엇을 책임지고 그리고 그것을 언제까지 해 내어야 하는 지의 자세한 것을 담고, 간트 차트는 기한이 표시된 과제 진행 일정이다.

강의계획서를 따라 수업이 진행될 텐 데, 왜 RAM 차트와 Gantt 차트가 따로 필요한가? 그 둘이 주는 이점이 있다. RAM 차트는 팀원들에게 과제들에 대한 상세한 조망을 주고 그리고 누가 어떤 과제 요소들의 수행 책임을 맡고 기한이 언제인지를 보여준다. 간트 차트는 어떤 일들이 언제 시작되고 언제 마무리되어야 하는지, 그리고 무슨 과제들이 동시에 진행되는 지를 한 눈에 드러내 준다.

Gantt 차트는 프로젝트를 위한 전반적인 계획인 반면, RAM 차트는 그 계획을 따라 실행하도록 도움을 주는 주간 "할 일" 목록이다. 간트 차트에 기입된 활동들은 일반적으로 1~2 주일(일정 짜기와 같은 일에 대해서는 예외로 하고) 기간에 해결되어야 하는 것들이다. RAM 차트는 과제의 구체적 내용들을 포함한다. 간트 차트에 상세하고 정밀한 일들을 포함하려고 하면, 일을 하는 데 보다는 시간을 관리하는데 더 많은 에너지를 쓰게 될 것이다. RAM 차트는 팀이 간트 차트 일정에 목표를 두고 일하는데 주간 단위로 상세한 것들을 계획하고 관리하는데 더 효과적인 수단이다.

RAM 차트와 간트 차트 작성에 대해서는 7-4 절을 참고한다.

2-1.2 정보 수집

> 라이트 형제는 정규 교육을 받은 과학자나 공학자가 아니었지만, 그렇다고 해서 동력 비행기를 가능하게 해주는 기계를 개발하는 과정에서 과학이며 공학의 방법을 적용하지 않았다는 의미는 아니다. 그들은 비행에 수반되는 문제와 경험과 현상에 관한 문헌을 모두 찾아서 읽었으며, 날개와 프로펠러를 만드는 과정에서 다양한 설계와 곡률을 실험하면서 자신들의 목적에 가장 잘 맞는 형태를 찾았다(헨리 페트로스키, 2017: 89-90).

문제를 정의하고, 문제에 대해 충분히 알아서 그 지식을 바탕으로 정보가 수집되어야 한다. 또 개념을 생성하기 위해서는 설계 팀의 창의성이 최대한 발휘되어야 하는데, 디자인 사고 모델들에 의하면, (사실) 정보가 창의성 발휘를 위한 필수 요소이다. 팀은 정의된 문제와 관련한 다양하고도 많은 정보를 수집하고 그것들을 기반으로 창의적인 문제 해결 개념들을 생성한다.

그러고 나서는 창의적 아이디어들을 평가하는 데 쓸 정보 바탕도 확립되어야 한다. 그런데, 공학 설계를 위해 필요한 정보는 (출판된 논문지 등이 정보의 주된 원천인) 연구 과제를 위한 것들 보다는 더욱 다양해서 구하기가 더 어렵다.

정보는 메시지[13)]를 담고 있는 데이터이며, 데이터는 사건들에 관한 객관적이고 구별되는 한 무리의 사실들이다. 데이터를 생성한 사람이 그것에 의미를 부가하면 그 데이터는 정보가 된다. 예를 들어, 영업 판매 데이터를 분석하면 고객의 수입 수준에 따른 잠재적 시장을 확인하는 데 유용한 정보가 된다. 또 제품 시험 데이터는 경쟁 제품과 개발하려는 제품을 비교하는데 유용하다. 정보는 메시지를 접수하는 사람이 무엇인가를 감지하는 방식을 변화하는, 즉 그 사람의 판단과 행동에 영향을 미치게 된다.

지식은 새로운 경험들과 정보를 평가하고 그리고 통합하기 위한 뼈대를 제공하는 경험, 가치, 맥락 정보, 및 전문가 통찰이 혼합된 것이다. 많은 지식, 특히 설계 지식은 "주먹구구식으로" 적용된다. 그런 지식들은 오랜 관찰과 시행착오를 통해 개발된 것으로, 행동을 안내하고, 경험 많은 기술자들이 이전에 풀었던 문제들과 유사한 새로운 문제들을 푸는 지름길이 된다. "오로지 과학적 지식에만 의존하여 공학적 해결책을 끌어내려 할 경우, 그 결과물은 좋아봤자 짜증스럽고 최악의 경우에는 실패할 수도 있다"

---

13) message, 어떤 사실을 알리거나 깨우치거나 내세우기 위한 전언(傳言)

(헨리 페트로스키, 2017: 82)

이런 이해에 따르면, 부품, 조립품, 명세, 혹은 소재 목록은 데이터이고, 회사가 만든 베어링 치수와 성능에 대한 카탈로그는 정보이다. 엔지니어링 기술 저널에 출판된, 베어링의 수명을 계산하는 방법에 대한 것은 지식이다. 설계 점검의 결과물은 정보이지만, 중요 설계 프로젝트를 마무리하면서 배운 교훈들을 더욱 심도 있게 점검하여 생성된 결과물은 지식으로 볼 수 있다.

■ **역설계(reverse engineering)**(Dieter, 2013: 86-7)

목표 인공물의 성능 탐구와 이해는 제품 개발의 가장 초기 국면에서 핵심이다. 직접 눈으로 관찰하고, 제품과 기술 문헌들을 읽으며, 과제에 물리와 엔지니어링 과학 원리들을 적용해 보는 등으로 제품에 대한 정보를 수집할 수 있다.

실제 사용되는 제품을 관찰하는 것이 그에 관한 정보를 수집하는 가장 자연스러운 방식이다. 그 다음으로는 물건이 어떻게 작동하는지를 알기 위해 그것을 해체해 보는 것이다. 이 과정이 이른바, 제품 해체와 역설계이다.

제품 해체는 구성 부품들의 선정과 배치를 결정하고 제품이 어떻게 만들어져 있는지에 대해 통찰하기 위한 것이다. 제품 해체는 엔지니어링 설계 과정 학습에서 중요한 부분이다. 해체 동안 수집되는 정보는 인공물 제조자들에 의해 만들어진 설계 결정들에 대해 이해하는 바탕이 된다.

제품 해체 과정은 4 가지 활동을 포함한다. 각 활동과 함께 열거된 것들은 해체 과정에서 각 단계 동안에 답을 해야 하는 중요한 질문들이다.

1. 제품의 작동 요구 조건들을 발견한다. 제품이 어떻게 작동하나? 제품의 적절한 기능을 위해 무슨 조건들이 필요한가?
2. 제품이 그 기능을 어떻게 수행하는지를 점검한다. 요망되는 기능들을 생성하기 위해서 무슨 기계, 전기, 제어 시스템들 혹은 다른 장비들이 이용되는가? 제품을 통해 흐르는 에너지와 힘들은 무엇인가? 하부 조립품들과 구성품들에 대한 공간 제약 사항들은 무엇인가? 적절한 기능을 위해 여유(clearance)가 요구되나? 여유가 있어야 한다면, 왜 그러한가?
3. 부품들 사이의 관계를 결정한다. 중요 하부 조립품들은 무엇인가? 중요 부품들

의 사이의 인터페이스들은 무엇인가?

4. 제품을 생산하는데 사용된 제조와 조립 과정들을 결정한다. 각 부분의 부품들 무슨 재료들과 무슨 공정으로 만들어진 것 같나? 중요 구성품들에 이용된 결합 방법들은 무엇인가? 무슨 종류의 죔쇠들이 이용되었고 그것들은 제품 어디에 있나?

제품의 작동 요구 조건들은 온전히 조립된 제품에서 발견될 수 있다. 제품 해체는 다른 정보 수집 활동들을 마무리하기 위해서 필요하다. 조립 도면이 제품에 제공되어 있지 않다면, 제품이 처음으로 해체되는 때 조립 도면을 스케치하는 것이 좋다. 조립 도면을 생성하는 일 외에, 여러 사항들에 대해 철저히 기록해 두어야(고증(考證)-옛 문헌이나 유물 등을 자세히 검토하여 증거를 대어 설명함, documentation[14])한다. 이를 위해 팀은 해체 단계들을 자세히 기록하고 각 구성품들을 열거해야 한다.

역설계는 경쟁자의 제품들에 관해 배우기 위해 제품을 해체하는 과정에서 이용된다. 엔지니어들은 다른 방도가 없을 때 정보를 발견하기 위해서 역설계를 한다. 역설계를, 이익을 위해, 남이 한 설계를 베끼는 목적으로 해서는 안 된다. 역설계가 설계팀에게 경쟁 상대의 설계 결과를 보여줄 수는 있지만, 왜 그런 것들이 선택되었는지에 대해서는 설명할 수 없다. 역설계를 하는 엔지니어들은 최고의 경쟁 대상 설계를 보고 있다고 착각하지 않아야 한다. 최선의 성능을 생성하는 것 외의 인자들이 설계 과정에 영향을 미치지만, 그것들이 제품의 물리적 양상에 드러나지는 않는다.

표 2-6 설계 정보의 유형

고객
• 설문조사와 피드백 • 시장개척 데이터
연관된 설계
• 제품의 이전 본에 대한 명세와 도면 • 경쟁자들의 유사한 설계(역설계)
분석 방법
• 기술보고서 • 응용 프로그램, 예를 들어, 유한요소해석

14) 혁신을 낳은 설계 사고와 문제-해결 과정의 증거를 수집하는 활동(Karsnitz, 2009: 90)

소재
• 과거 설계의 성능 (실패 분석) • 특성
제조
• 공정 역량 • 역량 분석 • 제조 원천 • 조립 방법
비용
• 비용 이력 • 현재 소재와 제조 재료 비용
표준 구성품
• 이용 가능성과 판매자들의 품질 • 크기와 기술 자료
기술 표준
• ISO • ASTM • 회사가 정해 둔 명세
정부 규제
• 성능 기반 • 안전성
수명 주기 이슈
• 정비/서비스 피드백 • 보증 데이터

공학설계를 하는데 필요한 정보는, 글말 이외에, 그 유형들이 많이 다르다. CAD 파일, 컴퓨터 데이터 파일, 모델, 및 시제품들이 그 일부 예들이다. 표 2-6은 설계에 필요한 정보의 넓은 범주를 보여준다.

설계가 다양한 유형의 정보를 요구하는 것처럼, 정보를 구하기 위한 원천들도, 표 2-7에서 보는 바처럼, 아주 다양하다.

표 2-7 공학 설계에 유용한 정보의 원천

도서관
• 주소록과 백과사전 • 엔지니어링 핸드북 • 교과서와 전공 연구 논문 • 정기간행물(technical journals, 잡지, 및 신문)
인터넷
• 정보의 바다
정부
• 기술보고서 • 데이터베이스 • 검색 엔진 • 법과 규제
엔지니어링 전문가 협회와 교역 단체
• 기술 저널, 소식 잡지 • 기술 협회 자료 • 수칙과 표준
지적 재산
• 특허, 국내와 국제 • 저작권, 부정복제방지법 • 등록 상표
개인 활동
• 업무 경험과 연구를 통한 지식의 집적 • 동료들과의 접촉 • 전문가들과 개인 네트워크 • 공급자 및 판매자들과 접촉 • 자문가들과 접촉 • 협회, 무역박람회, 전시회 등에 참가 • 다른 회사 방문
고객
• 직접 교류 • 설문조사 • 보증 환불금과 반품 피드백

대학생들이 정보를 검색한다면, 하나같이 "Naver"나 "Google"을 이용한다. 선진국 사람들은 거의 보편적으로 인터넷에 접근한다. 그렇지만, 인터넷을 통해 조회된 많은 정보들이, ① 전문가 동료들이나 편집자들에 의해 올바른지에 대해서 점검된 적이 없는

것들이라는 의미에서, '날것 그대로의 정보라'는 사실을 알아야 한다. 그래서 인터넷에서 조회된 문건들은, ② 일반적으로, 반박될 수 있는 전문 주제나 비즈니스 저널에 출판된 문건들과 같은 수준의, 신뢰성을 갖지 못한다. 또한, ③ 웹 문건들이 모두 최신의 것은 아니다. 많은 문건들이 게시되고 나서는 한 번도 개정되지 않는다. 다른 문제는 ④ 웹 페이지들의 불안정한 휘발성이다. 웹 페이지들은 웹 관리자가 자리를 떠나거나 관심을 두지 않으면 사라진다. 인터넷 광고가 증가하기 때문에 ⑤ 인터넷에 게시되는 정보의 객관성에 관한 우려가 크다. 이런 배경으로 인해, 지성인이라면, 급속히 성장하는 정보 원천인, 인터넷을 즐기고 활용하는 때 여러 사항들을 고려해야 한다.

정보를 수집하는 데는 시간과 돈이 든다. 특정한 영역에서, 설계 의사를 지능적으로 결정하는데 필요한 것 이상으로, 너무도 많은 정보가 수집될 수 있다. 그런데 이것이 창의적인 설계 개념들을 발굴하려는 엔지니어의 능력을 훼손할 수 도 있다. 그렇지만, 정보 탐색이나 수집을 위한 노력을 과소평가하면 안 된다. 많은 엔지니어들이, 정보 탐색은 엔지니어링이 아니라고 느끼지만, 엔지니어들이 시간을 어떻게 사용하는 지에 대한 조사들에 의하면, 그들은 정보 탐색에 일하는 시간의 30%까지를 쓴다고 한다. 그렇지만 개념 설계를 하는 엔지니어들의 정보 프로파일과 상세 설계를 하는 엔지니어들의 정보 프로파일은 아주 다르다. 개념 설계를 하는 팀은 정보를 널리 탐색하고 대량의 정보를 이용하며, 팀원 개인 정보 수집에 매우 의존한다. 그에 비해 상세 설계를 하는 엔지니어들은 훨씬 적은 정보를 이용하고, 회사 설계 지침들과 정보 원천에 매우 의존하며, 그 정보를 엔지니어링 도면과 CAD 모델링 작업에 가장 자주 적용한다.

■ 정보 원천의 기록

"한국 엔지니어들이 개인적인 역량은 선진국 못지않은데도 창의적인 성과를 내지 못하는 것은 기록이 없기 때문[15)]"이라고 한다.

정보가 수집되는 때, 바로 그 시점에, 내용과 그 출처가 기록되어야 한다. 그 일을 하지 않거나 미루어 두면 나중에 낭패를 당하게 된다. 문제에 대해 연구하고, 노트를 적고, 연구 요약을 쓰는 때, 그 원천을 적어두지 않으면, 그것들을 못 찾아(그러느라 시간도 낭비하고) 그 정보를 이용할 수 없게 될 지도 모른다. 또 보고서 초벌을 쓰는

---

15) (서울대 이정동 교수) Weekly Biz Lounge, 조선일보, 2017년 7월 22일.

때 인용(citation)을 하지 않으면, 인용(quote)을 잊을 수 있어서, 뜻하지 않게 표절을 하게 될 지도 모른다.

엔지니어링 설계와 관련된 의사소통 글(회의록, 진도보고서, 설계보고서 등)을 쓰는 때, 필자는 자신이 이용한 다른 사람들의 저작물(인쇄물(책, 문건, 기술 기사, 제조자의 문헌), 인터넷, 강의 노트, 면대면 인터뷰, 전화 인터뷰, 다른 사람들의 e-메일)에 대해서 신망을 표시하여야 한다(Yarnoff, 2010: 243-44). 즉 그런 자료나 정보의 출처를 밝혀야 한다. 예를 들어, 어떤 책에서 요긴한 정보를 알게 되었다면, 그것을 보고서에서 인용할 때, 그 저자 이름, 책 제목, 출판사, 참고한 그 책의 쪽수 등을, 보고서의 참고문헌에 기재해야 한다. 인터넷에서 자료를 찾았다면, 그 저자, 제목, 웹사이트 주소, 자료가 게시된 일자, 검색한 일자 등이 기록되어야 한다.

정보의 원천을 밝혀 두는 데는 몇 가지 목적이 있다:

- 필자가 제시하는 정보가 더욱 신뢰성이 있게 해
- 독자들이 보고서에 언급된 정보를 찾아 볼 수 있게 해
- 필자가 윤리적이라는 것을 입증
- 원천을 인정하지 않고 그것들을 이용하는데 따른 처벌과 법적 처벌을 피하기 위해 - 다른 말로 하면, 표절 예방

글을 쓰는 때 정보의 원천을 기록해 두는 일의 구체적 사항들에 대해서는 공학글쓰기에 관한 4-2 절에서 배우게 될 것이다.

■ 설계부

엔지니어들과 설계자들은 그들이 하는 프로젝트들의 온전한 기록들을 모두 보관해야 한다. 이 일을 위한 가장 통상적인 도구가 설계부(設計簿)이다. 설계를 위해 결정된 내용과 그 경위를 기록하고 설계 의도의 큰 그림을 잡아두지 않는다면, 그 설계자가 가버리면 그 지식도 함께 잃게 되어, 초보자들이 그 과제로부터 설계를 배울 수 없게 된다. 이런 정보를 기록해 두는 곳이 설계부이다. 설계부는 문제 해결 계획 수립의 모든(수행되지 않았던 계획들도 포함하여) 것, 모든 분석적인 계산, 실험 데이터의 모든 기록, 정보의 원천들에 대한 참고문헌, 그리고 프로젝트에 관한 모든 중대한 생각들이 기록되

고 저장되는 곳이다(Dieter, 2013: 397).

설계부를 적는 두 가지 목적이 있다.

(1) 설계부는 연구 계획과 결과, 설계 아이디어, 데이터, 노트, 및 스케치들을 – 그 모두는 팀과 프로젝트를 이어서 계속하는 다른 사람들에 의해서 사용될 것들로서 – 기록하기 위한 중심 장소이다. 일부 팀원들은 프로젝트가 진행되는 중간에 다른 일을 하러 회사를 떠나는 경우가 가끔 있는데, 다른 팀원들이 그 일을 이어서 해 나가기 위해서는 팀 일을 기록해서 영구적으로 관리하는 저장소가 있어야 한다. 제품들을 개선하기를 바라는 회사들에서, 프로젝트–관련 제재(문건)들의 자세한 사항들을 후속 팀들에게 알려주기 위해 이 저장소를 이용한다.

(2) 설계부는 특허 출원이나 방어를 위한 설계 활동의 법적 기록이 된다. 산업계에서, 이것은 흔히 접착제로 제본된 공책으로 법적 기록으로 간주되며, 페이지들이 부가되거나 찢어내 질 수 없는 것이어야 한다. 요즈음, 일부 경우에, 모든 기록들은 전자정보로 보관되며, e–메일과 도면들은 스캔되어서 보관된다(Yarnoff, 2010: 143).

설계부는 고증의 관점에서 중요하다. 여기서 고증의 사전적 의미는 '무엇인가를 증명하기 위해서 혹은 무엇인가를 공식적인 것으로 만들기 위해서 이용되는 문서, 기록, 등'인데, '이미 발생했거나 앞으로 발생할 행위가 어떻게 정의되고 인지되어야 하는지에 대해 동의하기 위해 사용되는, 과거나 미래 행위를 글로 적어 남겨두는 일'의 뜻으로(Winsor, 1999: 207) 사용되기도 한다. 예를 들어, 회의록은 조직이 나날의 활동을 이해하는 바를 정한다. 회의록에는 토의 대상이 되는 활동이, 이름이 붙어, 기록되는데, 그 이름에 의해 조직은 장래에 그 활동에 대해 이해하게 된다(Winsor, 2003: 43).

또 고증은 사물에 대한 모든 기술(記述)을 보관하는 곳이라는 의미로 쓰이기도 하고(Winsor, 2003: 76), '빌려온 정보의 근원에 대해 인용하는데 적용되는 기계적 체계'를 의미하기도 한다(Pfeiffer, 2010: 532). 우리가 어떤 주장을 하려면 그에 대한 타당성의 증거를 제시해야 하는데, 그 때 그 증거의 정보 원천을 제시함으로써, 증거에 대해 고증해야 한다. 고증으로 인해, 독자들은 필자가 인용하는 정보의 원천들을 평가하고 혹은 그것들을 참고할 수 있게 된다(Karsnitz, 2010: 553).

이 관점에서 노트(note, (메모, 수기(手記)))는 중요한 정보의 글말 고찰이다. 노트는 정보 요약과 유사하다. 노트할 때는 신속히 쓰고, 줄여 쓰거나 스케치한다. 노트를 시작하기 전에 일자, 시간, 장소, 토픽 및 연사를 확인한다. 설계부는 특별한 주제에 관련된 모든 글말 정보들이 잘 조직되어 있는 저장소이다. 대부분의 관리자, 소유주, 및 직업 전문가들(간호사, 의사, 법률가, 엔지니어, 판매원, 기능공 등)은 그들이 하는 일의 시간, 일자, 생산, 절차, 근로자, 견적과 계산, 주문, 영수, 및 연구에 관해 노트에 기록하고 간직한다(Altmann, 2011: 1).

설계부로 쓸 공책은 A4 용지 정도 크기로, 접착제나 실로 박음질된 (스프링 제본은 안 돼!)것이어야 하는데, 튼튼한 표지로 된 것이면 더 좋다. 정보는 공책에 곧바로 직접 기록되어야 하고, 대충 쓴 원고를 복사해서 붙여서는 안 된다. 또 공책에 자료와 정보를 조직해서 기입해야 한다. 주머리제목과 부머리제목들을 사용하고, 핵심 사실들과 아이디어들에 꼬리표를 붙여두며, 기입된 자료들에 자유롭게 교차 참고문헌을 기입해 두고, 내용 조직에 도움이 되게 공책의 앞부분에 목차를 만들어 둔다. 쪽수는 연속적으로 기입되어야 한다. 매주, 혹은 팀 회의를 하는 때 마다, 성취된 일과 기록된 내용을 검토하고 그리고 중대한 시점들을 강조하는 중요한 진척 내용을 요약해서 적어 두어야 한다. 특허 가능성이 낮아 보이는 문제 해결 방안에 대해 일 하는 때는 언제나, 그에 대한 지식이 풍부한 동료가 공책을 읽고 그 내용을 살피게 한다.

다음은 설계부에 적용되는 규칙들이다.

- 찾아보기(인덱스)를 노트북의 표지 다음에 끼워둔다
- 입력 항목들은 물론, 읽을 수 있도록 펜으로 적는다
- 일 하는 동안 입력 항목들을 적어라. 마음에 드는 것과 그렇지 않은 결과들과 그 시각에 온전히 이해되지 않은 것들도 포함한다. 만약 오류가 생겼다면, 그것들을 지우개로 지우지 말고, 가위표를 해 두고, 설계부 아무 쪽도 찢어 내지 않는다
- 모든 데이터는 그것들의 원래 모양(그래프, 차트, 측정기기의 출력물, 사진, 등)을 유지해야 하고, 재계산 하거나 변환된 후의 것이어서는 안 된다
- 대충 그리는 그래프들은 설계부에 직접 그려져야 하지만, 그래프용지에 그린 것들은 공책에 풀로 붙인다
- 책, 저널, 보고서, 특허 및 아무 다른 정보 원천들에 대해 온전한 참고문헌 표기를 해 둔다

설계부를 잘 간직해두면 프로젝트가 마무리되고 수년이 지난 후에, 어떤 결정들이 긴요했는지를 명백히 하고, 조치들이 사실에 근거하였는지를 알 수 있다. 프로젝트 보고서의 모든 그림, 진술문 및 결론이 설계부의 어디에 있는 어느 원천 항목들에 의해서 실증될 수 있는지를 쉽게 알 수 있게 설계부를 작성한다.

■ **디자인 포트폴리오**(Karsnitz, 2009: 92)

창의성을 요구하는 분야들에서 일하는 사람들은 그들이 한 일의 기록들을 보관한다. 디자이너들은 일반적으로 포트폴리오를 보관한다. 포트폴리오는 개인의 사고와 일을 고증하는 제재들의 모음이다. 건축가가 자신에게 일을 맡길 가망성 있는 의뢰인에게 포트폴리오를 보여 주게 되면 그 의뢰인은 건축가의 이전 프로젝트들을 평가할 수 있게 된다. 의뢰인이 포트폴리오에서 프로젝트의 요구 조건들과 조화하는 품질 좋은 작품과 스타일의 증거를 보게 된다면, 협상은 성공적으로 "종결"될 것이다. 프로젝트를 해 나가는 동안, 건축가는 일의 진척을 의뢰인에게 의사소통하기 위해 드로잉들을 이용할 것이다. 포트폴리오는 디자인-의뢰인 관계에서 중요한 역할을 한다.

건축가처럼, 엔지니어와 예술가에게도 포트폴리오는 중요하다. 예술가는 자신의 관심사, 스타일, 및 매체의 범위를 입증하기 위해 자신의 작품들의 포트폴리오를 개발한다. 그는 자신에게 작품 제작을 맡기는데 관심을 가질 만한 의뢰인들에게 자신의 포트폴리오를 보여주고, 그는 작품 활동 자금이나 전시회 개최 자금을 지원 받기 위해 그것을 이용한다. 오랜 동안, 예술가들은 그들의 작품들을 사진을 찍고 그리고 슬라이더 포트폴리오들을 개발해 왔다. 그렇지만 이제 더 많은 예술가들은 그들의 작품들을 디지털 기술로 고증하고 그들의 포트폴리오들을 웹사이트들에 탑재한다.

■ **발명 일지**(Karsnitz, 2009: 93)

엔지니어들과 발명가들도 사진, 스케치, 도해, 및 출판물들을 통해 프로젝트들과 독창적 일을 묘사하는 일종의 포트폴리오를 개발한다. 이것들은 직무 홍보와 일자리 탐색을 위해 이용될 것이고, 프로젝트 자금 조달이나 자신의 사업을 시작하기 위해 이용되기도 할 것이다.

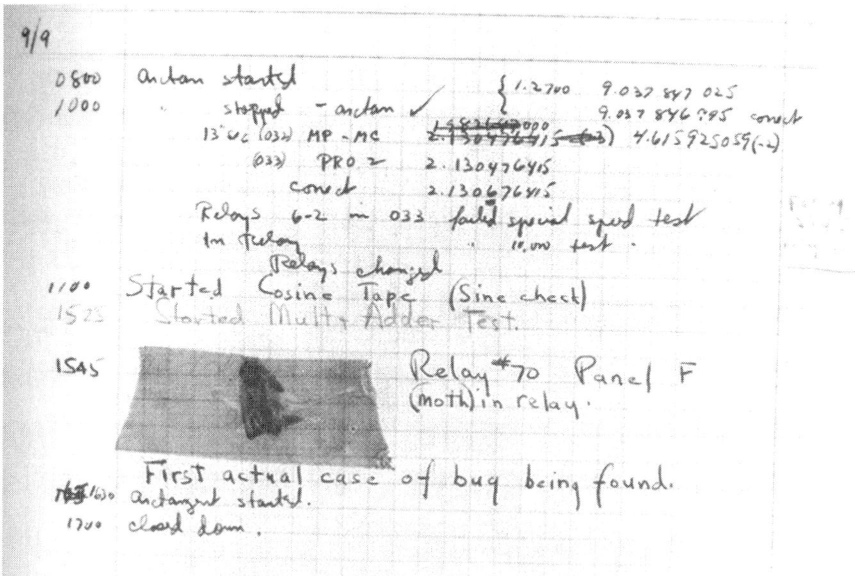

그림 2-7 Cobol 컴퓨터 언어의 발명자인, Rear Admiral Grace Hopper의 발명일지에서 처음 발견된 컴퓨터 "bug"을 묘사하는 페이지

특허는 제품을 발명한 첫 사람에게 보상한다. 발명일지(그림 2-7)는 일지 작성자가 바로 그 사람임을 증명하는데 도움을 준다. 발명일지는, 일자와 문제 해결 과정의 진화를 보여주는 도면들을 담고 있는, 공식적인 일상 활동들이 기록된 공책이다. 중요한 벤치마크들은 발명에 대한 주장과 일자가 믿을 만한 근거가 있음을 증명하기 위해 흔히 서명되고 증언된다. 특허 출원을 목적으로 새로운 방법들을 보호하려고 하지는 않을 테지만, 엔지니어는 결정된 의사와 결과들을 복제하고, 과정과 제품을 평가하며, 프로젝트가 발전하는 동안의 벤치마크들을 기록하려고 일지를 간직한다.

2-1.3 개념 생성

확인된 수요를 바탕으로 문제가 정의되고, 그 문제를 해결하는데 필요한 정보가 수집되면, 그것들을 바탕으로 문제 해결의 가능성이 있는 방안, 즉 개념 여러 개가 생성되어야 한다. 개별 요구 조건에 대한 명세가 모두 구비되었다 하더라도, 그것들이 문제를 해결하는 개념이 될 수는 없다. 여기서 개념이란, 문제를 해결하는 인공물을 개발해야 하는 관점에서, 문제에 대한 답을 말한다. 그런 답은, 예를 들어, 요구 조건들을 충족하는 정보나 명세나 팀이 개발한 아이디어들이 조합되거나 합성되어 생성될 수 있다.

정의된 문제의 여러 요구 조건들 중 일부는 수집된 정보만으로 충족될 수 있다. 그러나 그 외의 요구 조건들에 대해서는 팀이 정보를 생산해야 한다. 그런 요구 조건들은 이전에 그것들을 충족하는데 필요한 정보가 생산된 적이 없거나 팀원들이 있는 정보를 탐색해 내지 못한 것들일 수 있다. 그런 것들에 대해 창의적 아이디어들을 생산한다면, 설계 인공물이 창의적인 것이 될 수 있다.

요구 조건들을 충족하는 방안들이 개별적으로 마련되었다고 하더라도, 그것들 자체가 문제 해결 개념은 아니다. 또 요구 조건들을 충족하는 정보의 대부분이 정량적인 것이 아닐 수 있다.

문제를 해결하는데 필요한 아이디어들이나 개념을 개발하는 일과 관련하여 디자인 사고에 대해 알아보자. 디자인 사고는, 디자인 회사 IDEO의 CEO인 Tim Brown과 같은, 현직 디자이너들이 쓰기 시작한 용어이다(Leverenz, 2014: 2). 디자인 사고에 대해 Tim Brown은 다음과 같이 생각한다(Kimbell, 2011: 289):

> 디자인 사고와 그것을 실행한다고 말하는 designers들 둘 다는 문제 해결을 위해, 기술-혹은 조직-중심이 되는 것과는 달리, 사람-중심 접근을 하는 것이다. 그들은 최종 사용자들에 관해 통찰[16]하는 것으로부터 시작해서, 아이디어 생성과 시험을 거쳐, 그리고 구현으로 이동하는 반복적인 과정을 따르는 것 같다. 그들이 생성하는 시각 인공물들과 시제품[17]들은 전공 배경을 달리하는 여러 팀원들이 함께 일하는데 도움이 된다. 그들은 사물들을 상대로 일하는 방식을 받아들이기 보다는 장래 시나리오들을 상상하기 위해 "혹 이렇게 하면 어떨까?" 라고 질문을 한다. 디자이너들은, 문제를 해결하는 그들의 창의적인 방식들로, 논의를 거쳐, 거의 아무 일에도 뛰어들 수 있다.

디자인 사고에 영향력이 큰 옹호자 중 한 사람인, Bruce Nussbaum은 디자인 사고에 대해, 다음과 같이 말했다(Hadjiyanni, 2013: 117):

16) 이 통찰을, 디자인 사고 5 단계 중, 첫 단계인 '감정 이입'이라 부른다.

17) 시각 인공물은 디자인 관점에서, 시제품은 설계 관점에서, 디자인 과정이 진행되는 중, 아이디어가 실물로 변환되기 전의 사물을 말한다.

"(디자인 사고는) … 창의성의 심장이고 영혼인 행동의 모음이다. 그 모음은 여러분들이 속한 공동체(사람과 문화)에 자신들이 조화되게 하는 것과 진정한 문제의 틀에 대한 경험, 지혜, 및 지식을 갖게 하며, 그리고 - 모든 것들 중에 아마도 가장 중요한- 해결책들을 창조하고 제정하기 위한 능력을 포함한다."

디자인 사고의 특성을 규명하는 여러 정보들이 있고, 그것들 중 일부는 자세히 밝혀져 있다. 그 특성들은, 좋은 설계자들이라면 갖추어야 하는, 다음과 같은 것들을 할 수 있는 능력과 연관된다(Dym, 2005: 104):

- 설계를 문의(問議, inquiry)[18] 혹은 발산적-수렴적 사고의 반복적인 루프로 간주하는 때에 부딪히는 모호성을 관용
- 시스템 사고와 시스템 설계를 포함하여 큰 그림을 보는 시야 유지
- 불확실성 조종
- 의사 결정
- 사회적 과정에 속한 팀의 부분으로 생각
- 설계 관련 언어로 생각하고 의사소통

디자인 사고는 구체적으로 디자이너들이 실행하는 창의적 과정을 말하는데, 그 과정은, 어린이용 칫솔 디자인으로부터 간호사들이 근무 교대를 어떻게 개선하면 좋을 지에까지 모든 것에 적용되는, 문제 해결에 대한 접근으로 체계화되어 있다. 그 과정은, 예를 들어, 그림 2-6과 같은, 감정 이입, 정의, 창안, 시제품, 시험, 5 단계로 구성된다. 이 5 단계는, 결국 문제 해결의 의뢰인과 인공물을 소비할 고객 및 그들의 문제와 그 요구 조건들을 그들의 상황과 입장에서 이해한 뒤, 다양한 대안을 찾는 발산적 사고와 주어진 상황에 최선의 방법을 찾는 수렴적 사고를 반복하여 혁신적인 결과를 내는 창의적 문제 해결 과정이다.

---

18) inquiry 문의, 조회, 질문. 질문-알고자 하는 바를 얻기 위해 물음. 질의- 1. 의심나거나 모르는 점을 물음. 2. 사리의 옳고 그름을 물어서 의논함. 문의-물어서 의논함.

■ 질문

설계는 질문 집약적이고, 질문에 의해 구동되는 사회-기술적 활동이다. 노련한 설계자들은 문의를 자신들의 사고 구조에 영향을 미치는 인지 기구로 취급한다(Eris, 2004: 1).

올바른 질문을 하고 올바른 자원(정보)을 참고하는 일은 성공적인 엔지니어가 되는데 필수 조건이다. 올바른 질문을 해야 문제에 대한 적절한 답들을 찾을 수 있다. 닫힌 질문은 단 하나의 옳은 답을 찾기 위한 것이다. 그렇지만, 열린 질문은, 정답을 찾기보다는, 많은 가능한 답들을 구하기 위해, 오히려 더 많은 다른 질문들을 낳는다.

설계자들의 창의성을 지원하기 위해 사용되는 도구들과 기법들은 "… 질문하고, 그리고 설계 과정이 진행됨에 따라, 그 질문들에 대한 답들을 제시하며 그리고 그 답들을 고찰하는 방식들"이다. 더욱이, 설계 과정 모델들이 과정의 다양한 국면들과 그 부속 단계들을 잇는 루프들을 보이기 때문에, 설계 과정에서 다양한 종류의 질문들이 발생한다.

설계 상황에서, 아무 질문에 대해서, 알려진 여러 가지 대안 답들뿐만 아니라 참 또는 거짓과는 상관없이 몇 가지 가능한 미지의 답들이 존재한다. 질문자는 알려진 대안 답들을 찾아내고, 그 답들이 참인지 거짓인지에는 상관없이, 가능한 미지의 답들을 생성하려고 한다. 그런 질문(Generative Design Questions, GDQ)들이 발산적 사고의 특성들이다. 그런 사고의 질문자는 사실들로부터 발산하여 그것들로부터 생성될 수 있는 가능성들을 탐색하려고 한다.

또 어떤 질문들에 대해서는 구체적인 답 혹은 한 집합의 답들이 있다. 그런 질문들은 수렴적 사고의 특성들로서, 질문자는 "사실들"에 수렴하려고 한다. 예를 들어, "왜 달은 밤에 뜨는가?"를 묻는 질문자는 달이 밤에 뜨는 데에 대한 이성적이고 참된 설명을 기대한다. 이런 것들이 심층 추론 질문(Deep Reasoning Question, DRQ)이다(Eris, 2004: 136).

그래서 아래 두 가지 근본적 전제에 바탕을 두어, 질문-중심의 디자인 사고 모델이 개발될 수 있다(Eris, 2004: 11).

1. 설계를 "사고방식"으로, 그래서, 설계를 인지의 한 구체적 유형으로 취급하는 것이 타당하고 유용하다.

2. 설계하는 동안 설계자들이 하는 질문이 사고에 영향을 미친다. 그 질문은 설계자들의 문제 해결, 창의성, 의사 결정, 및 학습 과정들의 인지적 측면, 따라서, 그들의 전반적 성취에 연관된다.

순서를 따지자면, 어떤 현상의 존재, 본질, 및 속성들에 연관되는, 더 낮은-수준[19]의 질문들을 하나씩 체계적으로 물은 다음에, 현상 그 자체에 연관되는, 심층 추론 질문을 해야 한다. 그 맥락에서 디자인 사고는 수렴적 성분과, 그 수렴적 질문의 바탕이 되는 개념들을 생성하는 생성적 설계 질문을 하는, 발산적 성분 둘이 연속적으로 변환되는 과정이다(Dym, 2005: 105).

또 발산적 사고로 문제의 여러 측면들에 대해 질문하고, 사실(수집된 데이터, 정보 및 지식)들 중에서 그 답을 살피면, 다양한 문제 해결 가능성들이 생성될 수 있다. 다양한 가능성들에 대해, 문제의 존재, 본질, 및 속성들에 연관되는 낮은 수준의 수렴적 질문들을 하고, 일부 가능성들에 대해서는 심층 추론 질문을 하여 사실들로부터 답이 구해지면, 그것이 지식이고, 그런 지식들이 문제 해결 개념들이다(Riddell, 2008: 30). 지식은 "우리에게 새로운 일을 할 수 있는 능력을 주는 이론"이다(유발 하라리, 2011: 368)

이런 논의를 종합하면, 그림 2-8과 같은 디자인 사고 모델이 그려질 수 있다. 이 모델은 다음 내용을 묘사한다. 설계팀원들이 정의된 '문제'의 여러 측면(충족되어야 하는 요구 조건)들에 대해 발산적인 질문들(GDQs)을 한다. 그 질문들에 대해 '사실(정보)'로부터 구해진 답들이 문제 해결 '가능성(아이디어)'들이다. 그 아이디어들의 집합이 '개념 정의역'이다. 아이디어들이 충분히 생성되면, 설계팀은 그 아이디어 각각에 대해 수렴적 질문(심층 추론 질문(DRQ))을 한다. 그 질문들에 대해 '사실(정보)'로부터 구해진 답들이 문제를 해결하는 '지식'들이다. 그 지식들의 집합이 '지식 정의역'이다. 그 지식들이 문제 해결 개념들이다.

19) DRQ 질문들이나 GDQ 질문들에 앞서 질문 해야 한다는 의미에서, 낮은 수준이다(Eris, 2004: 131).

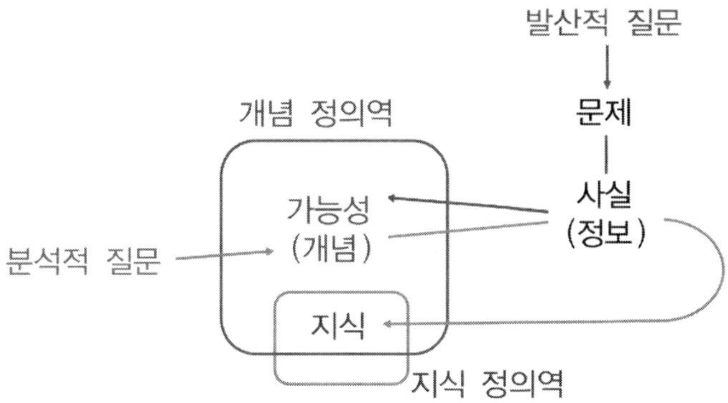

그림 2-8 발산적 질문과 분석적 질문의 연속적인 변환에 의해 작동하는 디자인 사고

그림 2-8에서, 문제와 사실은 발산적 사고와 수렴적 사고의 연속적인 변환을 매개하는 요소들이다. 이 연속적인 변환에 따라 문제 해결 개념이 생성되려면, 문제가 온전히 정의되어야 한다. 즉, 문제를 정의한 요소들에 연관될지도 모를 사실(정보)이 누락되어서는 안 된다. 혹 문제를 정의하는 일부 요소들이 누락되면, 발산적 질문들에 대한 답이 사실 자료들로부터 찾아지기 힘들고, 그렇게 되면 문제 해결 개념들이 부실해질 수 있다.

또, 아이디어가, 보통, 듣거나 보거나 읽거나 배워서 아는 지식과 경험을 바탕으로 생성되기 때문에, 그림 2-8의 '사실(정보)'에는 팀원 각자의 문제 혹은 문제 관련 지식과 경험도 포함된다. '사실(정보)'는, 정보 수집 단계에서, 사실들을 입증하고 명백히 하며, 연관된 정보를 확인하고 획득하며, 필요한 의사소통 바탕을 형성하고, 사회적 상호작용을 중재하기 위해서 묻는 낮은 수준의 질문들(Eris, 2004: 131)로 인한 것들로 간주될 수 있다.

그림 2-8을 보면 개념 생성을 위한 '사실'의 중요성을 알 수 있다. '사실'을 매개로 발산적 질문과 수렴적 질문이 연속적으로 변환되기 때문에, '사실'이 부실하면 디자인 사고 과정이 제대로 작동할 수 없다. 또 그런 '사실'들도 정의된 '문제'를 기반으로 수집된 것이고, 나아가서, 그 문제의 정의는 문제 해결 이해 당사자들의 수요 확인이 바탕이 된다는 사실을 상기하면, 수요 확인이 설계 과정의 관점에서 창의적 문제 해결의 바탕이 되는지를 새삼 평가하게 된다.

표 2-8 발산적 사고와 수렴적 사고의 특성 대비

발산적		수렴적	
가능성과 대안들을 인지하기 위한, 심미적으로 그리고 유용하게 생산적인 새로운 아이디어들을 생성하기 위한 정신적 성향과 역량	창의적	비판적	전공 분야에 따라 교육된, 목적에 따라 그리고 반성적인 방식으로 가정, 주장, 인지, 판단, 및 태도들을 질문하고 평가하는 정신적 성향과 역량
여러 시각과 조망으로 혹은 정통이 아닌 또는 명백하게 비논리적인 방법들로 대안을 생성해서 문제를 풀려고 하는 사고방식	측면적	수직적	단 하나의 개념으로 시작해서 해결책으로 나아가
새로운 아이디어들을 허용	낮은 확률	높은 확률	이전의 경로들을 따르는 방식

발산적(확산적, 창의적, 연합적 혹은 측면적) 사고는, 여러 방향으로 생각하며, 정보 조각들을 갖가지 패턴들로 조합(합성)해서, 문제 해결을 위한 여러 가지 개념들을 생성한다. 반면에, 수렴적(분석적[20] 혹은 수직적) 사고는, 쓸 만하다고 판단되는 개념을 문제 해결에 적용하여, 순차적 단계들을 따라 앞으로 나아가며, 사실들에 비추어, 지식을 생성하는 사고 과정의 유형이다(Dieter, 2013: 199). 표 2-8은 발산적 사고와 수렴적 사고의 여러 속성들을 대비적으로 요약한 것이다. 또 표 2-9(Spuzic, 2016: 5)는 창의성과 비판성의 차이를 요약한 것이다.

표 2-9 창의성과 비판성의 차이

창의성	비판성
• 상상적	• 이성적
• 판단하지 않는	• 평가하는
• 생성적	• 선택적
• 통째로 보는	• 부분들을 보는
• 건설적	• 해체적
• 틀을 벗어남	• 틀 내에 머무름
• 우연에 의한 가능성 있어	• 체계적으로 일해
• 우회를 갖는 반복적 과정	• 선형적 과정

20) 분석적 사고는 어떤 상황이나 문제의 현실을 토의하는 일과 어느 조치가 도전들을 가장 잘 감당할 것인지를 결정하는 일을 수반한다(Karsnitz, 2009: 80).

창의적 과정은 모호한 아이디어로부터 구조가 잘 갖춰진 아이디어로, 혼란스러운 것으로부터 구성된 것으로, 함축적인 것으로부터 명시적인 것으로 이동한다(Dieter, 2013: 197). 또 창의적 과정은, 옵션들을 앞뒤로 되튀기고, 자신을 넘어 생각하며, 아이디어들을 통합하는 과정이다(Karsnitz, 2009: 78).

창의적 과정은 표 2-10처럼 4 단계로 기술되기도 한다(Norton, 2013: 11). 창의적 과정은 설계 과정의 부분으로 간주될 수 있고 설계 과정 내에 존재될 수 있는 것이다. 창안(ideation)과 발명 단계는 그래서 이 4 가지 하부 단계들로 전개될 수 있다.

표 2-10 창의적 과정 4 단계

창의적 과정
아이디어 생성
좌절
부화
됐다! Eureka!!

창의적 과정의 초기에는 아이디어가 단지 불완전하게 이해된다. 창의적인 사람은 아이디어의 전체적인 구조를 감지하지만 대개는 처음에는 그것의 상세한 것들의 제한된 몇 가지만을 감지한다. 전체 아이디어가 그 모양을 갖추어 감에 따라 확인과 느린 탐구 과정이 번갈아 일어난다. 엔지니어들은, 본성과 훈련에 의해, 보통 질서와 명시적 상세함에 가치를 두지만 혼란과 모호한 일반성을 경멸한다. 그래서 공과대학 학생들은 훈련을 통해 이런 창의적 측면들에 대해 개방적이 되어야 한다. 창의적인 아이디어들의 흐름이 지시에 의해 작동하지 않음을 안다면, 우리는 창의적인 사고에 가장 도움이 되는 조건들을 조사해야 한다. 창의적인 아이디어들이 기억에서 사라지기 쉬운 것들이기 때문에, 우리는 창의적인 사고 내용이 사라지기 전에 기록해 두는 습관을 길러야 한다.

대부분의 혁신적 제품들은 유용한 설계 개념들을 기억할 뿐만 아니라 다른 전공 분야들에서 발생하는 유망한 개념들을 알아차리는 일의 결과이다. 최고 엔지니어들은 창의적 사고 방법들과 이전에 상상되지 않은 새로운 개념들의 합성을 돕는 설계 과정들을 이용한다. 브레인스토밍과 시넥틱스와 같은 창의성을 증대하기 위한 실제적인 방법들이 설계 개념들을 생성하기 위한 방법들로 채택되고 있다(Dieter 2013: 191).

> 공학자는 의사들이 온갖 종류의 상태를 진단하는 데 동원하는 수많은 의료 장비를 설계하고 이해하는 장본인들이다. 카테터, 스텐트(stent), 심박 조절기, 보철기, 인공 심장과 인공 관절, 이런 모든 의료 장비는 사실 창의적 공학자들이 내놓는 창의적인 공학적 설계의 산물이다(헨리 페트로스키, 2017: 74).

창의적인 아이디어 생성은 타당한 설계 해결책으로 나아가는 직관적인 방식이다. 그렇지만, 창의적인 아이디어들로부터 쓸 만한 것들을 찾아내는 일은 엔지니어링에 타당한 개념을 만드는 것과 같지는 않다. 엔지니어링 시스템들은 보통 매우 복잡하고, 그것을 설계하는 과정의 많은 시점들에서 구조화된 문제들이 풀려야 한다. 따라서 설계 과정에서 엔지니어나 디자이너들은 수시로 창의성을 발휘해야 하고 그리고 전체 설계 과제의 작은 부분을 위한 대안 개념들을 생성하는 데에도 창의성이 발휘되어야 한다. 그래서 창의성을 증대하는 모든 방법들은 개념 설계를 하는 엔지니어링 설계자들에게 유용하다.

창의적으로 사고하는 사람들은 아이디어와 개념들을 의미 있고 유용한 형태들로 합성할 줄 안다. 창의적인 엔지니어는 유용한 아이디어들을 생산한다. 그 아이디어들은 발견의 영감에 의한 완전히 독창적인 것들일 수 있다. 또 창의적인 아이디어들은 다른 아이디어들을 합치거나 기발한 방식들로 합성함으로써 생겨나기도 한다. 창의적인 사람은 문제의 부분들을 신선한 시각으로 보기 위해서 문제를 조각들로 나누거나, 혹은 관계가 없어 보이는 관찰들이나 사실과 문제들 사이를 연결하는데 익숙하다. 그러나 일반인들은 느리고 신중한 과정에 따라 아이디어를 내놓는데, 그 과정은 공부와 실습으로 연마되고 향상될 수 있다(Dieter 2013: 196).

창의적 아이디어들을 생산하기 위한 사고 과정과 알려져 있는 지식을 성공적으로 사용하는 것을 '창의적 인식'이라고 부른다. 창의적 인식은 기발한 방식들로 문제를 풀기 위한 일상적인 인지 활동이다. 긍정적인 결과물들이 산출될 가능성을 증대하는 한 가지 방식은 유용한 것으로 평가되는 방법들을 적용하는 것이다. 다음은 창의적인 사고를 증대하기 위해서 취할 수 있는 단계들이다(Dieter, 2013: 197).

1. 창의적인 태도로
2. 자유로이 상상하며

3. 끈질기게 고집하고 영속적으로
4. 열린 마음으로
5. 판단은 일시 정지해 두고
6. 문제의 경계 설정 (← 문제 정의의 중요성!)

개념을 생성하기 위해서는 설계 팀의 창의성이 최대한 발휘되어야 한다. 대안 해결책들이나 설계 개념들을 생성하는 일은 창의성-격려 방법, 물리 원리와 정성적인 추론의 응용, 및 정보를 찾아서 이용하는 능력을 수반한다. 물론 경험이 이 일에 매우 도움이 된다. 좋은 품질의 대안 해결책들을 생성하는 능력이 성공적인 설계에 핵심적이다(Dieter, 2013: 12).

혁신을 일으킬 수 있는 창의력 있는 인재가 되려면 '호기심'이 작동해야 한다. "호기심은 창조적 사고방식에 불을 붙이는 도구이자 혁신을 일깨우는 핵심 자질이다." "창의성이란 무엇인가. 다른 사람들이 생각하지 못했던 방법으로 생각하는 게 창의성 아닌가. 모든 사람들은 기본적으로 어느 정도의 호기심을 갖고 태어난다. 다른 자질처럼 꾸준히 호기심을 키우는 훈련을 하면 이전에는 눈에 띄지 않던 것을 새로운 관점으로 볼 수 있는 눈을 키울 수 있다." "호기심은 질문으로 발현된다. … 호기심은 현대인이 스스로 사고하고 결정하고 창의력을 키울 수 있는 열쇠이다."[21](조선일보, 2017-02-18, C1면)

혁신적인 아이디어는 남들과 '다르게 생각'하는데서 나온다. 영국 가전 업체 다이슨은 먼지 봉투 없는 진공청소기, 날개 없는 선풍기, 초음속 헤어드라이어 같은 혁신 제품으로 세상을 놀라게 한 기업이다. 그 회사 CEO는 "톡톡 튀는 아이디어를 얻기 위해" 대학을 갓 졸업한 학생들을 주로 채용하고 있다고 한다. 그는 고정 관념을 깨고 '다르게 생각하라'는 창업 정신을 강조한다(조선일보, 2017-09-05, B4면).

아래에 주어진 몇 가지 구체적인 특성들을 개발한다면, 누구라도 창의성을 현저히 증가할 수 있을 것이다:

- 관계와 패턴들을 알아보는 능력. (한 가지 아이디어가 어떻게 작동하는지를 알고 그것이 완전히 다른 응용에서 작동하는 것을 알 수 있을 때 발생한다.)

21) 브라이언 그레이저, 이매진엔터테인먼트 회장, 인터뷰 기사

- 창의적으로 생각하는 역량. (현존하는 사물들을 취해서 새로운 목적을 위해서 다른 방식으로 그것들을 조합하는 능력. 예를 들어, Gutenberg는 wine press와 die/punch를 조합해서 인쇄용 프레스를 만들었다.)
- 자신이 창의성이 있다는 신념! 제안 역량을 과소평가하지 않는다.
- 다른 조망이나 관점으로 문제를 살피는 역량. 필요한 때는 입장을 바꾸어라. 어린 아이의 관점에서 상황을 바라보려고 시도한다.
- 장난기와 유머 감각을 기르는 재능. 꿈꾸는 사람이 되어라. Einstein은 자신의 상대성 이론을 개발하는데 있어서, 시간이 작동하는 다른 방식에 관해서 많은 꿈을 꾸었다.
- 유연하고, 개방적이며 자율적으로 일하는 환경을 유지하는 기량. 이상적인 직장에서, 비일상적인 아이디어나 실패는 비난받지 않는다.
- 타고난 호기심과 특별히 근본적인 개념들에 관해 의문을 가지는 태도.

자동차란 무엇인가? 집은 무엇인가? 컴퓨터란 무엇인가? 뻔한 질문에 대한 답이 전혀 새로운 조망을 줄 수 있다. 예를 들어, "집이란 무엇인가?" 이 기초적인 질문에 대한 설계자의 답이 전혀 새로운 설계를 위한 바탕이 될지도 모른다.

집은 단순히 가족 몇 사람을 수용할 정도로 충분히 큰, 안식처인가, 또는 집은 어떤 개인의 환경, 인격, 및 신념을 반영하는 구조물인가?

집은 주위의 자연과 조화하는 인공물인가 또는 경관 내의 독특한 조경을 만드는 어떤 장소인가?

집은 그 주인의 과거나 미래를 드러내는가? 집을 무엇이라고 정의하는 가에 따라, 여러 가능성들이 열린다. 흔히, 해결해야 할 문제는 단순히 기초적인 질문을 함으로써 새로운 조망을 위한 새로운 초점이 맞춰지거나 다시 정의될 수 있다.

Albert Einstein은 그가 성공하게 된 핵심은 단순히 "질문하기를 결코 멈추지 않았다"는 것이었다고 말한 것으로 알려져 있다. 창의성 있는 개인들은 "왜" 질문보다는 압도적으로 더 많은 "무엇을"에 대한 질문을 한다.

창의성을 억누르는 정신적 방해물들을 제거함으로써, 창의성을 개선하는 여러 방법들이 있다(Dieter, 2013: 202).

- 브레인스토밍, SCAMPER
- Six key questions, Five Whys, Checklists[22], Fantasy or Wishful Thinking
- Random Input techniques, 시넥틱스(Synectics), Bisymmetric(생체모방) design, Concept map.

창의적인 아이디어들을 생성하기 위한 첫 번째 도구는 브레인스토밍(brainstorming)이다. SCAMPER 점검 목록을 이용하면 브레인스토밍을 하는 동안 팀원들이 일상적인 사고 패턴을 벗어나서 많은 아이디어들을 내놓을 수 있다. 또 브레인스토밍을 하는 동안, 연상에 의해 그리는, 개념 지도(concept map) 혹은 마음 지도(mind map)는 아이디어를 생성하고 그것들을 기록하는 유용한 도구이다. 지도를 이용하는 방법은, 말로 하지 않는, 시각적인 것으로, 아이디어들 사이의 연관성을 지도로 나타내기 때문에 창의적 사고를 촉진한다(Dieter, 2013: 203).

팀원들이 문제나 창의적으로 해결해야 하는 과제를 새로운 시각으로 볼 수 있게 하는 질문들(예, 육하원칙 질문이나 Five Whys)을 하게 해서 새로운 사고를 촉진하거나 멈춘 사고의 흐름을 터주는 방법들이 있다. 육하원칙(六河原則) 질문은 "요구 사항을 찾아내고 개발하는 데뿐만 아니라 그것들을 정교하게 서술하는데도 유용하다." 연관된 질문들을 한데 묶으면, 예를 들어, 일부 질문들이 (설계 인공물의)기능 요구 조건 그룹으로 묶어진다. 예를 들어, KAIST 신입생들은 Freshman Design Program을 한 학기 (16주)동안 배우면서 대략 2.5 주 동안, 지속 가능한 환경 친화 가구를 개발하는 데 대해, 고객 설문조사와 관찰, 고객과 전문가 인터뷰, 벤치마킹, 문헌 조사 및 다른 활동들을 하여, 과제의 배경과 고객에 대해 탐구했다.

시넥틱스(synectics)는 유추(analogy 類推[23]), 유사(類似))(서영성, 2001: 263)에 바탕을 둔 발명적 방법이다. 유추란 비슷하지 않은 두 사물 사이의 유사성(類似, 서로 비슷함)(similarity)을 이용해서, 친숙한 것을 낯설게 바라보고, 낯선 것을 친숙하게 여기는 것을 목표로 한다. 이것은 시넥틱스가 문제를 새로운 방식으로 조망하는데 유용

22) A. F. Osborn의 질문 일람표(서영성, 1998: 270).

23) 어떠한 사실을 근거로 하여, 그것과 같은 조건 아래에 있는 다른 사실을 미루어 헤아리는 일. 유비(類比)

하다는 것을 의미한다. Johann Gutenberg가 1455년에 인쇄술을 발명한 것을 부분적으로, 그가 그 당시 동전 압착기(die/punch)와 포도를 짓눌러서 즙을 짜는 프레스(wine press)에서 보았던 유추의 결과였다고 한다. 그는 낱자들로 종이에 단어들을 인쇄하기 위해서 두 장비의 원리들을 조합한 기계를 시각화할 수 있었던 것이다(Karsnitz, 2009: 189).

일상생활에서처럼, 설계에서도, 많은 문제들이 유추에 의해 풀려진다. 디자이너들은 연구 중인 디자인과 이전에 해결된 문제 사이의 유사성을 알아차린다. 유추에 바탕을 둔 해결책의 한 유형은 기존 제품과 연구 대상 제품의 설계 명세 사이의 유사성에 주의를 기울인다.

시넥틱스를 위해 먼저 문제를 이해한다. 낯선 것을 친숙하게 대하려는 관점에서 문제가 모든 각도에서 점검된다. 다음으로 네 가지의 유추 유형에 따라 창의적 해결책들이 탐색된다.

- 직접 유추: 설계자가 해결해야 하는 상황에 가장 가까운 실물(實物) 유사를 탐색한다. 이 유추는 실물 형태의 유사성, 기하학 형상 혹은 기능의 유사성의 형태를 취하기도 한다.
- 환상 유추: 설계자는 문제가 되는 모든 제한들과 자연, 물리학 혹은 이성의 법칙들을 무시한다. 대신 설계자는 문제에 대한 완벽한 해결책을 상상하거나 희망한다.
- 의인 유추: 설계자 자신이 설계되고 있는 사물인 것으로 상상하여, 자신의 신체를 고려중인 사물이나 과정에 연관 짓는다. 예를 들어, 높은 품질의 산업용 진공청소기를 설계하는데 있어서, 누군가는 자신을 청소기로 상상할 수 있을 것이다. 우리가 빨대로 음료를 마시는 것처럼 호스를 통해 먼지를 빨아들일 수 있다. 부드러운 표면을 손으로 훔치거나 혹은 두꺼운 섬유 소재를 손가락 사이에 끼워 쓸어 냄으로써 우리는 먼지와 부스러기들을 닦아 낼 수 있다. 또한 컵케이크를 핥아 먹는 때 우리가 하듯이, 습기, 마찰, 및 흡수력 있는 소재를 이용해서 표면을 깨끗이 닦아 낼 수 있다.

  설계자는 문제를 해결하기 위해 이용되는 제품이나 장비의 부분이 하는 역할을 자신이 맡아서 "누가 나에게 영향을 미치고 나는 누구에게 영향을 미치나?"

라고 묻는다. 목록을 만든 다음에, 설계자는 수반되는 물건들이나 영향을 받는 사람들 각각의 역할을 자신이 맡아 다른 사람이나 물건의 관점을 알려고 애쓴다. 이 전략은 혼자 하는 것보다 설계 팀이 하면 더 잘 작동한다.

예를 들어, 농구화는 대부분 사람들에게 친숙하고, 그 신발을 늘 신고 다니는 사람들은 신발에 대해 별 생각이 없다. 만약 누군가가 운동화 디자인에 참여하게 된다면, 그 사람은 자신을, 운동 시합 중에 선수가 신은, 신발로 상상해봄직하다. 그는 선수가 슛을 하려고 점프하는 때 신발 안 바닥 소재의 겹들과 밑바닥이 압축이 되는, 혹은 다른 쪽 골대를 향해 달음박질 하는 때 반복되는 압축과 팽창을 느낄 수 있을 것이다. 약간 기괴하게 들릴 수 있으나, 이것은 수직적 사고로부터 벗어나서 새로운 아이디어들을 생성하기 위한 명석하고 효과적인 전략이다(Karsnitz, 2009: 192).

- 상징 유추: 상징적 유추를 이용해서 문제의 구체적인 것들을 상징물들로 대체하고 나서 그 상징물들을 조작함으로써 원래 문제에 대한 해결책들을 발견한다.

설계 개념을 개발하기 위한 창의적 방법들로는 다음과 같은 것들이 있다(Dieter, 2013: 215).

- Functional Decomposition and Synthesis 기능 분할과 합성
- Axiomatic Design
- Design Optimization 설계 최적화
- Decision-Based Design
- 형태학적 방법
- TRIZ(Teoriya Resheniya Izobreatatelskikh Azdatch)

복잡한 과제를 해결하거나 복잡한 시스템이 어떻게 되어 있는 지를 묘사하기 위한 통상적 전략은 그것을 다루기 쉬운 더 작은 단위들로 분해하는 것이다(Dieter, 2013: 216)

■ 물리적 분해

제품을 물리적으로 분해하면, 예를 들어, 자동차를 분해하면 그 주요 하부 시스템들은 엔진, 구동 장치, 현가장치, 조향 장치, 및 차체이다. 또, 예를 들어, 조향 장치는 더 낮은 수준의 여러 하부 구성품들로 분해될 수 있다. 분해 다이어그램은 누군가의 설계에 따라 만들어진 물건의 물리적 분해에 바탕을 두기 때문에, 그것은 해결책-중립적이지 않다. 물리적 분해를 하면 설계자들은 제품에 이미 반영된 문제 해결책에 대한 대안들에 관해 생각할 수 있게 된다. 그래서 물리적 분해에 의하면 이미 제시된 해결책과 유사한 대안들로 제한되기 쉽다.

어떤 장비를 이해하기 위해서, 대부분의 엔지니어들은 본능적으로 시작부터 제품을 분해한다. 시스템의 부품들, 하부조립품, 혹은 부품을 스케치하는 일은 제품을 나타내고 제품에 관한 모든 연관된 지식을 탐구하는 한 가지 방식이다. 물리적 분해는 제품이나 하부조립품을 직접적으로 그 하부조립품들과 구성품들로 분리를 하여, 그것들이 제품의 행태를 생성하기 위해서 어떻게 서로 결합되어 있는지를 정확하게 기술하는 것을 의미한다.

■ 기능적 분해

기능에 바탕을 둔 분석은 시스템이나 장비의 초기와 최종 상태 사이의 변환을 기술하는 논리적 접근이다. 물리적 행태나 행동에 관해서 장비들을 기술하거나 제품을 기능에 바탕을 두어 분해(기능 분해)하는 것은, 제품이나 장비를 기능과 하부 기능들로 더욱 구체적으로 배열하여 제품을 위에서-아래로 일반적으로 묘사하는 전략이다. 기능 분해가 창의성이 표출될 수 있는 자유재량의 여지를 남기기 때문에 이 방식은 제품의 기능을 어떻게 성취할 것인지에 대한 창의적인 개념들을 낳을 수 있게 한다(Dieter, 2013: 215).

기계제품이나 그 구성품들은 이름이 적힌 기능 블록과 그 블록에 상호작용하는 흐름선들로 추상적으로 묘사될 수 있다. 그러면 어떤 장비는 에너지, 소재 및 신호 입력들을 요망되는 출력들로 변환하는 실물로 모델 될 수 있다. 기능 분해는 제품을 해결책-중립적인 '기능 구조'라 부르는 다이어그램을 생산한다. 기능 구조는, 그림 2-9a에 있는 것들과 같은, 장비를 나타내는 박스와 그 둘레에 장비의 기능과 관련한 에너지, 소재 및 신호를 나타내는 선들로 그려지는 블록(기능 블록) 다이어그램으로 묘사된다.

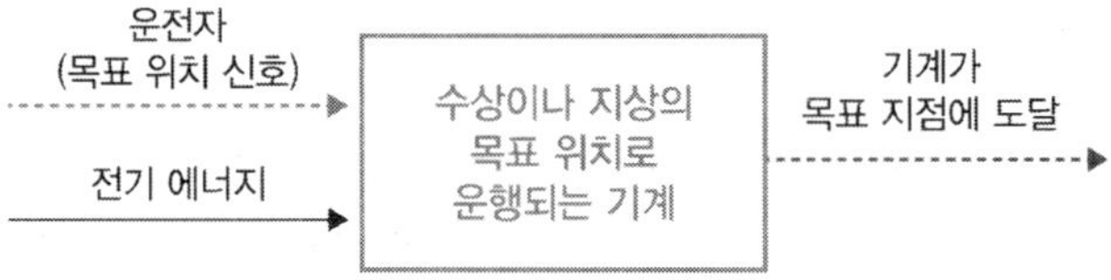

그림 2-9a 수륙양용차량의 블랙박스 기능 구조

어떤 시스템은, 일반적으로, 그림 2-9a의 수륙양용차량 모델과 같은, 기능 박스를 이용해서 그 기능 구조를 나타낼 수 있다. (블랙)박스는 그 장비의 기능을 온전히 표현해야 하고, 그 기능과 관련되는 모든 입력과 출력 요소들의 들어오고 나감이 박스 둘레에 표시되어야 한다. 장비의 기능은 문제정의문서의 임무문을 참고하고, 박스에 대한 입력과 출력 요소들은 문제정의문서의 요구 조건이나 제약 사항들을 참고하면 적을 수 있다.

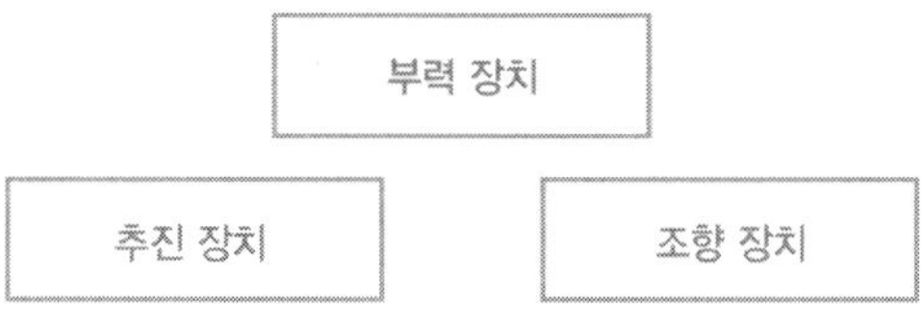

그림 2-9b 수륙양용차량의 기능을 나누어 담당하는 하부 기능 박스들

박스의 기능은 여러 하부 시스템들에 의해서 구현된다. 그러면 그 하부 기능들은 또 여러 박스들에 의한 기능 구조로 표현된다. 그림 2-9b에서 부력 장치는 다른 두 장치와 그 기능이 다르다. 즉 부력 장치에 작용하는 입력이 없어서 출력도 없다. 그렇지만, 그 장치는 수륙양용차량개발이라는 문제 해결을 위해서는 다른 것들에 못지않게 중요한 기능을 담당한다.

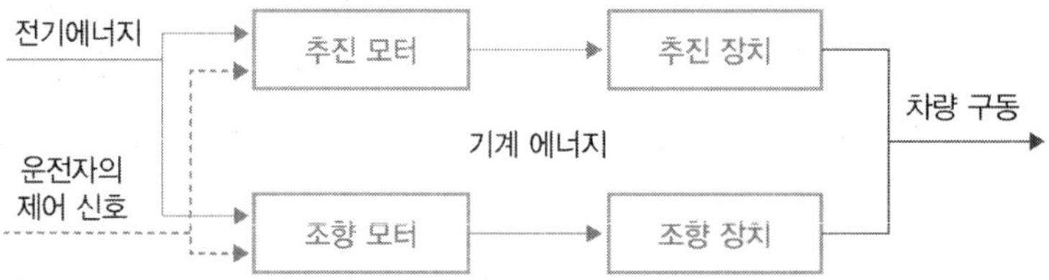

그림 2-9c 수륙양용차량 기능 구조

그림 2-9b의 부력 장치는 그림 2-9c에 포함되어 있지 않다. 차량이 물에 뜨게 하는 기능을 위한 부력 장치에는 입력과 출력 요소들이 없으므로 기능 구조에 포함되지 않는다. 그림 2-9c와 같은 기능 구조를 그리기 위해서, 팀원들은 문제정의문서에 기술된 요구 조건과 제약 사항들을 참고하여야 한다.

기능 구조는 단 하나로 표현되지 않아도 괜찮다. 다른 설계자나 설계 팀은 다른 기능 블록들로 수륙양용차량을 묘사할 수 있다. 이것이 기능적 분해와 합성에 의한 설계의 창의적 잠재성을 예증한다. 팀원 중 누구는 기능 구조의 어떤 부분을 다른 팀원은 다른 부분의 하부 기능을 살필 수 있으며, 기능을 구현하기만 한다면, 기능 박스들의 새로운 집합으로 기능 구조 박스가 대체될 수 있다.

■ 형태학적 방법

설계 개념을 생성하는 체계적 방법에 속하는 형태학적 방법(morphological method)(표 2-13 참고)은 다차원적 문제들에 있는 모든 관계들을 나타내어 탐구하기 위한 것이다. 단어 'morphology'가 모양(shape)과 형태(form)에 대한 연구를 의미해서, 형태학적 분석은 새로운 형태들을 생성하기 위한 방식이다.

새로운 제품에서 요구되는 기능은 구성품들의 서로 다른 여러 조합(모양과 형태)으로 생성될 수 있다. 후보 설계 낱낱을 모두 점검할 수는 없을 지라도, 설계자들은 설계를 위한 형태학적 방법들을 이용해서 일상적으로는 생성되지 않을 구성품들의 기발하고도 색다른 조합들을 발굴할 수 있다. 다만 이 방법으로 성공하려면 설계팀이 구성품들과 그것들을 이용하는 데 대한 폭 넓은 지식과 그것들을 점검할 시간을 확보해야 한다.

앞에서 논의된, 제품 기능의 분해에 바탕을 둔 기능 구조는 개별 기능 박스가 나타내는 바를 성취하기 위해 알려진 장비들을 이리저리 조합해서 설계 옵션들을 생성하려는 일종의 표본이다. 형태학적 분석은 기능 분해와 짝을 이룰 때 매우 효과적인 해결책을 합성할 수 있게 한다.

설계를 위한 일반적인 형태학적 접근은 다음 3 단계들로 요약된다(Dieter, 2013: 227).

1. 전체 문제를 더 단순한 하부 문제들로 분해

2. 개별 하부 문제를 위한 해결책 생성
3. 하부 문제 해결책들을 체계적으로 조합하여 다른 완전한 해결책들로 만들어서 평가

표 2-11 Shot-Buddy 회수 시스템을 위한 형태학 차트

하부 문제들을 해결할 몇 가지 개념				
농구공의 이동 통로	농구공의 방향 변화	슈터의 위치 감지	농구공을 회수 장비 입구로 안내	회수된 공의 출구를 슈터 쪽으로 회전
공 잡이 네트	유연한 금속 판재	슈터가 착용하는 RFID tag	통로 (그물 혹은 단단한 소재)	Ratchet device (깔쭉 톱니바퀴)
철선 늑골들을 갖는 플라스틱 종이	단단한 전향 판	동작 센서	레일 세트 (set of rails)	없어(공의 방향과 중력에 의존)
손가락 같이 모아지는 구조	shaped foam	광학 센서	그물망 튜브	캠 기구
tubing (부분적으로 열리고 닫히는)	paddle arms	음향 센서	금속재 안내판 (이동식 혹은 붙박이식)	기어로 연결된 샤프트

표 2-11(Dieter, 2013: 228)은 'Shot Buddy'를 위한 개념 개발에 이용된 형태학 분석의 예이다. 이 표는 설계 문제를 5 가지 하부 문제들(1 농구공의 이동 통로, 2 공의 방향 전환, 3 슈터의 위치 감지, 4 공을 회수 장비 입구로 안내, 5 회수된 공의 출구를 슈터 쪽으로 회전)로 분해한 예이다. 개별 하부 문제에 대해서 또 대안들이 각각 4 가지씩 제시되어 있다.

형태학적 설계의 다음 단계에서는, 표 2-11에 나열된, 하부 문제들에 대한 해결 대안들을 조합해서 모든 설계들을 생성한다. 개별 설계는 개별 하부 문제의 해결책으로 제시되어 있는, 해결책 하나씩을 무작위로 선정하면 구성된다. 그렇게 하면 조합에 의한 $4 \times 4 \times 4 \times 4 \times 4 = 1024$ 가지 설계가 합성된다. 이 설계들이 점검되면 상당수가 타당하지 않은 것으로 판명될 것이다. 형태학적 차트를 생성하는 이점은 그것이 여러 가능한 설계 해결책들을 체계적으로 탐색하게 하는 것이다.

그림 2-9c에 대해서, 추진과 조향을 위한 다양한 문제 해결책들이 고안될 수 있다.

지상 추진과 지상 조향을 위한 해결책들이 여럿 제시될 수 있고, 마찬가지로, 수상 추진과 수상 조향을 위한 대안이 여럿 제시될 수 있다. 그것들이 조합된다면, 그림 2-9a의 박스가 표현하는 기능이 아주 많은 개념들로 구현될 수 있다.

비록 이 단계에서 설계 개념들이 아주 추상적이겠지만, 대충 그린 스케치들을 활용하는 것이 도움이 된다. 스케치는 기능과 형태를 연관 짓는 데 도움을 주고, 설계 조각들을 조립하는 때 사람들의 단기 기억을 활성화하도록 지원한다. 더욱이, 설계부에 그려 놓은 스케치들은 특허 출원을 목적으로 하는 제품 개발에서 아이디어 개발 이력에 대한 우수한 기록물이다. 그림 2-10(Dieter, 2013: 229)은 'JSR' 팀이 개발하려는 제품의 대략 모습을 스케치한 것이다.

■ 아이디어 발굴과 드로잉(圖面 도면, 製圖 제도)(Karsnitz, 2009: 89-90)

> 어쩌면 공학은 과학보다 글쓰기나 그림 그리기에 가깝다. 글쓰기나 그림 그리기는 우선 마음의 눈에서 시작되어 사고와 행동의 새로운 변경으로 나아가는, 그리고 새로운 것을 '발견하기'보다는 '만들어'내는 창의적인 노력이기 때문이다. 시인이 텅 빈 종이에서, 화가가 텅 빈 캔버스에서 시작하는 것과 마찬가지로, 오늘날의 공학자는(어쩌면 저술가와 화가도 마찬가지로) 아무 결정도 못하는 몇 초 동안 미친 듯이 깜박이는 커서를 제외하면 텅 빈 컴퓨터 스크린을 가지고 시작할 것이다. 설계의 윤곽이 임시적으로라도 정해지기 전까지는, 설계를 판정하거나 검사하기 위해 과학에 호소하거나 비판적으로 분석할 수 없다. 설계를 위해 영감을 얻고 개선하며 완성하기 위해 과학적, 수사학적, 미학적 원칙이 필요할 수도 있지만, 창의적인 것은 원칙만 적용한다고 해서 나오지는 않는다. 간략한 밑그림이나 시스템 또는 절차의 다이어그램도 없는(다시 말해, 공학자가 이용할 수 있는 것이 없는) 상황이라면 과학적 사실이며 법칙도 공학자에게는 아무 쓸모가 없다. 과학을 극장으로 비유하면, 공학은 무대 위에서 벌어지는 연기인 셈이다(헨리 페트로스키, 2017: 281-2).

Design은 "to mark out(설계하다)"를 뜻하는 Latin 단어 designare로부터 유래했는데, 그것이 "to draw"를 뜻하는 프랑스 단어, dessiner가 되었다. 그래서 설계는 역사적으로 drawing 도면 그리기와 관련이 깊다.

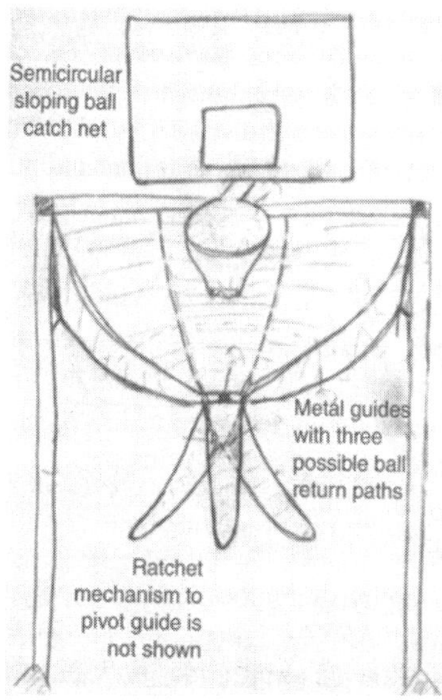

그림 2-10 Shot-Buddy 개념의 스케치

드로잉 혹은 어떤 수단들로 그래픽 이미지를 만드는 일은 직업 전문 디자이너 혹은 엔지니어에게 필수적이다. 드로잉은 또한 "일상의 기술자들"—집 주인, 부모, 혹은 일상의 문제들을 해결하는 사업가들—에게도 유용할 수 있다.

드로잉은 design 과정에서 세 가지 역할을 한다. ① 탐구, ② 아이디어 개발, ③ 고증. 드로잉은 스케치(손으로 신속하게 그리는 드로잉)뿐만 아니라, 가능하다면, 전문가들이 쓰는 컴퍼스와 직선 자와 같은 도구들을 사용해서 그리는 더욱 정확한 묘사도 포함한다. 스케치는 예술가들이 하는 속기(速記)이다. 그것은, 시각 브레인스토밍처럼, 정보를 신속히 적어 두기 위해 이용된다. 상세한 드로잉은, 예를 들어, 더욱 세심한 것이어서 시간이 꽤 소요된다.

① 탐구는 우리가 정보를 수집하고 그 정보의 의미를 이해하는데 관한 것이다. 드로잉을 하자면 대상 물건을 유심히 바라보고, 세세한 것들에 집중해야 한다. 인간이 취하는 정보의 90%까지가 시각적인 것인데도, 사람들은 세상을 유심히 바라보지 않는다. 드로잉하려는 의도로 바라보자면 대단히 집중해야 한다. 드로잉은 우리가 사물들이 어떻게 작동하고 부분들이 서로 어떻게 연관되어 있는 지를 이해하는데 도움을 주는 우수한 탐색 도구이다.

② 우리는 아이디어들을 생성하고 그리고 조작함으로써 설계 문제들에 대한 해결책

을 개발한다. 문제를 해결하기 위한 처음 아이디어들은 보통 꽤 엉성하다. 스케치를 하면 아이디어들의 형체가 드러나고 그 아이디어들을 어떻게 키우고 전개해 나갈지에 관해 더욱 분명하게 생각할 수 있게 된다. 계속 드로잉하다 보면 개별적인 개선 방안을 건질 수 도 있다. 드로잉은 아이디어를 내놓고 나서, 우리가 바라는 무엇인가를 가지게 될 때 까지, 그것을 변화하기 위해 우리 뜻대로 쓸 수 있는 가장 손쉬운 도구들이다.

탐구와 아이디어 전개는 창의성을 만드는 블록들이다. 손으로 자유로이 그리는 스케치와 드로잉은 우리 마음속에 있는 것과 실물들과 제품들 사이를 잇는 직접적인 다리이다. 손으로 그리는 드로잉의 즉시성은 장래 이용을 위해 창의적인 통찰 혹은 순간적인 비전을 우리가 붙잡아둘 수 있게 한다.

아이디어가 인공물로 변환될 수 있다고 판정되면, 드로잉 기량을 확장하기 위해 컴퓨터 기술이 이용된다. 머지않은 과거에, 제도사들은 제도판에 생산 도면들과 청사진을 손으로 잉크를 써서 그리고, 치수를 정밀하게 재고, 그리고 도면에 표기를 하느라 고생을 꽤 했다. 그렇지만 오늘날 그런 일은 대개 designers들이 computer-aided design 혹은 computer-aided drafting (CAD) 응용 프로그램을 이용해서 하고, 색깔, 조명 효과, 및 실감나는 외관 표현들을 하는 원근 화법을 적용한다.

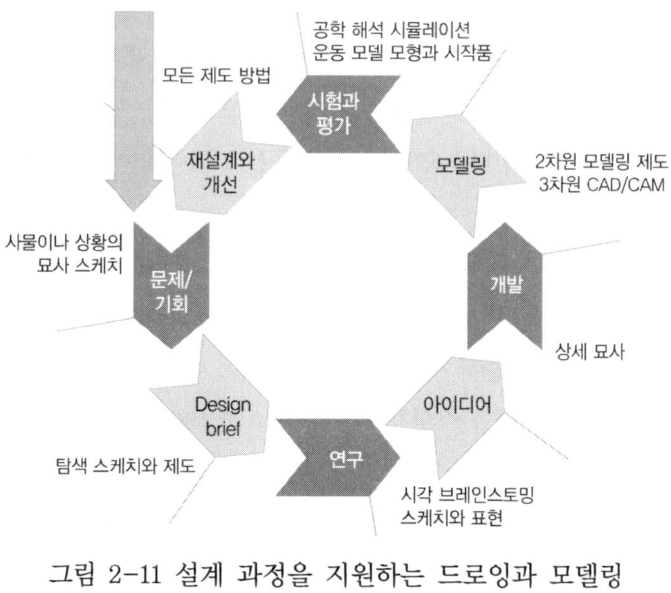

그림 2-11 설계 과정을 지원하는 드로잉과 모델링

③ 고증은 설계에 의한 혁신이 시작된 사고와 문제-해결 과정의 증거를 수집하는 활동이다. 그림 2-11은 어떻게 드로잉이 설계 과정을 뒷받침하는지를 보여준다. 순환원 바깥쪽에는 디자이너들이 아이디어를 눈으로 확인하고 전개하는데 도움을 주는 여러 드로잉과 모델링 기법들이 제시되어 있다. 기술 과목 수업에서 학생들이 고증을 하는 것은, 기초적인 디자인 기량들을 개발하는 것이며, 그 일은 학생들의 마음속을 들여다볼 수 있는 창문을 선생님께 제공하는 것이다.

아이디어들과 그것들이 전개되는 일에 대해 기록을 간직하는 것은 설계의 빠트릴 수 없는 부분이다. 디자이너라는 말은 여러 직업의 넓은 범위에서 사용된다. 건축가와 토목 엔지니어들은 구조물들의 디자이너이고; 그래픽 전문가들은 인쇄물들을 디자인하기 위해서 글씨체, 배치, 드로잉, 및 사진과 같은, 페이지에 인쇄되는 요소들을 일의 대상으로 삼고; 산업 디자이너는 물리적 제품들을 일의 대상으로 하며; 패션 디자이너는 의복과 장신구들을 일의 대상으로 한다. 이 외의 많은 다른 직업인들이 디자인과 관련되며, 그들이 하는 일에 대해 기록하는 것은 직업의 부분이다.

■ **스케치와 낙서**(Karsnitz, 2009: 191-2)

글말과 입말 언어에는 많은 규칙들이 있지만, 디자이너들은 더욱 직관적이고 자발적인 의사소통 기법을 사용하는 것이 더욱 효과적이라는 것을 알게 되었다. 드로잉은 모든 디자이너들의 언어이다. 손으로 신속히 그리는 드로잉인, 스케치는 아이디어들이 사라지기 전에, 최대한 빨리 머릿속의 아이디어들을 끄집어내는 신속하고 효율적인 방식이다.

스케치 능력을 개발하면 문제 해결과 창의적인 디자인 노력에 도움이 된다. 스케치는 문제를 해결할 수 도 있을 장비나 시스템들을 상상으로 그려보고 다듬는데 도움이 된다. 스케치는 시스템 구성품들과 부분들 사이의 관계에 바탕을 두고 아이디어들을 전개하는 단초가 된다. 어떤 사물을 스케치하는 일이 그 사물을 더 세밀하게 바라보게 하는 것처럼, 상상하는 무엇인가를 스케치하자면 더 상세한 것들을 짚어 내어야 한다.

예를 들어, 휠체어를 탄 사람들을 위해 문을 여는 장비를 개발하는 문제에 대해 고심한다면, 아마도, 문이 열리는 가능한 방식들을 스케치해 본다. 미닫이, 회전, 피벗, 접이식, 등 등. 그러면 스케치에는 모터, 손잡이, 공압 실린더, 그 외의 다른 문을 여는 단순한 시스템들이 포함될 것이다. 계속해서 스케치하다보면, 그 아이디어들 중 아무 것의 장점을 알게 되어 조금 더 상세한 아이디어가 그 모습을 드러낸다.

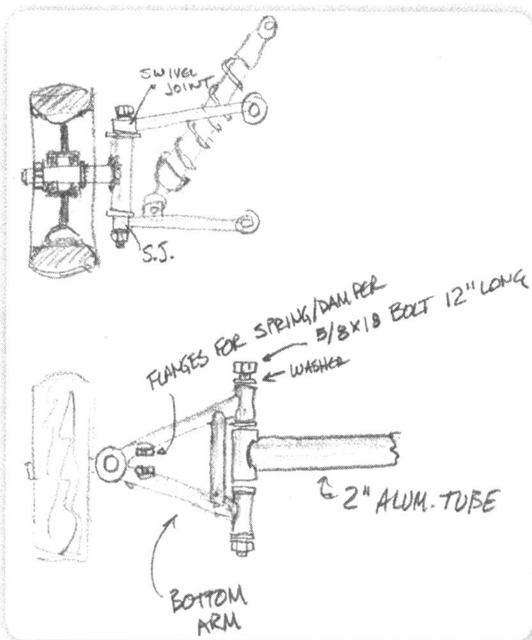

그림 2-12 효과적인 기술 스케치의 예

그림 2-12는 유모차의 전륜 현가장치의 기본 스케치이다. 이 스케치는 몇 가지 부품들이 어떻게 어우러져서 작동할 지에 관한 자세한 것들을 보여준다. 이 스케치를 보는 어떤 디자이너는 각 부품의 재료들에 관한 자세한 사항들을 금방 파악해 내려 할 것이다. 이것은 효과적인 좋은 스케치의 예이다.

■ **예비 스케치**(Karsnitz, 2009: 132)

손으로 그리는 드로잉을 이용하면 신속하게 아이디어들을 전개하고 제시할 수 있다. 처음에 종이에 적어 놓는 아이디어들은 보통 예비 스케치 (그림 2-13)의 형태이다. 이것들은 신속히 그려야 사고 혹은 아이디어들의 흐름을 잃지 않게 된다. 이 일에 직선자, 눈금 자, 컴퍼스, 혹은 다른 제도 용구들을 쓰지 않아야 한다. 이런 것들을 쓰면, 그 용구들의 본성에 의해서, 자유롭고 창의적인 과정이 느슨하게 길어질 뿐이다.

설계 과정 초기에, 마음속 아이디어들을 끄집어내고 그것들을 최대한 신속하게 종이 위에 내놓는 것이 도움이 될 수 있다. 그러고 나서, 그 아이디어들이 전개되고 의사소통될 수 있다. 그 과정은, 선 몇 개로 인체를 묘사하거나 스케치 지도가 목적지로의 경로를 안내할 수 있는 것과 마찬가지로, 상징 기호들과 모든 상세한 것들 없이 의사소통하는 기법들을 이용해서 단순히 할 수 있는 방식들이 있다.

말로 하는 브레인스토밍처럼, 시각 브레인스토밍은 가장 적은 시간에 가장 가능한 아이디어들을 모사하고 나타내 보이기 위한 방법이다. 시각 브레인스토밍은 각양각색의 아이디어들을 생성하기 위해서 종이에 그림을 그려서(말로 하는 것에 대조되는) 아이디어를 발굴하는 방법이다. 먼저, 상상되거나 존재하는 물건을 그리고, 그 물건에 대한 다양한 변종들을 그린다. 그 다음에 그 아이디어들 중 하나에 대해 또 다시 여러 변종들을 그리는 방식으로 브레인스토밍을 계속한다.

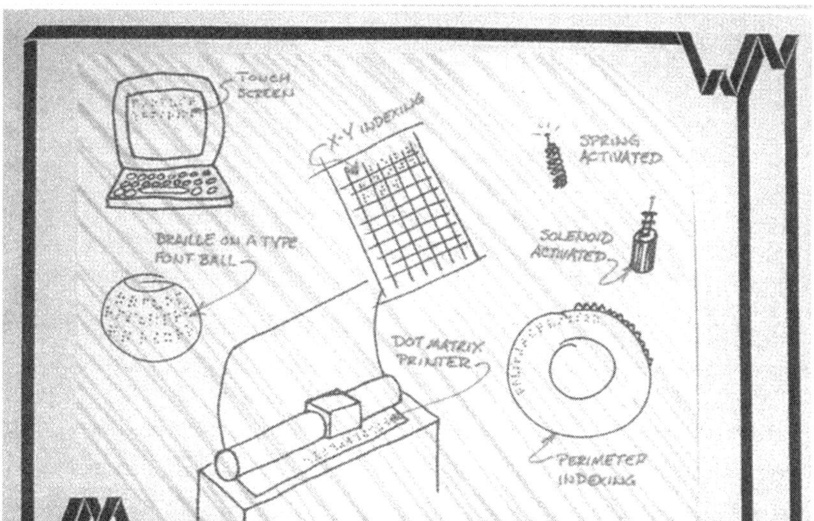

그림 2-13 컴퓨터 점자(點字) 해독기 개발을 위한
아이디어들의 예비 스케치

■ 인큐베이션(부화) 기간

두뇌는, 우리가 문제에 대해 의식적으로 생각하고 있지 않는 때에도, 일을 한다. 그래서 과제를 하는 동안 아이디어들이 "부화"하거나 우리 마음속에서 일할 기간이 필요하다. 누군가가 문제와 씨름을 하다가, 답이 떠오르지 않아서 좌절하고, 잠자리에 들었는데, 그 다음 날 아침에 문득 답이 떠오르는 일이 흔치 않지 않다. 이것은 또한 시험공부를 하는 학생들에게도 마찬가지이다. 그래서 시험 전날 밤에 공부하고 단잠을 자고 나는 것이 자지 않고 밤새 공부하는 것보다 더 효과적이다. 자는 동안, 우리 마음이 정보들을 걸러내어서 그것을 분류해 둔다(Karsnitz, 2009: 192).

■ TRIZ: The Theory of Inventive Problem Solving(Dieter, 2013: 229)

약자 TRIZ로 알려져 있는 The Theory of Inventive Problem Solving은 과학과 공학 문제들에 대한 혁신적인 해결책들을 제공하기 위한 맞춤 방식의 문제-해결 방법론이다. 러시아 발명가인, Genrich Altshuller는 1940년대 말과 1950년대에 TRIZ를 개발했다. 2차 대전 후, Altshuller는 소련 해군에서 설계 문제들을 연구했다. 그는 자신이 설계 엔지니어들의 창의성을 개선할 수 있다고 확신했다. 그는 시넥틱스를 살피기 시작했지만 그 방법은 별로 마음에 들지 않았다. 그래서 1946년에 Altshuller는 발명의 새로운 과학을 생성하기 위한 연구를 시작했다. 그와 몇몇 동료들은, 소련의 특허 명세서들을 연구하기 시작했다. TRIZ의 기본 전제는 기발한 발명들을 연구하면 유도된 해결책 원리들이 성문화될 수 있고 그것들이 관련 설계 문제들에 적용될 수 있다는 것이다. 그들은 발명적인 해결책들을 생성하는 그들의 방법론을 구축하고 1956년에 TRIZ에 대한 첫 문건을 출판했다.

TRIZ는 설계 문제에 대해 혁신적인 해결책을 생성하기 위한 4 가지 다른 전략들을 제공한다. 그것들은:

1. 제품이나 시스템의 이상적 성질(ideality)을 증가한다
2. 이상적 성질의 관점에서 그것의 발전 단계상의 시점을 확인하고 그리고 다음 단계로 밀고 나아가라
3. 제품에 내재된 물리적 혹은 기술적 모순들을 확인하고 그것들을 발명적 원리들

을 이용해서 극복하기 위해 설계를 개정한다

4. 본질을 구성하는 재료들을 분석(substance-field (Su-Field))해서 제품이나 시스템을 모델하고 그리고 후보 수정 개조들을 적용한다

Altshuller는 발명적 문제 해결의 전략들을 적용하기 위한 단계별 절차, ARIZ를 개발했다. 이 방법에 대해서는 다음에 배울 기회가 있을 것이다.

2-1.4 개념 평가와 선정

생성된 다양한 많은 개념들은 분석적 사고로 평가되어 문제 해결 가능성이 가장 큰 것이 선정되어야 한다. 완벽한 디자인은 없지만, 좋은 디자인은 있다.

설계 개념들은 개념들의 수용성(acceptability)을 산정하는 기준들에 대해 평가된다. 그런 평가를 반복하여, 명백히 열등한 것들을 버리고 가능성 있는 개념들을 골라내어야 한다.

일부 학자들은 공학 설계 과정을 덜 적절한 정보를 가지고 실행된 일련의 의사결정들로 묘사해 왔다. 확실히, 창의성, 정보를 획득하는 능력, 그리고 작동하는 개념들로 물리 원리들을 조합하는 능력들은 현명한 설계 의사결정을 하는 데 있어서 핵심적으로 중요하다. 그래서 의사결정자들에 미치는 심리적 영향의 이해, 다른 옵션들의 선정에 구현되는 주고-받기의 본성, 그리고 대안들에 고유한 불확실성도 중요하기는 매 한가지이다. 좋은 의사결정의 배경이 되는 원리들이 엔지니어링 설계자들에게 중요한 만큼이나 비즈니스 책임자들, 외과 의사, 혹은 군사 지휘자들에게도 중요하기 때문에, 그것들을 이해해야 한다.

그림 2-14는 개념 생성과 선정 과정들을 발산적 그리고 수렴적 단계들의 연속으로서 묘사한다. 애초에는 넓은 범위에서 모든 종류의 고객과 산업계 정보가 수집되었다. 그러고 나서 그 내용은 문제정의문서와 성취명세서로 “요약된다.” 그 다음, 기능 구조 분석이나 TRIZ와 같은 체계적인 설계 방법들의 지원을 받은, 효율적인 정보 수집과 창의성 모사 방법들로, 발산적 사고를 이용해서 설계 개념들이 공식화된다. 수렴적 사고는 설계 개념들이 높은 수준에서 평가되는 때에 역할을 하게 된다. 새로운 개념들은 팀이 개념들 사이에서 새로운 조합과 적응에 관해 생각하기를 -발산적 단계를-시작하

는 때에 그 정체가 드러난다. 여기서도, 개념들은 개념들의 넓은 적응성을 산정하는 분명한 선정 기준들에 견주어져 평가된다. 가능한 개념들의 집합을 더 넓히고 명백히 열등한 것들을 빼버리는 단계들은 단지 몇 가지 개념들만 남을 때까지 반복될 수 있다.

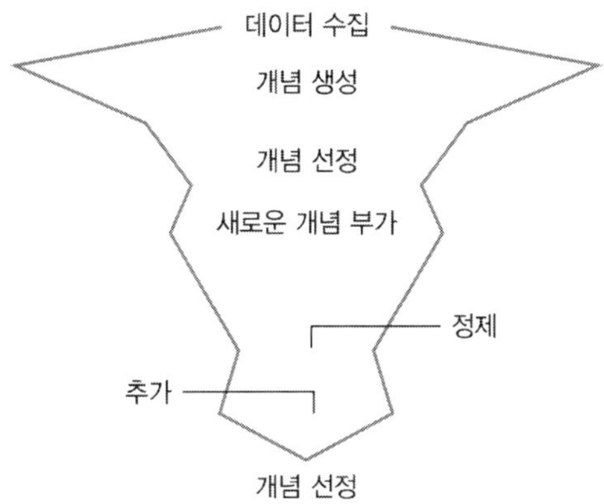

그림 2-14 발산과 수렴 과정들이 번갈아 일어나는 개념 생성과 선정

그림 2-14에 묘사된 개념 생성과 선정 사이클의 연속적인 순환은, 개념들을 생성하고 제거하는 데 그 사이클이 적절한 설계 명세 기준에 의해 통제된다면, 더 나은 한 무리의 개념들을 산출할 것이다. 적절한 성취(설계)명세를 생성하는 일에 대해서는 앞(문제 정의)에서 살폈다. 제품이나 시스템의 설계 선정 기준들은 그 값들이 제약 사항들에 의해 설정되지 않는 가장 중요한 설계 변수들로서 품질 가옥(the House of Quality)으로부터 그 정체가 드러나는 공학적 특성들이다. 부가적인 설계 선정 기준들은, 변화하는 규제들의 결과 혹은 경쟁적인 시장의 끊임없는 요구들로서, 과정이 계속됨에 따라서 설계 과정 후원자들과 자문에 의해 발견될 지도 모른다.

설계 과정의 아무 국면에서 문제 해결 개념들 중에서 최선의 것을 골라내려면 다음 3 가지 것들을 준비해야 한다: (1) 설계 선정 기준, (2) 그 기준들을 충족하는 여러 대안, (3) 각 기준에 대해 대안들을 평가하는 수단(Dieter, 2013: 245).

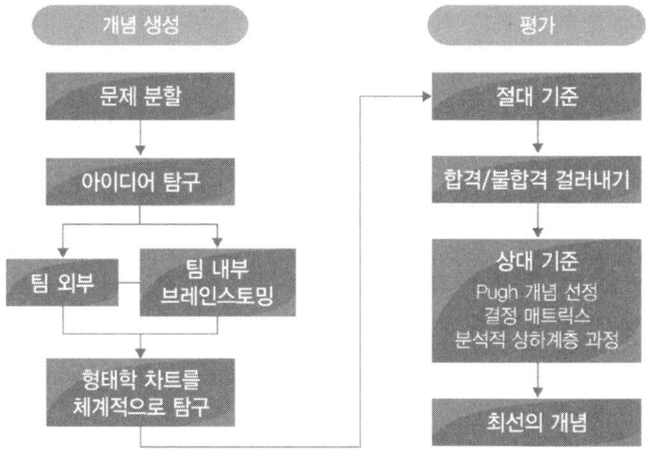

그림 2-15 개념 생성 및 평가와 관련된 단계들

그림 2-15(Dieter, 2013: 257)는 개념 생성의 주요 단계들 이 후에 이어지는 개념 평가 단계들을 보여준다. 이 평가 단계들은 개념 설계 국면에만 적용되는 것이 아니다. 그것들은 구체화 설계에서, 몇 가지 구성품 설계 중 어느 것이 가장 좋은지를 결정할 때나, 여러 가지 재료들 중에서 어느 것을 선택할 지를 결정할 때도 마찬가지로, 적용될 수 있다.

몇 가지 개념들이 일부 관점에서 당장 선정될 자격이 없거나 곧 그 그렇게 될 가능성이 분명할 거라면, 그것들은 평가 대상에서 제외되어야 한다. 따라서 몇 가지 절대 필터들을 적용하는 평가부터 시작한다.

1. 기능 타당성 판단에 의한 평가(Dieter, 2013: 259)

이것은 개념이 타당한 지에 대해 설계 팀이 전반적으로 평가하는 일이다. 개별 개념은 3 가지 범주 중 하나에 속한다.

(a) 타당하지 않다 (결코 작동하지 않을 것이다). 어떤 아이디어를 폐기하기 전에, "왜 그것이 타당하지 않은지?" 묻는다. 그 답이 그 문제에 대한 새로운 통찰을 줄지도 모른다.

(b) 조건적으로 타당 – 만약 어떤 일이 생긴다면 그것이 작동할지 도 모른다. 그 어떤 일이란 기술의 핵심적 요소의 발전이거나 제품의 일부 기능을 향상하는 새로운 전자 부품이 시장에 등장하는 것일 수 있다.

(c) 작동할 것이다. 더 이상 개발할 가치가 있어 보이는 개념이다.

이 판단의 신뢰성은 설계 팀의 전문 식견에 의존할 수밖에 없다. 이 판단을 하는 때, 작동하지 않을 것이라는 강력한 증거가 없는 한, 그 개념은 타당한 것으로 분류되어야 한다.

2. 기술의 용이성 판단에 의한 평가

비일상적인 환경을 제외하고, 설계에 사용되는 기술은 부가적인 노력 없이 제품 설계에 사용될 수 있는 정도로 성숙된 것이어야 한다. 제품 설계는 연구 개발이 아니다. 기술 성숙성의 일부 지표들은 다음과 같다:

(a) 기술이 알려진 공정들로 구현될 수 있나?
(b) 기능을 제어하는 핵심 매개변수들이 확실하나?
(c) 그 매개변수들의 안전한 운전 (허용) 범위와 민감성이 알려져 있나?
(d) 실패 모드가 알려져 있나?
(e) 위 4 가지 질문들에 대해 긍정적인 답들을 입증하는 하드웨어가 존재하나?

3. 제약 사항들과 공학적 특성의 한계점 수준들에 견주어 걸러내기

필터 1과 2를 통과한 개념에 대해서, 그것이 문제의 제약 사항들을 충족하는 지를 따져야 한다. 이 평가에 의해, 제약 사항들을 명백히 충족할 수 없거나 중요한 공학적 특성들의 최소용인 수준들을 충족할 수 없는 개념들은 제거된다.

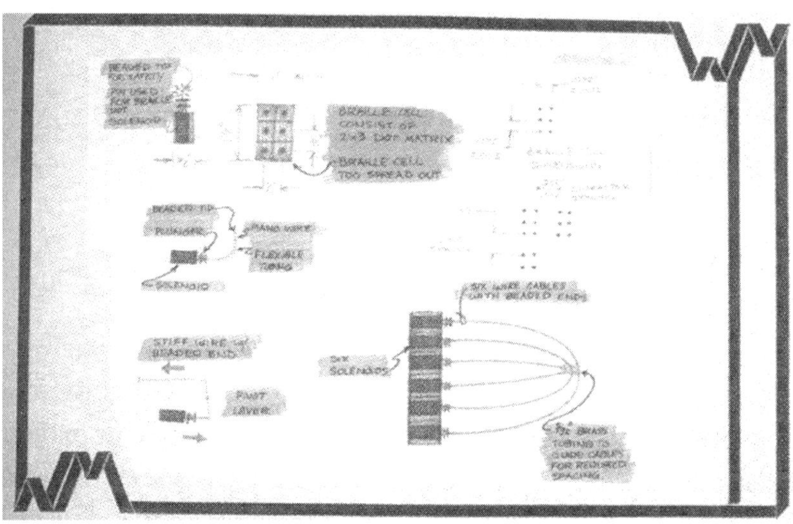

그림 2-16 컴퓨터 점자 해독기 구성 요소들의 주석 스케치

절대 평가를 통과한 개념들 중에서 이제는 가장 유망한 것이 선정되어야 한다.

어떤 개념이 절대 평가를 통과했다면, 그것이 더 개발된 개념이 스케치 될 수 있다. 도면에 소재, 고정쇠, 및 다른 특징들에 관한 노트를 적어 넣은 것이 주석 스케치이다(그림 2-16). 그런 주석들은 아이디어를 평가하는 중에 머리에 떠올랐던 것들을 기억하게 한다. 그런 아이디어들은 즉각적으로 기록되지 않으면 없어지기 쉽다.

유망한 개념들을 선정하는데 있어서 Pugh 차트(Dieter, 2013: 279)가 유용하다. Pugh 차트를 이용하면, 각 개념을 비교 기준이나 기준 개념에 대비해서 비교하고, 그 개념이 각 기준에 견주어 더 나은지, 더 못한지, 또는 그만큼 좋은지가 결정된다. 그래서 Pugh 차트를 이용하는 것은 상대 비교 기법이다. 보통 시험과 판정을 여러 차례 반복하는 중에, 설계 팀이 Pugh 차트를 생성할 수 있게 된다. 이 방법은 절대 필터들을 통과한 것들에 적용된다.

Pugh 차트를 이용하려면 다음 단계들을 따른다.

1. 개념들을 평가할 기준 선택

최종 기준 목록을 공식화하는데 있어서, 개념들을 구별해 낼 개별 기준을 고려해야 한다. 어떤 기준이 매우 중요하더라도, 평가 대상 설계 개념들이 모두 그것을 충족한다면, 그 기준은 최종 개념을 선정하는데 도움을 주지 못할 것이다. 그래서 그 기준은 개념 선정 매트릭스에서 제외되어야 한다.

다음은 JSR 팀이 개념을 선정하기 위해 이용한 평가 기준들의 목록이다.

- 공 포획 면적의 형상
- 공이 끼어서 안 나올 확률이 낮아야
- 날씨 저항성
- 슈터의 위치 감지
- 공 회수의 유효성 (즉, 정확성과 시간을 포함하는 측정)
- 비용
- 무게
- 기존 농구 골대 테두리에 설치하는 시간 (필요하다면)

• 공 회수 기구를 회전하는데 소요되는 일
• 사용하지 않는 때 요구되는 보관 체적

2. 결정 매트릭스 공식화

평가 기준들은 (표 2-12) 매트릭스 첫 열의 머리제목들로 기입된다. 개념들은 오른쪽 끝 다섯 개 열에 번호들로 적혀 있다.

3. 팀원들이 평가 대상 개념들에 대해 명확히 이해해야

이 단계에서 팀원 모두는 개별 개념에 관해 똑같이 이해해야 한다. 잘 하면, 이 일로 팀은 개별 개념에 대해 "(지적재산)소유권"을 행사할 수 있게 된다. 만약 개별 개념들에 대한 팀원 각자의 생각이 다르다면 최종 팀 결정은 정치적 협상에 의해서 지배될 수 있기 때문에, 이 일이 중요하다. 개념들에 관해 팀이 건설적으로 논의하는 일은 창의적인 경험이다. 새로운 아이디어가 등장하기도 해서 개념들을 개선하거나 혹은 목록에 전혀 새로운 개념들이 부가되기도 한다.

표 2-12 Shot-Buddy 개념들을 위한 Pugh 선정 차트

평가 기준	RolBak Gold Pro	개념				
		1	2	3	4	5
포획 면적	DATUM (비교 기준)	+	+	+	+	+
공이 끼일 확률		S	S	+	+	+
날씨 저항성		–	–	–	–	–
슈터의 위치 감지		+	+	+	S	+
공 회수의 유효성		+	+	+	+	+
비용		–	–	–	S	S
무게		–	–	–	–	–
골 망에 거치하는 시간		–	–	+	+	–
회전하는데 소요 시간		–	–	–	S	–
보관 체적		–	–	–	–	–
+ 개수		3	3	5	4	4
– 개수		6	6	5	4	5

표 2-12(Dieter, 2013: 282)는 JSR 팀이 개발한 5 가지 개념들에 대한 것이다. 개념 1(그림 2-17a)은 네모 네트 망, 트램폴린(trampoline-쇠틀 안에 스프링을 단 즈크의 탄성을 이용하여 도약하는 운동 용구), 코트에 설치된 회전 장치로 구성, 개념 2(그림 2-17b)는 반원형 네트, 모터 장치로 구동되는 볼 내려가는 통로를 갖춘 장치, 개념 3(그림 2-17c)은 넓게 아래로 경사지게 펼쳐진 네트와 코트에 설치된 회전 장치, 개념 4(그림 2-17d)는 회전하지 않는 사각형 볼 통로와 여러 개의 볼 배분 통로를 갖춘 장치, 개념 5(그림 2-17e; 그림 2-10)는 여러 위치로 볼을 보낼 단 하나의 피봇 가이드와 넓게 펼쳐진 네트로 구성되어 있다. 이것들로 인해, 개념 5는 다른 네 가지 개념들과 구별된다.

4. 비교 기준 개념 선택

팀은 먼저 첫 번째 비교기준으로 쓸 한 가지 개념을 선정한다. 그것은 비교의 기준이 되는 참조 개념이다. 이때 비교 대상 개념들 중 가장 나은 것이 기준으로 선택되어야 한다. 비교기준을 어설프게 선택하면 개념들 모두가 긍정적으로 평가되어 해결책에 도달하는 시간이 더 걸리게 된다. 있다면, 시장에 나와 있는 최고의 제품을 비교 기준으로 선택하는 것이 좋다. 비교기준으로 선택된 열은 적절히, DATUM 으로 표지된다. 표 2-14에서 비교 기준 개념 시장에 나와 있는 가장 단순한 네트 시스템이다.

5. 결정 매트릭스 엔트리 완성

이제는 비교 평가를 해야 한다. 각각의 개념이 비교기준과 비교된다. 각각의 개념에 대해 비교하는 질문을 해서, 3-수준으로 판단한다. 그것이 비교기준 보다 더 좋으면 (+), 더 나쁘면 (-), 혹은 대략 비슷하면 (S)로 표기한다.

판단을 위해 간략하게 건설적인 토의를 해야 한다. 행렬을 완성하기 전에, 일부 성능 기준을 추정하기 위해 연구를 하거나 개념들을 모델 할 필요가 있다. 발산적인 의견들은 설계 문제에 대한 더 나은 팀 통찰을 이끈다. 토의가 길어진다면 보통 불충분한 정보 때문이므로, 필요한 정보를 생성하기 위해서 팀원 누구에게 그 일을 맡기고, 토의를 끝내야 한다.

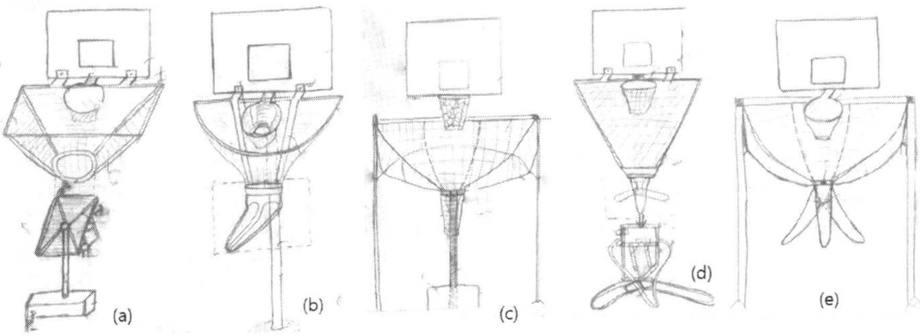

그림 2-17 Shot-Buddy 팀이 개발한 5 가지 개념들의 스케치

다시, 팀 토의는 부가적인 개선된 개념들을 촉발하는 새로운 아이디어들을 자극한다. 누군가가 갑자기 개념 3의 아이디어를 조합해서 개념 8의 결함을 해소한다면, 하이브리드 개념이 생성된다. 그러면 그 새로운 개념에 대해 다른 열이 부가된다. Pugh 차트 방법의 주된 이점은, 그것이 팀이 설계 요구 조건들을 강력하게 충족하는 특징들의 유형에 대해 더 나은 통찰을 하도록 돕는다는 것이다.

6. 점수 계산

최저 점수를 받은 개념이라도 그것을 그냥 버리지는 않는다. 그 개념이 다른 개념에서 이용될 수 있는 긍정적인 특징들을 담고 있을 지도 모른다. 높은 점수를 받은 개념들에 대해서, 그들의 강점이 무엇인지, 그리고 어떤 요소들이 낮게 평가되는 지를 살핀다.

7. 새 비교 기준에 대해 새 매트릭스 구축

다음 단계는, 첫 라운드에서 가장 높은 등급을 받은 개념을, 새 비교기준으로 해서, 매트릭스를 다시 만든다. 두 번째 라운드에서 가장 낮은 배점을 받은 개념은 제거될 것이다. 이 라운드의 목적은, 첫 라운드의 선정이 유효하다는 것을 입증하는 것이 아니라, 더 창의적인 영감을 얻는데 필요한 부가적인 통찰을 얻기 위한 것이다.

8. 선정된 개념의 개선 여지가 있는지 재점검

가장 나은 개념이 확인되고 나면, 비교 기준보다 나쁘게 평가된 개념들을 살펴서, 그것들의 장점들을 약화하는 요인들에 대해 계속 질문을 한다. 그러면 새로운 접근 방식들이 모습을 드러낼 수 있고; 부정적으로 평가된 것들은 긍정적 점수들로 바뀔 것이다. 질문과 답을 계속하면 결국 이런 저런 수정을 거쳐서 최적의 설계 개념을 고를 수 있게 될 것이다.

Pugh 차트 방법을 적용하는 다른 예들(Dieter 2013: 283-6)도 있다. 그런 것들을 이용하여, 최적의 개념이 선정될 수 있다.

유망한 개념을 골라내는 또 다른 전략도 정량적인 것으로서, 결정 매트릭스(표 2-13)를 이용한다. 매트릭스의 맨 왼쪽 열에는 문제정의문서에 기입된, 기준 또는 명세들이 열거된다. 첫 행에 가로 방향으로, 열을 구분하는 칸들을 따라, 대안 해결책(1 trap, 2 trap,…, 이중구동,…)들이 하나씩 열거된다. 그러고 나서 매트릭스 내부에는 개별 해결책들 각각이 기준이나 명세들을 얼마나 잘 충족하는지를 가리키는, 예를 들어, 숫자가 기입된다(Karsnitz, 2009: 46-7).

표 2-13 가중치 요구 조건들을 사용하는 결정 매트릭스의 예

프로젝트: Mega Mousetrap Car		Design Matrix				
		Designs				
기준/명세	가중치	1 trap	2 trap	1 trap & CD Wheel	이중구동	특수 axle
비용	1	5	4	4	3	2
제작소요 시간	2	5	2	3	2	2
시험소요 시간	1	5	5	5	4	3
재설계 소요 시간	2	5	3	4	3	2
최대 스피드 (5 ft/sec)	2	2	5	2	2	4
거리 (30 ft. min.)	4	2	4	3	5	4
전체			42	45	41	37
						5 = 최고, 1 = 최악

팀은 그 숫자를 정할 채점 체계를 결정한다. 몇 가지 유용한 방식들이 있다. 예를 들어, 숫자 대신 개별 엔트리로 단순히 yes 또는 no로 (또는 good 또는 bad) 적어

넣어도 된다. 이것은 두-수준 채점 체계의 예이다. 또 세-수준 채점 체계를 사용해도 될 것이다. 예를 들어, ① 기준 초과 ② 기준 충족 ③ 기준 미달. 또는 단순히 +(양), o(중립), 및 -(음) 등급들을 사용해도 된다. 심지어 학교에서 사용되는 성적 등급과 같은 여러 수준의 채점 체계를 사용해도 될 것이다. 또한 1에서 5까지 범위의 값들을 가지는 정량적인 순위들을 선택할 수도 있다.

일부 요구 조건 혹은 기준이나 명세가 다른 것들에 비해서 더욱 중요하다는 사실을 정량화할 수 있다면, 그 기준이나 요구 조건들 각각에 적절한 가중치를 배정하는 방법도 있다. 표 2-13 행렬에, 개별 요구 조건들에는 그것들의 상대적 중요성에 따라 가중치가 배정돼 있다.

팀은 특별한 해결책을 선택하는 이유들을 요약해서 기록을 남긴다. 여기서 제시된 모든 전략들은 팀의 문서화 요구 조건들을 충족해야 한다. 의사결정 과정을 기록해서 유지하고 보관하는 것이 엔지니어 설계부의 중요한 부분이고, 설계 과정의 여러 단계들에서 유용하다.

또 선정된 것에 대해서는, 예비 스케치에 표현된 아이디어가 더 개발되어야 한다. 더 다듬어진 아이디어를 담은 것이 개발 스케치이다(그림 2-18)(Karsnitz, 2009: 133).

이 시점에서 선정된 개념을 증명하는 모형 혹은 시작품(2-4 절 참고)이, 예를 들어, 개발 스케치를 이용해서 만들어 질 수 있다. 모형은 물건이나 설계를 상세한 시각적, 수학적, 2차원 혹은 3차원으로 나타낸 것이다. 모형은 보통 최종적인, 의도된 설계 인공물보다 더 작다. 모형은 흔히 아이디어들을 시험하고, 설계를 변경하며, 유사한 물건에 무슨 일이 발생할 것인가에 대해 살피기 위해 사용된다. 시작품은, 의도된 설계의 온전하거나, 혹은 거의 온전한 형태(form), 맞음새(fit, 만듦새), 및 기능을 확보하기 위해, 의도된 설계를 진짜 규모로 만든 실용 모델이다. 시작품은 실제로 관찰하여 이런 저런 조정을 하면서 설계 개념을 시험하기 위해 사용된다(Karsnitz, 2009: 47).

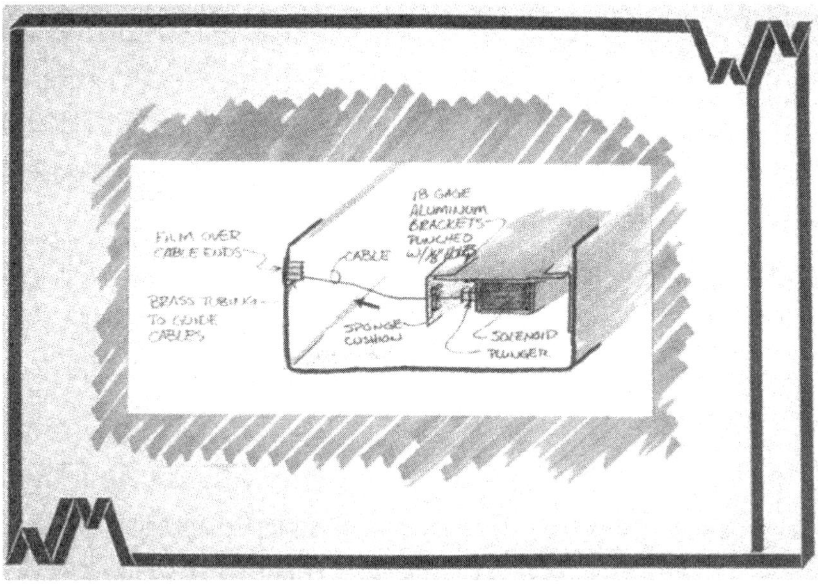

그림 2-18 컴퓨터 점자 해독기 시스템의 솔레노이드 제어를 보여주는 개발 스케치

2-2 구체화 설계

> 한국 최고라고 일컬어지는 엔지니어링 회사도 상세 설계는 좀 하지만 기본 골격을 설계하고, 새로운 프로세스를 디자인할 수 있는 역량, 즉 기본적인 아키텍처(architecture, 구체화 설계를 위한 제품 체계)를 만들 역량은 없습니다. 또한 그런 것에 관련한 노하우는 글로벌 엔지니어링 회사들이 절대로 주지를 않죠. 우리도 다 할 수 있다고 얘기하는 일부 전문가들이 있지만, 제가 보기에는 아직 경험이 충분치 못합니다(축적의 시간: 356).

구체화[24] 설계에서는 개념 설계로 선정된 최적의 개념이 실물로 변환된다. 이 국면에서, 제품의 주요 기능들이 확실히 구현될 수 있게, 설계 개념의 뼈대에 살점이 붙는다. 이 국면에서 제품 전체와 부분들의 형태[25]와 외양이 정해지고, 낱낱의 부분들의

---

24) 구체(具體)-사람이 감각으로 알 수 있는 형체와 내용을 갖추고 있는 일. 형체(形體)-물건의 생김새나 그 바탕이 되는 몸체.

25) 형태(形態)-사물의 생김새나 모양. 어떤 사물이나 사실 따위가 일정하게 갖추고 있는 모양.

강도, 재료 선정, 크기, 모양, 및 공간 적합성 등이 결정된다. 이 설계 국면을 '시스템-수준 설계' 혹은 '예비 설계'라 부르기도 한다. 이 국면을 지난 다음에 설계를 변경하게 되면 매우 비싼 값을 치르게 된다. 구체화 설계는, 표 2-14에서 보듯이, 제품 체계, 형상 설계, 및 매개변수 설계, 3 가지 단계로 요약될 수 있다. 1~4 단계의 내용은 표 2-2에 기술되어 있다.

구체화 설계의 이런 단계들을, 현장에서 하려면 상당한 공학 과학 지식이 있어야 한다. 그렇지만, 기초설계에서는, 이런 지식 없이 '설계를 해 보는' 것이 핵심이기 때문에, 팀원 각자의 경험이나 현재의 지식에 바탕을 두어 일을 하면 된다. 사실은 "공학자들은 무엇인가를 가능하게 해주는 이론이나 규제하는 법칙을 완전히 이해하지 않은 상태에서도 성취할 수 있으며, 이런 사실만큼은 과학자들조차도 바꿀 수 없다"(헨리 페트로스키, 2017: 320)

표 2-14 구체화 설계의 단계별 주요 내용

단계	주요 내용
5. 제품 체계	• 물리적 요소들의 배치 • 모듈성
6. 형상 설계	• 재료와 제조 공정들의 예비적 선정 • 모델링 • 부품의 대략 치수, 크기 결정
7. 매개변수 설계	• 강인성 설계 • 정확한 치수, 공차(tolerances) 설정 • 제조지향설계 • 조립지향설계 • 환경지향설계 • 공차

구체화 설계와 관련된 내용들은 전공 필수 과목들을 배운 후에, 선태 과목들, 특히, 설계 학점이 배정되어 있는, 요소설계 과목들에서 배우는 주제들이다.

2-2.1 제품 체계

> "나는 교량의 설계에 관해 이야기하면서, 그 형태는 물리법칙을 표현하는 방정식이 아니라 오히려 공학자의 창조적인 정신에서 나오는 것이라 설명했다. 교량 설계의 첫 번째 단계는 공학자가 상상으로 형태를 착상하는 것이다. 그다음에 그는 이 구상을 말과 그림으로 옮겨서, 자기가 속한 팀의 다른 공학자들이며 자기에게 작업을 의뢰한 고객에게 전달한다. 이처럼 분석의 대상이 되는 형태가 있고 나서야, 비로소 과학이 수학적이며 방법론적으로 응용될 수 있다. 그렇다고 해서 공학자의 고안 과정에서 과학적 원칙이 전혀 영향을 끼치지 않는다는 이야기는 아니다. 다만 과학적 원칙은 공학자의 경험 속에, 즉 새로 착상한 교량의 모범이 되었던 기존의 다른 교량에 대한 지식에 파묻혀 있을 가능성이 크다는 말이다."(헨리 페트로스키, 2017: 84)

제품 체계(architecture)[26]는 제품이 기능을 하는데 쓰이는 실물 요소들의 배치에 의해 정해진다. 제품 체계는 개념 설계 국면에서 그린 기능 다이어그램, 개념 스케치, 및 개념 증명 모델과 같은 것들로 그 모습이 대충 드러난 바가 있다. 그러나 제품 체계는 제품의 기본 빌딩 블록들과 그것들의 인터페이스들을 정의해야 확립된다. 제품 체계는 그것의 기능 구조에 연관되지만, 기능 구조에 짝지어져서 맞추어져야 하는 것은 아니다. 그렇지만 성공적으로 기능하는 가장 좋은 시스템이 되도록 제품 체계가 선정된다.

제품은, 보통 모듈(하부시스템, 하부조립품, 뭉치)이라 부르는, 실물 블록들로 조직된다. 모듈은 여러 기능을 수행하는 구성품(components)들의 모음이다. 제품 체계는 구성품들 사이의 관계들과 제품이 수행하는 기능들에 의해서 정해진다. 제품 체계에는 모듈형과 통합형, 두 가지 반대되는 스타일이 있다. 모듈 체계에 의한 시스템들이 통상적이고, 그 체계는 보통 표준화된 모듈들과 고객 주문된 구성품들의 혼합체이다.

모듈들 사이의 접촉면들을 이해해야 제품이 성공적으로 기능할 수 있다. 접촉면에는 흔히 부식과 마모가 발생한다. 적절히 설계되지 않으면 인터페이스들이 잔류 응력, 계획되지 않은 처짐, 및 진동들을 초래할 수 있다.

---

26) architecture, 건축학, 건축 양식, 컴퓨터 시스템의 구성. architecture는 빌딩을 계획하고 디자인하며 건축하는 기교이다. 아키텍처는 게임을 포함한 소프트웨어의 구성 요소 사이의 관계 모두의 속성을 구성하는 시스템에 대한 구조의 집합을 의미한다. 쉽게 말하자면 게임을 구성하는 구성요소들을 '어떤 식으로 묶어내는지'에 대한 설계라고 할 수 있다. 체계 - 물건의 바탕을 만드는 일.

제품 체계를 확립하는 것이 구체화 설계에서 하는 첫 일이다. 모듈이 정의되고, 그것을 구성하는 요소들을 통합하는데 대한 상세한 것들이 결정된다. 제품 체계를 확립하기 위해, 설계자는 제품 구성 요소들의 기하학적 경계들을 정의하고, 그 영역 내에 설계 요소들을 배치한다.

설계 요소들은 기능적 요소와 물리적 요소들이다. 기능적 요소들은 제품이 수행해야 하는 기능들이고, 물리적 요소들은 그 기능을 성취하는데 필요한, 표준 부품 혹은 특수 목적 부품, 구성품들이다. 제품 체계를 개발하는 시점에서 모든 기능들이 부품 수준까지 일괄적으로 선정되지는 않는데, 설계자는 기능을 물리적으로 구현하는 방안이 발전될 여지를 제품 체계에 남겨 두어야 한다(Dieter, 2013: 306). 기능 요소는 제품 체계를 확립하기 위한 배치도에서 빈 네모로 그 자리가 표시된다.

제품 체계를 개발하는 과정에는, 구체적인 기능이나 기능들의 집합들을 수행하기 위해, 물리적 요소들과 기능적 요소들을 묶어서 뭉치를 짓는 일이 포함된다. 뭉치들은 그러고 나서 제품에 부가된 전반적 물리적 제약 사항들 내에서 그것들이 있을 상대적인 장소와 자세가 정해진다.

제품 체계를 확립하는 4-단계 과정은 다음과 같다.

(1) 제품의 개략 다이어그램(그림 2-19)
(2) 개략 요소들 뭉치 짓기(그림 2-20)
(3) 대략의 배치 생성(그림 2-21)
(4) 모듈들 사이의 상호작용들의 정체 확인

(1) 팀은 개발 중인 설계 인공물을 생산하는데 필요한 제품의 기본 요소들을 이해하기 위해서 개략 다이어그램을 그린다. 다이어그램의 일부 요소들은 설계에 요구되는, 예를 들어, (그림 2-17a가 묘사하는)공 회수 트램폴린과 같은, 구성품들일 것이다. 팀이 아직 구체화 방안을 규명하지 않았기 때문에, 트램폴린과 같은, 요소들은 여전히 기능적 형태일 뿐이다. 그림 2-20(Dieter, 2013: 307)은 Shot-Buddy를 위한 모듈을

기본으로 하는 개략 다이어그램이다.

(2) 제품 체계를 설정하는 두 번째 단계에서는 개략 다이어그램에 있는 요소들을 그룹들로 뭉친다. 이 단계의 목적은 설계 요소들의 뭉치들로 모듈을 만드는 것이다. 그림 2-20에는 6 가지 모듈들이 배치되어 있다: ① 공 포획 모듈, ② 공 회수 모듈, ③ 회수할 위치를 정하는 모듈, ④ 회수 제어 모듈, ⑤ 슈터의 위치를 알리는 신호 모듈, 그리고 ⑥ 적외선 (IR) 수신 모듈. 그림 2-20에서, '6. 적외선 수신 모듈'은 구성품 하나로 되어 있음을 알 수 있다. 또 다른 특징은 '3. 회수 위치 설정 모듈'과 '4. 회수 제어 모듈' 두 모듈이 전력 공급원 하나를 공유한다는 것이다. 이것은 엔지니어링의 실제적 본성을 반영한다. 별도의 전력 공급원을 갖는 개략을 그릴 수 도 있겠지만, 설계자들이 단 하나만 사용할 것이라는 것은 불가피하다.

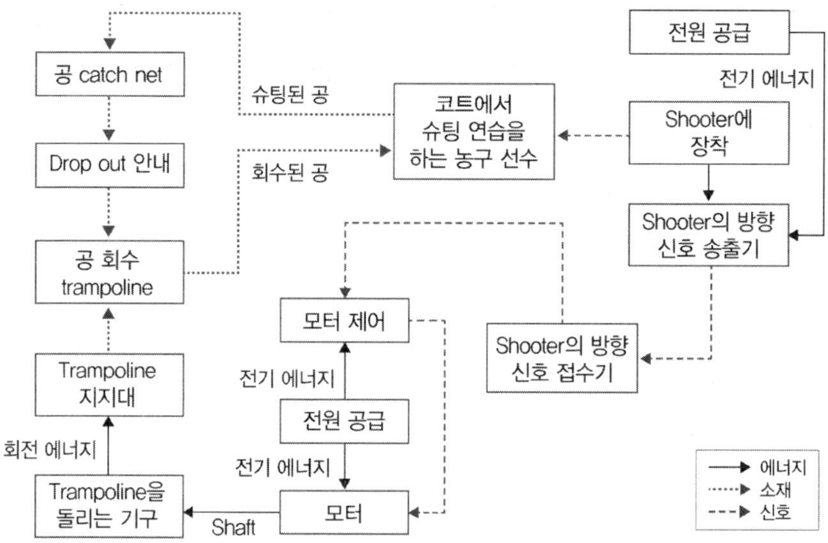

그림 2-19 구성품들 사이의 흐름을 보여주는 Shot-Buddy 개략 다이어그램

(3) 요소들과 모듈들을 배치하면, 설계자는 그것들 사이에 기하학, 열, 혹은 전기적 상호 간섭이 있는 지를 조사할 수 있다. 시험 삼아 이리저리 하다보면 가능한 물리적 형상 내에서 모듈들의 자리가 정해진다. 일부 문제들에 대해서 2 차원 도면이 적절하지

만, 다른 것들에 대해서는 3 차원 모델 (실물 혹은 컴퓨터 모델)이 필요할 것이다. 그림 2-21은 3 차원으로 묘사된 모듈들이 배치된 모델이다.

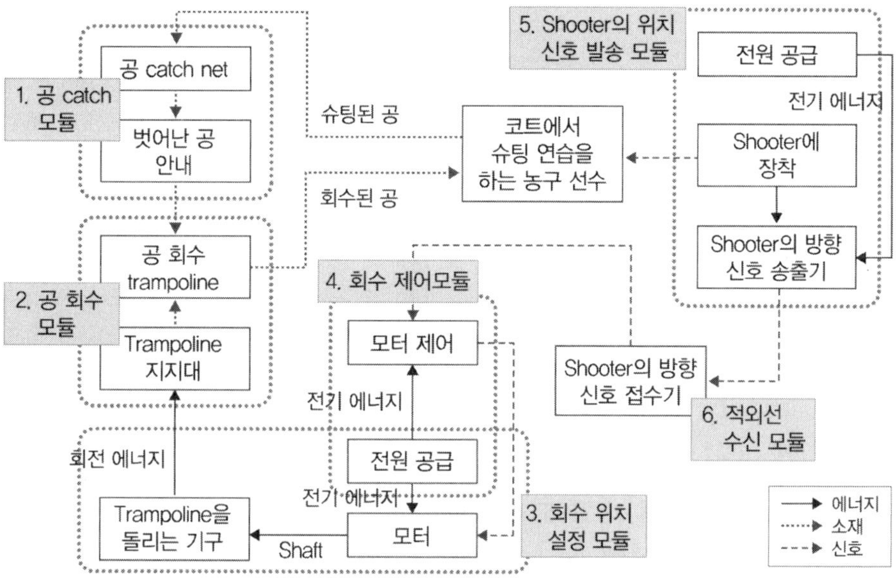

그림 2-20 모듈들로 뭉쳐진 구성품들을 보여주는 Shot-Buddy의 개략 다이어그램

그림 2-21의 Shot-Buddy 배치를 보면 '슈터의 위치 신호 발송 모듈'은 다른 모듈과 접촉해 있지 않다. '공 포획 모듈'은 Shot-Buddy의 다른 구성품들에는 연결되지 않지만 농구 골 망 테두리와 골 망 판에 장착되도록(배치도에 묘사되지 않은) 설계된다. 공 회수 모듈, 회수 위치 설정 모듈, 회수 제어 모듈, 세 모듈들은 서로 접촉해 있다. 그 결과로 이 세 모듈들 사이의 상호 작용이 분석되어야 하고 계획되어야 한다. 슈터의 위치 감지하기와 슈터 위치 정하기 구성품들에 미치는 해로운 영향을 방지하기 위해서 진동과 전자기적인 간섭이 주의 깊게 고려되어야 한다. 또한 모든 부분들이 통합되어 문제없이 짜 맞추어지는 지를 보증하기 위해서 공차와 기하학이 신중하게 고려되어야 한다. 다른 세 모듈들과의 상호작용을 위해서는 에너지나 재료의 흐름이 고려되어야 할 것이지만, 그것들 간의 직접적인 간섭은 없어야 한다.

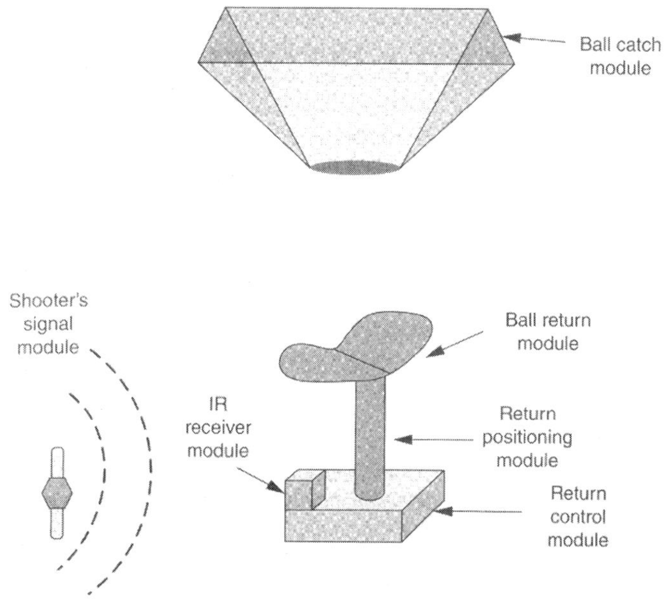

그림 2-21 Shot-Buddy의 기하학적 배치

(4) 제품 체계를 결정하는데 있어서 가장 핵심적인 과업은 모듈들 사이의 상호작용들을 정확하게 모델링하는 것과 그 모듈들의 성능 특성들을 설정하는 것이다. 기능은 모듈들 사이의 상호 접촉면들에서 발생하고, 그리고 그 모듈들에 세밀한 주의를 기울이지 않으면, 접촉면들에서 복잡한 문제가 발생할 수 있다. 그래서 구체화 설계 국면이 마무리되는 단계에서, 개별 모듈들은 완벽하게 상세하게 기술되어야 한다. 개별 모듈에 대해 고증하는 데는 다음 것들이 포함되어야 한다:

- 기능 요구 조건
- 모듈과 그 구성 부품들의 도면이나 스케치
- 모듈을 위한 예비적인 구성품 선정
- 제품 내에서 자리배치의 상세 묘사
- 이웃 모듈들과 접촉면들의 상세 기술
- 이웃 모듈들과 기대되는 상호작용들을 위한 정확한 모델

모듈을 기술하는데 있어서 가장 핵심적인 항목들은 접촉면들에 대한 기술과 이웃 모듈들 사이의 상호작용에 대한 모델링이다. 모듈들 사이에 4 가지 가능한 유형의 상호작용들이 있다 - 공간, 에너지, 정보, 및 재료.

- 공간 상호작용은 모듈들 사이의 물리적 접촉면들을 기술한다. 공간 상호작용은 짝지어지는 부품들과 움직이는 부품들 사이에 존재한다. 공간 상호작용을 기술하기 위해서 필요한 상세한 공학적 특성들은 짝지어지는 기하학, 표면 처리, 및 공차 정하기에 대한 정보 등이다. 자동차 좌석 머리 받침대와 그것을 좌석에 연결하는 홈이 여럿 파인 금속 지지대 사이의 관계는 두 개의 움직이는 부품들 사이의 공간 접촉의 좋은 예이다.
- 모듈들 사이의 에너지 흐름은 상호작용의 또 다른 중요한 유형이다. 이 흐름은, 스위치로부터 모터로 전류가 흘러가는 길을 확보하는 것과 같은, 의도적인 것일 수 있고, 혹은 그것들은, 모터와 접촉에 의해 드릴 외장 덮개에 발생하는 열과 같은 것으로, 피할 수 없는 것들일 수 있다. 계획적인 것이나 2 차적인 유형의 에너지 상호작용을 예상해서 기술한다.
- 모듈들 사이의 정보 흐름은 흔히 제품의 운전을 제어하거나 그 운전에 상대적인 피드백을 하기 위한 신호들의 형태이다. 이 신호들은 몇 가지 기능들을 동시에 격발하도록 갈래지어 구별되어야 한다.
- 제품의 기능을 위해서, 소재나 재료가 모듈들 사이를 지나 흐를 수 있다. 예를 들어, 레이저 프린터에서 종이는 프린터의 많은 다른 모듈들을 거쳐 이동한다.

모듈 설계는 제품 체계가 마무리된 후에 독립적으로 나아간다. 그래서 모듈 설계 과업은 특별한 유형의 하부시스템을 전문으로 설계하는 팀들이 나누어 맡아 할 수 있다. 예를 들어, 전동 휴대용 공구들을 제조하는 회사들은 모터 설계를 그 회사의 핵심 역량의 하나로 정의해서, 경험 많은 설계 팀이 작은 모터 설계를 전담하게 한다. 이 경우에, 모터 설계팀이 제시하는 모터 모듈에 대한 기술이 설계 명세가 된다. 이때 제품 설계가 몇 그룹의 모듈 설계 과제들로 나누어지기 때문에, 구별되는 모듈들을 개발하는 설계 팀들 사이에 의사소통이 분명해야 한다.

모듈들의 배치에 관한 2 가지 중요한 이슈들이 있다. 첫 번 것은 이웃 구성품들이 적절하게 기능할 수 있게 모듈들 사이의 접촉면들이 설계되어야 한다. 두 번째 이슈는 접촉면들에서 구성품들이 적절히 조립될 수 있어야 한다.

2-2.2 형상 설계

형상[27] 설계에서 구성품들의 모양과 대략의 치수들이 정해진다. 정확한 치수와 공차들은, 다음 단계인, 매개변수 설계에서 확립된다. 구성품은 특수-목적 부품, 표준 부품, 및 표준 조립품들을 아우르는 용어이다. 부품은 조립 작업 없이 만들어지게 설계된 물건이다. 부품의 모양새는 그것에 있는 구멍, 홈(무엇을 끼우는 홈, 가늘고 긴 구멍), 벽, 늑골(갈빗대 모양의 뼈대), 돌출부, (두 쇠시리 사이의) 두둑, 및 목귀(각재 · 판자 따위의 모를 둥글린)들과 같은 기하학적 형체들에 의해 정해진다. 그 형체들을 배열하려면 그것들이 있는 곳과 방향 둘 다를 고려해야 한다. 그림 2-22(Dieter, 2013: 312)는 두 판을 서로 직각으로 연결해서 만들어지는 어떤 구성품, 까치발 혹은 선반 받이에 대한 4 가지 가능한 물리적 형상들을 보여준다. 4 가지 형상들에서, 기하학 형체들이 다양하고 그 형상들 각각에서 그것들의 배치가 크게 다른 것에 주목한다.

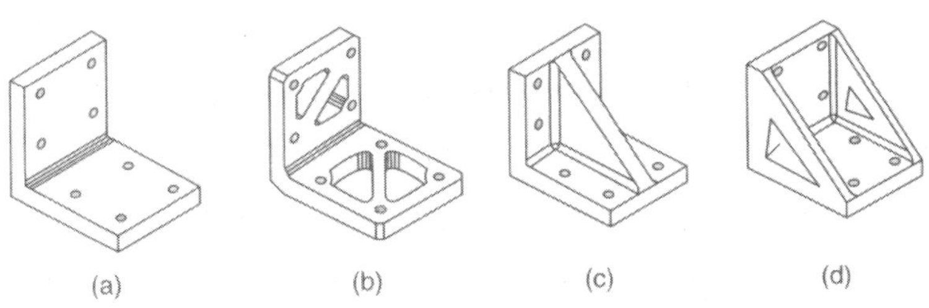

그림 2-22 직각 까치발의 4 가지 가능한 형상

표준 부품은 총칭적인 일반적인 기능을 하는 것으로, 특별한 제품에 관한 고려 없이 일상적으로 제조되는 것이다. 볼트, 와셔, 리벳, 및 I-빔 등이 그 예들이다. 특수-목적 부품은, 그림 2-22에서처럼, 구체적 제품군에서 구체적 목적을 위해 설계되고 제작된

27) 形狀-물건의 생긴 모양이나 상태, 형상(形相), 형상(形象, 形像)-감각으로 포착한 것이나 마음속의 관념 등을 어떤 표현 수단에 의해 구상화(具象化) 함. 또는 그 구상화한 모습. 구상(具象)-구체(具體)↔추상(抽象).

다. 조립품은 2 개 이상의 부품들의 집합이다. 소형조립품은 다른 조립품이나 소형조립품 내에 포함되는 조립품이다. 표준 소형조립품은 총칭적인 기능을 가지는 조립품이나 소형조립품으로서 일상적으로 제작된다. 전기 모터, 펌프, 및 기어박스 등이 그 예들이다.

어떤 부품의 형태나 형상은 그것의 기능으로부터 전개된다. 그렇지만 가능한 형태들은 그 부품을 만드는데 이용하는 재료들과 그 재료로 그 형태를 생성하는 생산 방법들에 크게 의존한다. 게다가 가능한 형상들은 제품이 작동하는 영역을 정의하는 공간적 제약 사항과 제품 구조에도 의존적이다. 이 관계들의 긴밀한 집합이 그림 2-23 (Dieter, 2013: 312)에 묘사되어 있다.

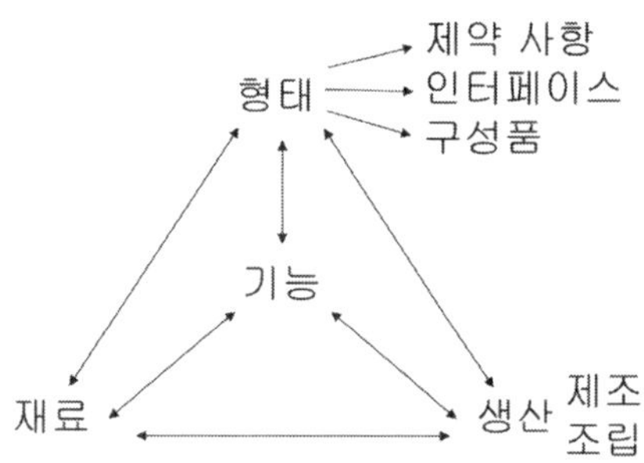

그림 2-23 기능을 중심으로 형태, 재료, 생산의 상호관계

일반적으로, 구성품의 재료와 그것의 제조 공정이 결정되지 않고서는 설계에 관한 세부적 사항들이 결정될 수 없다.

형상 설계를 시작하기 위해서 다음 단계들을 따라야 한다:

- 성취 명세와 구성품이 속하는 하부조립품에 대한 명세들을 점검한다.
- 설계되는 제품이나 하부조립품에 관계되는 공간 제약 사항들을 확립한다. 이것들의 대부분은 제품 체계에 의해서 설정되어 있다. 공간 제약들 외에, 그 제품을 쓸 사람에 의한 제약 사항들 그리고 그것을 재활용하기 위해서 해체하거나 정비나 수리를 위해 접근해야 하는 필요와 같은 제품 수명 주기에 관한 제약 사항들도 고려한다.
- 구성품들의 연결이나 그것들의 인터페이스들을 생성하고 다듬는다. 이를 위해

제품 체계가 지침이 되어야 한다. 많은 설계 노력이 구성품들의 연결에 집중되는데, 이 일이 잘못 되면 제품이 실패하기 때문이다. 가장 핵심적인 기능들을 전달하는 접촉면들에 특별히 주의해야 한다.

- 설계에 많은 시간을 보내기 전에, 다음 질문들에 답한다: 부품이 제거되거나 다른 부품과 조합될 수 있나? 제조지향설계 연구들에 의하면, 더 많은 개수의 부품들로 설계하는 것 보다 더 적은 개수의 더 복잡한 부품들로 만들고 조립하는 것이 거의 항상 적은 비용이 든다.
- 표준 부품이나 하부조립품이 사용될 수 있나? 표준 부품이 특수–목적 부품보다 일반적으로 비용이 덜 들지만, 2 개의 표준 부품이 그것들을 대체하는 1 개의 특수–목적 부품보다 비용이 덜 들지 않을 것이다.

형상 설계를 시작하는 가장 좋은 방식은 부품의 대안 형상들을 스케치하는 것이다. 손으로 하는 스케치를 과소평가해서는 안 된다. 스케치는 아이디어 생성을 위한 중요한 도우미이고 서로 관련 없어 보이는 아이디어들을 설계 개념들로 짜 맞추는 훌륭한 방식이다. 나중에 스케치들이 축척 도면들로 발전하는 때, 그것들은 치수와 공차들에 빠져 있는 데이터를 제공하고 그리고 제품의 작동을 모사(3–D 입체 모델링, 그림 2–24(Dieter, 2013: 314)))하기 위한 도구가 된다. 도면들은 설계 엔지니어들 그리고 설계자들과 제조자들 사이에 아이디어들을 의사소통하기 위한 그리고 기하학과 설계 의도를 기록물로 남기기 위한 법적 문서로서 근본적인 것이다.

개념 설계에서처럼, 형상 설계에서도 처음 한 번의 시도로 좋은 결과를 얻기 힘들기 때문에, 개별 구성품이나 하부조립품을 위한 몇 가지 대안들을 생성해야 한다. 형상 설계는 '정교하게 다듬기'와 '이어 맞추기'로 그 특성이 규정된다.

부품의 형상 설계를 분석하기 위해서 첫 단계로 그것이 어느 정도로 기능적 요구 조건과 그 성취 명세들을 충족하는 가를 살핀다. 이를 위해 강도(strength, 强度)나 강도(stiffness, 剛度–끊어지지 않고 버티는 힘의 정도)가 주로 검토되어야 하지만, 신뢰성, 운전 안전성, 사용 용이성, 정비 보수성, 반복성 등의 문제들도 따진다. 기능지향설계 요인들과 다른 설계 이슈들의 종합적인 목록은 표 2–15(Dieter, 2013: 317)에 주어져 있다.

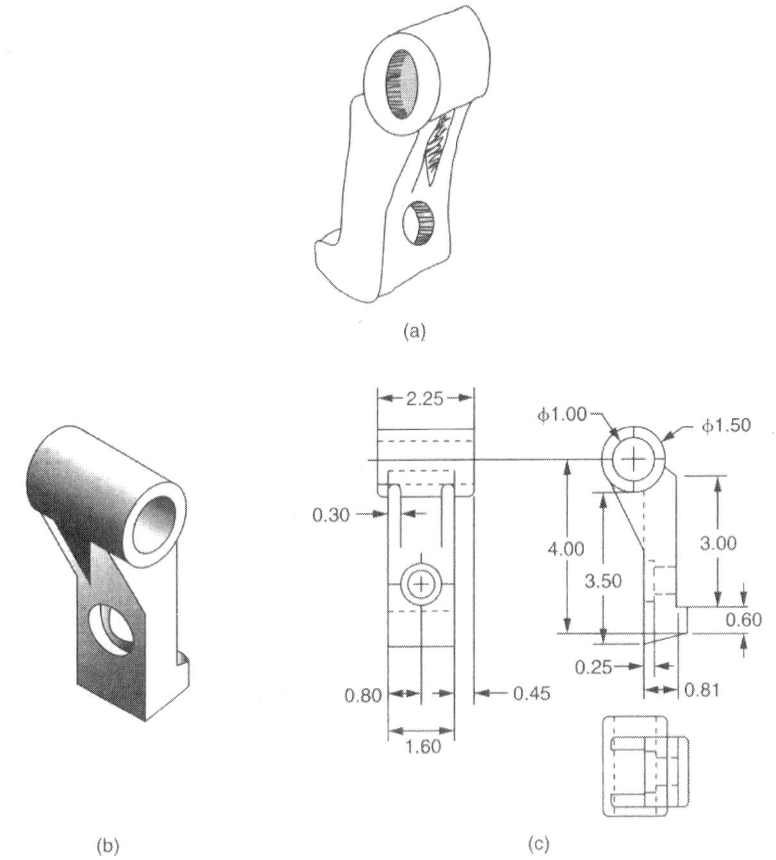

그림 2-24 (a) 스케치, (b) 3-D 컴퓨터 모델,
(c) 상세 엔지니어링 도면

형상 설계와 관련한 표 2-15의 내용들은 전공 필수과목들을 배운 후, 설계 학점이 배정되어 있는 요소설계 과목(선택과목)들에서 배울 것이다.

형상 설계로 개별 구성품의 가장 좋은 형태가 완성된다. 이때 과학 원리들에 관한 정성적 추론과 제작 공정들이 중요하게 고려된다. 치수와 공차들이 잠정적으로 설정되고, 부품들의 크기가 대충 정해져 있지만, 그것들이 아주 상세하거나 정교하지는 않다.

표 2-15 기능의 측면에서 고려되어야 하는 설계의 핵심적인 문제들

요인	이슈
강도(强度)	부품이 응력들을 항복 수준 이하로 유지하게 치수가 정해질 수 있나?
피로	주기적 하중이라면, 응력이 피로 한도 이하로 유지될 수 있나?
응력 집중	부품의 형상이 국지 응력 집중을 낮게 유지하게 만들어질 수 있나?
좌굴	부품의 형상이 압축 하중 아래에서 좌굴을 방지하도록 만들어질 수 있나?
충격 하중	소재와 구조가 충분한 파괴 강인성을 가지고 있나?
변형률과 변형	부품이 요구되는 강도나 유연성을 가지고 있나?
creep	creep 이 우려된다면, 그것이 기능성의 상실을 초래할 것인가?
열 변형	열팽창이 기능성을 타협할 것인가? 이것이 설계에 의해 감당될 수 있나?
진동	설계가 진동을 최소화하도록 특징들을 통합하고 있나?
소음	주파수 스펙트럼이 결정되어 있고, 소음 경감이 설계에서 고려되어 졌는가?
열전달	열 생성/이송이 성능을 떨어뜨릴 이슈가 될 것인가?
유체 전달/저장	이것이 설계에서 적절히 고려되어 졌는가? 그것이 모든 규제들을 충족하나?
에너지 효율	설계가 구체적으로 에너지 소모와 효율을 고려했었나?
내구성	추정되는 서비스 수명? 마모와 부식으로 인한 기능 저하는 어떻게 감당되고 있나?
신뢰성	실패까지의 예측되는 평균 시간은 얼마인가?
정비 보수	예정된 정비 보수가 이 유형의 설계에 대해서 전형적인가? 그것은 사용자가 할 수 있는 것인가?
수리 · 정비하기 쉬움	이 요인에 대한 구체적인 설계 연구가 있나? 수리비용은 합리적인가?
수명-사이클 비용	수명 주기 비용에 대한 믿을만한 연구가 돼 있나?
환경지향설계	제품의 재사용과 폐기가 설계에서 명시적으로 고려되었나?
인간 요인/ergonomics	모든 제어/조정들이 논리적으로 꼬리표가 붙고 자리가 정해져 있나?
사용의 쉬움	글로 쓴 설치와 운전 지시서가 분명한가?
안전성	설계가 사고를 예방하는데 있어서 안전 규제들을 위배하지 않나?
styling/심미	styling 자문가들이 적절히 고객 취향과 원하는 것들을 결정했었나?

이제 설계는, 구체화 설계의 마지막 단계인, 매개변수 설계로 나아간다.

2-2.3 매개변수 설계

매개변수 설계에서 설계 변수들은 형상 설계에서 확인된 구성품들의 속성들이다. 설계 변수의 값들은 설계자의 통제에 의해 정해진다. 치수나 공차가 매개변수 설계의 중요 대상이지만, 부품에 적용되는 재료, 열처리, 혹은 표면 처리도 설계 변수일 수 있다. 매개변수 설계는 개념 설계나 형상 설계보다 훨씬 더 분석적이다. 매개변수 설계의 목적은, 가장 가능성 높은 설계를 생산할 설계 변수 값들을 성능과 비용(제조성에 의해서 명백해지는) 둘 다를 고려하여 설정하는 것이다.

형상 설계와 매개변수 설계를 구별하는 것은 꽤나 최근의 일이다. 매개변수 설계는, 주로 강인성을 개선함으로써 품질을 향상하기 위한 산업계의 대규모 노력에 의해 발전해왔다. 강인성은 넓은 서비스 범위에서 있을 수 있는 조건들에서 우수한 성능을 성취하는 것을 의미한다. 설계 인공물이 이상적인 (실험실) 조건들 하에서 합리적으로 잘 기능해야 하지만, 강인한 설계는 제품들이 원래 정해져 있던 사용 조건들을 어느 정도 벗어났을 때에도 계속해서 기능할 수 있는 것을 목표로 한다.

매개변수 설계는 다음과 같은 5 단계들로 체계적으로 진행된다.

※ 다음 내용들은, 기초설계 과목에서는 배우지 않지만, 요소설계 과목들에서 배울 것이다. 다만 '이런 것들을 배우는 구나'라고 생각하고 눈여겨 봐둔다.

단계 1 매개변수 설계 문제의 공식화

설계자는 우선 구성품이 감당해야 하는 기능을 분명히 이해해야 한다. 그 기능은 문제정의문서의 성취 명세에 기술되어 있고 제품 체계에 반영되어 있다. 표 2-15가 참고가 되지만, 문제정의문서가 지침이어야 한다. 그런 정보를 바탕으로 기능의 예측된 성취 수준을 측정할 공학적 특성들이 (그 기능에 대해 성취될 사항이 공학적 특성들로 규명되어 있다면) 선정된다. 그 특성들은 지금까지 설계된 내용들을 평가하는데 이용되는 매개변수들, 즉 성취 명세이다. 그것들은 비용, 무게, 효율, 안전성, 및 신뢰성과 같은 측정치들이다.

다음으로 설계 변수들이 확인되어야 한다. 설계 변수들은, 설계자가 통제하는 것으로서, 구성품의 성능을 결정하는 매개변수들이다. 설계 변수들은 구성품의 치수, 공차, 혹은 재료들의 선택에 가장 큰 영향을 미친다. 설계 변수들은 변수 이름, 상징 기호, 단위, 및 변수 값의 상한과 하한들로 그 정체가 확인되어야 한다.

또한, 설계자는 문제를 정의하는 매개변수들을 이해하고 빠트리지 않고 표시해서 기록해야 한다. 이것들은 하중, 유량, 및 온도 증가 등과 같은, 구성품이나 시스템이 작동해야 하는 운전 관련 혹은 환경 조건들이다.

최종적으로, 문제를 해결할 계획이 개발되어야 한다. 이것은 응력, 진동 혹은 열전달을 위한 일종의 분석이 연관된다. 엔지니어링 분석 방법들은 아주 다양하다. 이것들의 범위는 유능하고 경험 많은 엔지니어의 추측으로부터, 응력 해석, 유체 유동, 및 열전달을 연계하는 매우 복잡한 유한요소해석까지이다. 개념 설계에서는 기초 물리학과 화학, 및 개념이 작동할 것인지에 대한 "직감, 본능적인 느낌"이 이용되는 것으로 충분했고, 또 형상 설계에서는 엔지니어링 과학 과목(전공 필수와 선택 과목)들에서 다루는 단순한 모델들이 사용되었다. 하지만, 매개변수 설계에서는, 핵심 구성품들에 대한 유한요소해석을 포함하는, 더욱 상세한 모델들이 되어야 할 것이다. 해석이나 분석의 상세 수준을 결정하는 인자들은 시간, 돈, 그리고 가용 분석 도구들 및, 이 제약 사항들이 주어져 있는 상황에서, 기대되는 결과들이 충분한 신용도와 유용성을 가질 것인지 등이 될 것이다. 흔히 너무 많은 설계 변수들이 있어서, 해석 모델을 사용하기 어렵고, 그러다보니 실물 규모 실증 시험이 요구된다.

단계 2 대안 설계들의 생성

설계 변수들에 대해 다른 값들이 선택되면 다른 후보 설계가 생성된다. 그 후보 설계들 중에서 단 하나가 선정되어야 한다. 이제, 선정된 형상이 적절한 것이 되게 하는데 영향을 미치는 핵심적인 측면들을 위해 가장 좋은 치수나 공차들이 정해져야 한다. 설계 변수의 값들은 설계자의 경험, 회사의 경험, 혹은 산업 표준이나 관행에 따라 정해진다.

단계 3 대안 설계들의 분석

이제 해석적 혹은 실험적 방법들을 써서 대안 설계들의 성능이 예측된다. 대안들이 성능 제약 사항들과 기대를 빠짐없이 충족하는지가 점검된다. 이 분석을 통해 어느 대안이 타당한 지가 확인된다.

단계 4. 분석 결과의 평가

모든 타당한 설계들을 평가해서 어느 것이 해결책 평가 매개변수들을 가장 잘 이용하는지가 판단된다. 흔히, 핵심적인 성능 특성을 목적 함수로 선택하고, 최적화 방법들을 써서 그 함수 값이 최대화되거나 최소화되게 한다. 대안적으로, 설계 변수들을 어떤 합리적인 방식으로 조합하여, 성능 지수를 산정하고, 그 값에 따라 가장 좋은 설계가 결정된다. 이 일을 위해서, 아래에 주어진 예에서 보는 바처럼, 흔히, 분석과 평가를 번갈아 해야 한다.

단계 5. 정제/최적화

만약 후보 설계들 중 어느 것도 타당하지 않다면, 새로운 설계가 생성되어야 한다. 타당한 설계들이 있다면, 목적 함수를 최대화 하거나 최소화 하는 방식으로 설계 변수들의 값들을 변화함으로써 그것들의 등급을 개선할 수 있다. 이 일에는 품질, 강인 설계 및 최적화에 대해 논의되는 설계 최적화의 중요한 토픽이 연관된다.

매개변수 설계의 과정은, 제품 개발을 위한 공학설계 과정과 전반적으로 동일하지만, 더 좁은 범주에서 행해진다. 이것이 설계 과정의 순환적인 본성을 증거 한다.

■ 매개변수 설계 예

이런 내용은 전공과목, 특히 설계학점이 배정된 요소설계 과목들에서 배울 것이다. 이 사실은 명심해야 한다. 그렇지만, 다음 내용은, '아, 이런 것들을 배우는 구나'라고 생각하고, 대충 보고 지나가도 된다. 보면 알겠지만, '상당한 공학과학 지식을 동원해야 풀 수 있겠구나'라는 느낌은 들 것이다

설계 문제 공식화

그림 2-25(Dieter, 2013: 331)는 압축 헬리컬 코일 스프링에 의해서 구동되는 전기 호이스트를 위한 브레이크를 묘사한다. 브레이크는 850 ft-lb 정지 토크를 생성해야

한다. 브레이크 드럼의 기하학과 브레이크슈들의 마찰 특성들에 대해서, 스프링에 적용되는 요구 압축력은 $P = 716 \pm 34$ lb이다. 스프링의 설계는 1/8 인치 브레이크 패드 마모를 허용해야 하고, 그리고 브레이크슈는 드럼에 부가적으로 1/8 인치 여유를 두어야 한다.

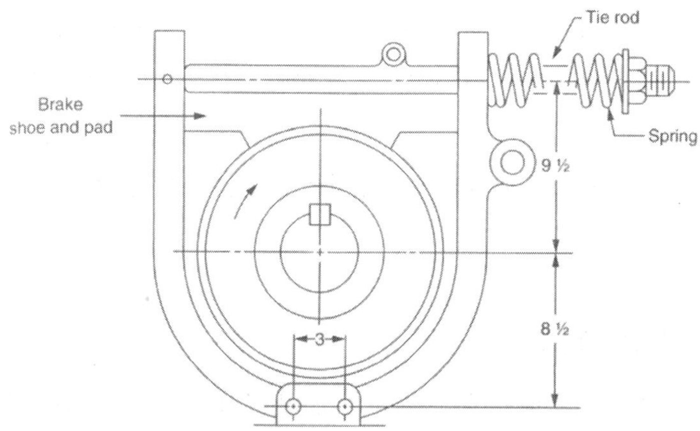

그림 2-25 hoist drum을 덮어 누르고 있는 브레이크 블록을 보여주는, hoist brake 도면

문제 상황은 기본적으로 정적 하중 서비스 환경을 기술한다. 그러나 브레이크 패드가 마모함에 따라 스프링의 길이가 변하게 될 것이다. 패드가 교체되기 전에 최대 마모를 1/8 인치로 가정하여, 스프링이 늘어난 길이는 $\Delta\delta = [(9.5 + 8.5)/8.5] \times 0.125 = 0.265$ 인치일 것이다. 또한, 브레이크가 마모되는 동안 스프링 힘의 허용되는 변화는 $\Delta P = (716 + 34) - (716 - 34) = 68$ lb 이다. 그래서 요구되는 스프링 상수는 $k = \Delta P/\Delta\delta = 68/0.265 = 256$ lb/in 이다. 또 브레이크슈는 드럼에 1/8 인치 여유를 두어야 한다. 이 때문에 스프링은 부가적으로 0.265 인치만큼 압축된다. 그래서 스프링이 부담해야 하는 힘은 $P = (716 + 34) + 256 \times 0.265 = 820$lb 이다.

스프링에 대한 기하학적 제약 사항들은 다음과 같다: 스프링의 안지름 ID는 2 인치 지름 tie rod 위에 쉽게 맞아 들어야 한다. 이를 위해 10%의 여유가 적용된다. 스프링의 자유 길이에는 충분한 여유가 있고, 압축된 길이는 스프링 코일들이 “solid stacking”을 유발하는 정도로 서로 바짝 붙어있지 않는 한 핵심적이지는 않다. 스프링 바깥지름 OD는 최대 5 인치가 될 수 있다.

해결책 평가 매개변수

설계가 의도된 기능을 수행하는 지를 결정하는 측정치들이 표 2-16에 나열되어 있다.

표 2-16 헬리컬 코일 스프링을 위한 해결책 평가 매개변수들

매개변수	기호	단위	하한	상한
스프링 힘	P	lb	820	
스프링 처짐	δ	in.		0.265
스프링 index	C		5	12
스프링 안지름	ID	in.	2.20	2.50
안전 인자	FS		1.2	

설계 변수

설계 변수들은 다음과 같이 정의된다:

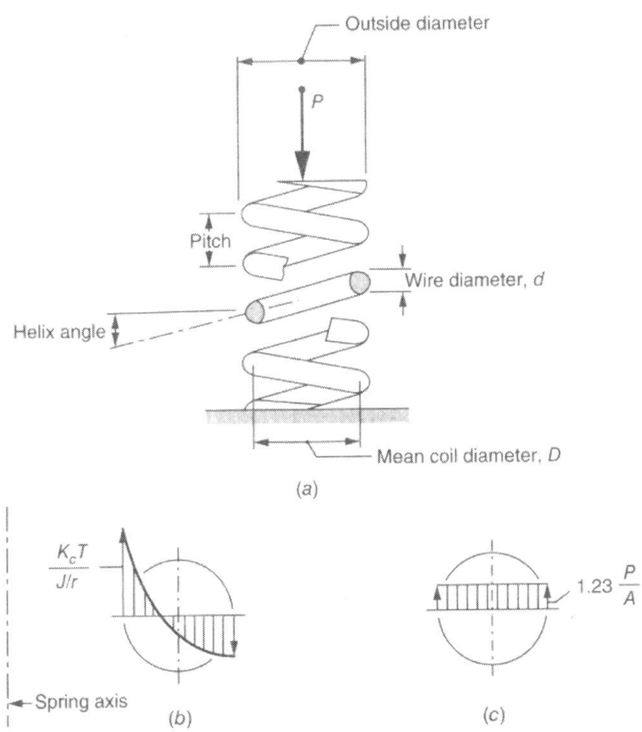

그림 2-26 (a) 스프링의 상세. (b) 비틀림 응력 분포.
(c) (transverse) 측면 전단 응력 분포

스프링 형상: d: 코일 wire의 지름, D: mean 코일 지름. D는 코일의 중심에서부터 맞은편 코일의 중심까지 스프링 축에 수직한 평면에서 측정된다(그림 2-26).

C, spring index: $C = D/d$. spring index는 보통 5에서 12 까지 범위이다. $C = 5$ 이하이면 스프링 선의 지름이 커서 만들기 어렵다. $C = 12$ 이상은 스프링 선의 지름이 작다는 의미인데, 그렇게 되면 스프링이 설치되어 작동하는 때 서로 엉키거나 찌그러질 위험이 있다.

스프링 바깥지름: OD=d(C+1)=D+d
스프링 안지름: ID=d(C−1)=D−d
유효 회전 수 N
전체 회전 수 N_t
스프링 압축 길이 L_s: 스프링이 최대로 압축되어 서로 맞닿아 있을 때 길이
Wahl factor, K_w

스프링 선 소재: 서비스 조건이 까다롭지 않기 때문에 일상적인 hard-drawn steel 스프링 wire로 고려를 한정해도 된다. 이것이 가장 싼 스프링 wire 소재이다.

문제 풀이 계획 수립

설계에 부과되는 제약 사항들은 문제정의문서에 명시되어 있다. 가장 싼 재료가 선정되었는데, 만약 설계가 요구한다면 그 등급이 높아 질 수 있다. C의 허용되는 값들의 중간 범위에 가까운 $C = 7$에 바탕을 둔 코일(wire) 지름이 초기 값으로 선정된다. 제약 사항들에 위배되지 않는지, 특히 스프링 하중이 요구되는 한계 내에 있는지에 대해서 점검될 것이다. 초기 설계 기준에 따라 스프링 선의 항복 강도가 임계 실패 범위를 초과하지 않아야 한다. 이렇게 해야, 타당한 설계가 구축될 것이다. 그러고 나서 스프링이 최대로 압축되었을 때의 길이나 좌굴 위험에 까지 압축되지 않는지 점검된다. 이 모든 설계 제약 사항들 내에서 스프링의 질량(비용)을 최소화하는 것이 설계 목표이다.

분석을 통한 대안 설계 생성

이 분석은 기계요소설계 교과서에 제시된 내용을 따른다. 그림 2-29는 축 방향에서 압축 하중이 작용하는 헬리컬 스프링에 생기는 응력들을 보여준다. 그림에 비틀림 전단 응력과 측면 전단 응력의 분포가 나타나 있다.

(이하 내용들은 생략한다. 자세한 내용들은 기계요소설계 과목에서 배우면 된다.)

문제 풀이 계획

(이 내용들도 기계요소설계 과목에서 배울 것이다.)

1. 첫 번째 기준: 항복 없이 최대 하중 제공
2. 두 번째 기준: 스프링의 변형, δ
3. 세 번째 기준: 압축 하중에서 좌굴(buckling)

설계 명세

압축 헬리컬 스프링을 위해 타당한 설계 명세[28]는 다음과 같다:

소재: ASTM 227 hard-drawn spring wire
Wire 지름, d: 0.500
외경, OD: OD=D+d=3.00+0.50=3.50 인치
내경, ID: ID=D−d=3.00−0.50=2.50 in.
spring ratio, C; 6
ID와 tie rod 사이의 간격 clearance: $(2.5-2.0)/2=0.25$ 인치
SF=1.2일 때 최대 항복 하중: 870 lb
코일 감는 회수, N_t: 15(squared ends 때문에 13 active 코일과 2 inactive 코일)
자유 길이, L_f: 11.45 인치

---

28) 구체화 설계 국면에서 문제 정의 단계에서 작성된 문제정의문서의 성취 명세를 충족하는 매개변수나 설계 변수 값들이 정해지면, 그 내용들을 바탕으로 설계명세서(design specifications)가 작성될 수 있다. 즉 설계 인공물은 설계명세서의 내용대로 제작된다.

최대압축 길이, L_s: 7.5 인치

최대 하중에서 압축된 길이, L_p; 8.25 인치

스프링 상수(spring ratio), k; 256 lb/in.

임계 deflection ratio 처짐율: 0.28

세장비 slenderness ratio: 3.82

다듬기

비록 우리가 쓸 만한 설계를 했다 하더라도, 그것이 문제 조건들을 충족하는 최적의 해가 아닐 수 있다.

(이하 생략)

구체화 설계가 완료되면, 해결책을 실물로 구체화하는데 필요한 모든 정보를 담는 생산 도면들이 개발된다. 도면들은 크기, 비율, 및 구멍들과 같은 기하학 특성들의 위치가 마무리될 수 있도록 축적을 적용해 그린다.

구체화 설계가 끝나면, alpha-시작품을 만들어 설계 결과를 시험한다.

2-3 시험과 평가

시험은 여러 가지 이유로 제품 개발 과정에서 해야 하지만, 크게 두 가지 일반적인 이유로 정리되는데; 첫 번째로, 제품 실패로 인해 돈을 잃을 위험을 줄이고; 두 번째로, 제품의 품질을 향상하기 위해서. 두 번째 이유는 사실은 첫 번 것에 연관되는 것이다. 산업계에서, 시험은 회사의 재정적 안정에 매우 중요하다(Karsnitz, 2009: 207).

시험은 더 넓은 기술 문제들과 초점이 뚜렷한 엔지니어링 문제들 둘 다를 설계하고 해결하는 핵심이다. 많은 제품 개발에 있어서, 해결책이 성취 명세들과 요구 조건들을 충족하는 지를 결정하기 위한 몇 가지 다른 시험들이 있다. 예를 들어, 만약 더운 날씨에 공회전 중에 엔진이 과열된다면, 자동차 시제품을 평가하는 일은, 다른 것들 중에서, 시험이 관련될 것이다. 이 시험을 위해서, 사막과 같은 조건을 모사하는 환경 챔버에 시제품[29)]을 두고 여러 시간 동안 엔진이 공회전하게 할 것이다. 엔진 온도와 다른 물리

적 매개변수들이 감시되고 기록될 것이다. 이 시험은 시제품이 생산을 위해 준비가 되었는지를 결정하기 위한 수백 가지 시험들의 중의 단지 하나일 것이다. 가속 성능, 조향과 조종, 충돌 안전성, 배출 오염, 및 심지어 페인트와 표면 처리 내구성을 포함하는 시험들이 이어질 것이다. 이것들은 완제품들이나 시스템들에 대한 시험 예들이다. 또한 개발 기간 동안에 개별 구성품들도 시험될 것이고 제품이 조립되는 때 그것들이 다시 시험될 것이다. 게다가, 구성품들에 작용하는 힘들이 과도하거나 설계가 그 힘들을 지탱하기 위해 최소한의 재료를 요구한다면 그 구성품의 원 재료도 시험되어야 할 것이다.

설계 과정 어느 시점에서, 팀이 얼마나 일을 잘 하고 있는 지가 확인되어야 한다. 그 일이 쉽지 않다. 문제가 요구하는 낱낱의 조건들을 설계가 충족하기는 쉽지 않고, 항상 주고받기(trade-offs)와 기술의 위험들과 '밀고 당기기'를 해야 한다. 게다가 팀은 한정된 시간과 쓸 수 있는 자원들 범위 내에서 일한다.

첫 번째 질문은 개념 설계 과정에서 정의된 문제들을 설계와 제품이 얼마나 잘 해결했는가에 대한 것이다: 문제가 해결되었나? 이 질문이 단순해 보이지만, 그렇지 않다.

엔지니어링 시험은 그것들이 개발되는 도중에는 개별 구성품들에 대해서, 그리고 그 구성품들이 조립되고 나서는 완제품이나 시스템에 대해서 행해 질 것이다. 예를 들어, 시합용(서로 밀고 당기는 등으로 몸싸움을 해야 하는) 로봇을 개발하자면, 구성품 시험과 시스템 시험, 둘 다를 해야 한다. 로봇 골격이 배터리, 모터, 제어기 및 공을 집어 들고 던지기 위한 것들과 같은 하부 시스템 기구들을 지탱할 정도로 충분히 강한 지가 점검되어야 한다. 시합하는 동안 견뎌내어야 할 무거운 하중들을 견뎌낼 정도로 모터가 충분히 강력한 지도 점검되어야 한다. 이를 위해 구조적 일체성(구성품이 힘들을 견뎌낼 것인가?)과 성능(원격 제어 시스템이 효과적으로 그리고 신뢰할 수 있게 기능하는가?)이 점검 되어야 한다. 이런 것들이 사실은 구체화 설계에서 고려되는, 예를 들어, 표 2-16의 설계 이슈들과 연관된다.

---

29) 시제품은 기대하는 설계의 온전하거나 거의 온전한 형식, 적합성, 및 기능을 확보하기 위해, 또 실제 관찰과 필요한 조정을 통해 설계 개념을 시험하기 위해 만드는 진짜 크기의 실용 모델이다. 시제품은 보통 비용과 시간 측면에서 매우 비싸지만, 설계를 실제 물건으로 만드는 일을 증명하기 위한 가장 경제적인 방식이다(Dieter, 2013: 370).

■ 시제품 제작

> "다이슨은 문제가 되는 부분을 해결하기 위해 시제품을 만들고 시험 작동을 해보고 마음에 들지 않으면 또 다른 시제품을 만드는 과정을 반복한다. (2016년) 출시한 수퍼소닉 헤어드라이어를 만들기 위해 5년간 600여개에 달하는 시제품을 만들었다"(조선일보, 2017-09-05, B4면).

구체화 설계가 끝나는 즈음에는, 제품 체계가 결정되고, 구성품들의 형상이 정해지며, 그 기하학의 치수와 공차도 결정되고, 품질에 영향을 미치는 중요한 여러 부품들과 조립에 관한 매개변수 설계가 완료된다. 제조지향설계, 조립지향설계, 및 환경지향설계를 고려해서 소재와 제조 공정들이 선정된다. 설계는 FMEA(Failure Modes and Effects Analysis, 실패 모드와 영향 분석)를 이용해서 혹시 발생할 실패 모드들에 대해 점검되고, 몇 몇 핵심 하부 시스템들의 신뢰성은 공급자들과 논의되며, 인간공학 전문가들이 설계를 승인한다. 여러 핵심 매개변수들을 결정하는 데 있어서 품질과 강인성 개념들을 위한 설계가 적용된다. 예비적 비용 추산에 의해 제품 개발 비용이 목표치보다 낮은 수준이 될 수 있다(Dieter, 2013: 369).

아직도 해결되지 않은 것은 무엇인가? 제품이 기대한 바대로 작동할 것인지를 설계 엔지니어들 스스로가 확인해야 한다. 그런 용도로 사용되는 것이 시제품이다.

시제품들은 제품 개발 과정의 그 시점까지 행한 설계 결정들을 검증하기 위해 시험용으로 만든 제품의 실물 모델들이다. 시제품들은 다양한 형태를 가지며 제품 개발 과정을 통틀어 다른 방식들로 이용된다(표 2-17). 시제품은, 설계의 다른 전산모사나 제품의 컴퓨터(CAD) 모델에 반대되는, 제품의 실물 모델이다. 컴퓨터 모델링에 대한 관심이 매우 높은데, 그 모델링을 하면 실물 모델이나 시제품을 만들고 시험하는 것보다 비용이 덜 들고 더 빠른 시간에 제품에 대해 통찰할 수 있기 때문이다. 또, 유한요소해석이나 일부 다른 CAE 도구들을 이용하면, 그 외의 다른 방식으로는 구해볼 수 없을, 기술 관련 답을 구할 수 있다. 시제품과 컴퓨터 모델, 둘 다가 설계 과정을 수행하는데 있어서 값진 도구들이다.

표 2-17 제품 개발 과정 여러 국면에서 이용되는 시작품

과제 성립(국면 0)	개념 설계	구체화 설계	상세 설계	제조
개념 모델→				
	개념 증명 시작품→			
		α–시작품→		
			β–시작품→	
				→생산 시작품

- 국면 0(그림 2-3): 제품 개념 모델
  새로운 제품의 실제 크기 혹은 축소 모델이 최종 제품인 것처럼 만들어진다.

- 개념 설계: 개념-증명 시제품
  이 시제품은 개념이 엔지니어링 명세들에 반응해서 고객의 수요를 충족하는 기능들을 수행하는지를 보여주기 위한 실물 모델이다.

- 구체화 설계: alpha-시제품 시험
  구체화 설계 국면의 끝에서 보통 시제품들을 시험한다. 이것들이 'alpha-시제품'인데, 부품들이 제품과 동일한 소재와 최종 설계도면들로 만들어지지만, 본격적인 생산에서 쓰일 장비들과 동일한 제조 과정들을 사용해서 만들어지지는 않는다.

구체화 설계에서는 설계를 위한 다양한 computer-aided engineering (CAE) 도구들이 자주 이용된다. 부품들의 크기를 정하기 위해서 설계자는 부품에 작용하는 복잡한 응력들을 알아내기 위해서 유한요소해석을 해야 할지도 모르고, 혹은 동력 전달축의 굵기를 정하기 위해서 피로 설계 패키지를 이용하거나, 혹은 공차 설계용 소프트웨어를 이용하기도 할 것이다.

그림 2-27 컴퓨터 점자 해독기의 모델

- 상세 설계: beta-시제품 시험

  이 국면의 시제품은 생산에서 사용될 소재와 공정들을 이용해서 실물 크기의 기능적 부분을 시험하기 위한 것이다. 그래서 이것은 공정 증명 시제품(예, 그림 2-27 (Karsnitz, 2009: 134))이다.

- 제조: 생산 대비 시제품

  이것은 현장의 생산 근로자들이 실제 생산 라인에서 생산한 처음 수천 개의 제품들이다.

제품 설계를 위해 만들어서 시험할 시제품들의 개수, 제품 개발 사이클의 비용, 및 기간 사이에는 상관관계가 있다. 시제품들은 제품을 입증하는데 도움을 주지만 그것들을 만드는데 돈과 시간이 많이 든다. 그래서 특별히 대기업들이, 실물 시제품들을 컴퓨터 모델(가상 시제품)로 대체하는 추세가 강한데, 전산모사가 더 싸고 더 빠르기 때문이다. 그렇지만, 노련한 엔지니어들은 그 추세에 반대한다. 그들은, 컴퓨터 모델링이 너무도 성급하게 멀리 앞서 나가 있지만, 주의 깊게 계획해서 실행되는 모의 서비스 시험들과 실물 크기로 제작된 시제품에 대한 극한 조건들 아래에서 시험을 지속하기를 권한다.

특히 개념 설계의 초기 단계에, 컴퓨터 모델링이 실물 모델들을 완전히 대체하지 않아야 한다. 이 단계에서는 그런 모델을 전문적으로 만들어주는 모델샵 서비스를 기대하지 말고, 팀이 직접 통상적인 재료들을 이용해서 신속하게 실물 모형을 만들어서, 설계 결정에 대해 살펴야 한다. 설계자들이 직접 수작업으로 여러 개의 단순한 시제품들을 만들어 보면 개념 생성을 이해하고 그로 인해 다양한 개념들을 개발할 수 도 있다. 그런 접근 방식을, 제품 설계 회사인 IDEO는 “just build it”이라 부르고, 다른 회사들은 design-build-test-cycle 이라고 부른다.

2-4 상세 설계

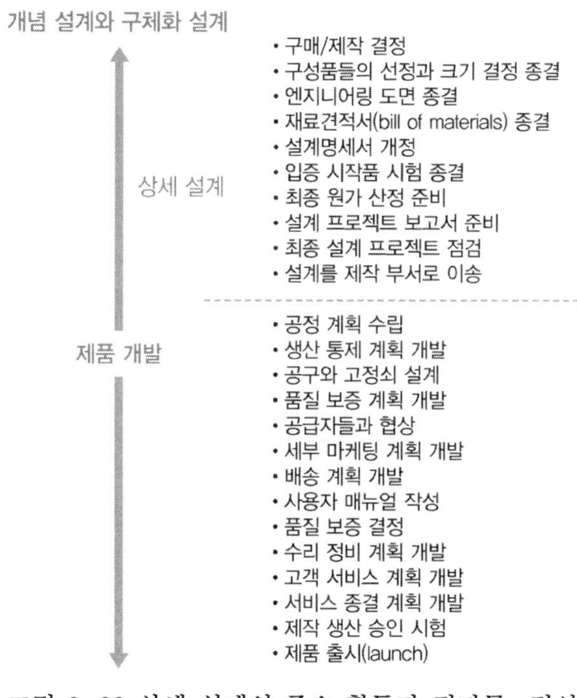

그림 2-28 상세 설계의 중요 활동과 결과물. 점선 아래 부분들은 상세 설계 국면을 지나 제품이 출하되기까지 해야 하는 활동들이다

상세 설계 국면에서는 시험을 마쳐 생산될 수 있는 제품에 대해, 엔지니어링 관점에서, 온전하게 기술된다. 배열, 형식, 제원, 공차, 표면 특성, 재료, 및 개별 부분의 제작

공정들에 필요한 정보가 부가된다. 결과적으로 특수 목적 부품들과 공급자들로부터 구매할 표준 부품들을 위한 명세가 작성된다. 그림 2-28은 상세 설계 국면에서 마무리되어야 하는 과제들을 보여준다.

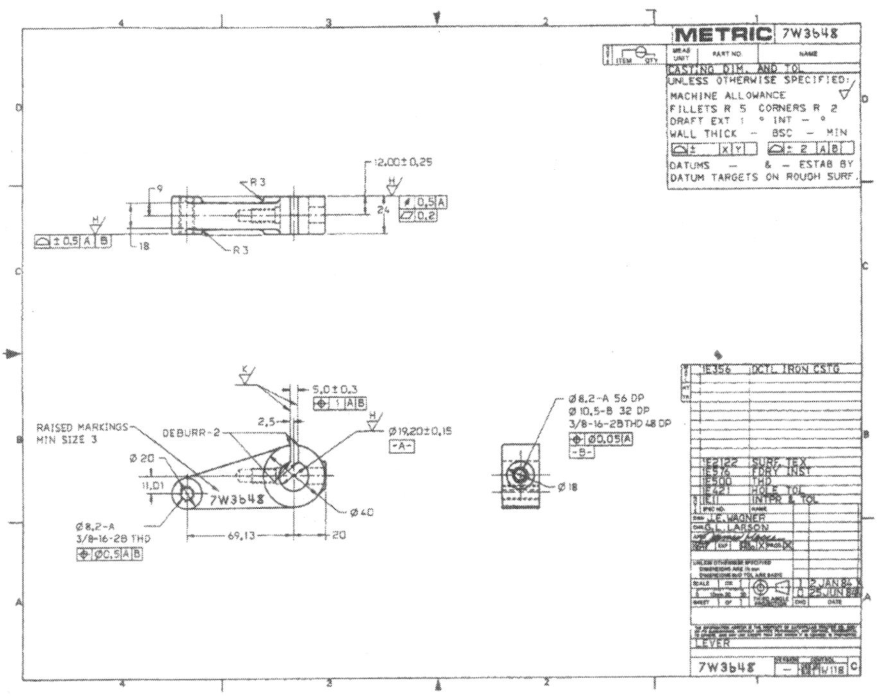

그림 2-29 lever의 상세도면

상세 설계 국면에서는 제작을 위한 상세 엔지니어링 도면(그림 2-29)(Dieter, 2013: 392)(그림 2-30) (Karsnitz, 2009: 134), 조립도면 및 조립 지시서가 완성되고, 시제품(beta-시제품)에 대한 실증이 마무리되며, 상세 제품 명세가 준비되고, 개별 부품들의 수급 방법이 결정되어, 제품의 생산 단가가 산정된다. 이 국면에서 작성되는 문서들이 제품을 위한 통제 문서[30]이다. 설계가 최종적으로 점검된 후, 설계 정보가 제작 부

30) 통제 문서는 제품 조립과 각 부품 및 제작 공정을 위한 CAD 파일 형태들이다. 그 문서에는 또한 생산과 품질 보증을 위한 상세 계획 및 계약서들과 지적 재산권 보호를 위한 많은 법적 문서들도 포함된다(Dieter, 2013: 38). 설계 관련 특허 명세서들도 중요한 의사소통 매개물이기 때문에 세심하게 관리되어야 한다. 설계에 관한 최종 문서는 제품에 대한 종합적인 기술을 포함하는 정보의 수백 또는 수천 페이지로 구성되는, 대규모의 매우 광범위한 것일 수 있다(Karsnitz, 2009: 52).

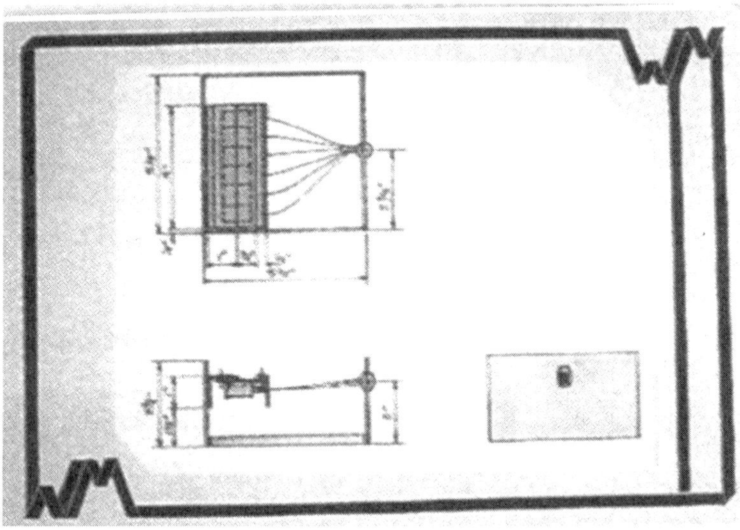

그림 2-30 구성품들의 최종 배치를 보여주는 생산 도면

서에 전달된다.

개념 설계, 구체화 설계 및 상세 설계가 끝나면 엔지니어링 도면들과 명세서들이 제작 부서로 넘어간다. 그렇지만 설계를 고객에게 전달하기 전에 해야 하는 중요한 일들이 더 있다. 제품을 시장에서 유통하기 위한 계획과 제품이 수명을 다한 뒤 그것을 친환경적으로 폐기하기 위한 상세 계획 등이 결정되어야 한다.

시험과 정교화(생산 대비 시제품 시험)는, 상세 설계가 끝난 뒤, 대량 생산을 대비한 시제품[31]을 시험하는 일에 관한 것이다. 시험의 목적은 제품이 실제로 설계된 대로 작동하고 그래서 고객의 수요가 충족되는지를 확인하고, 필요하다면, 본격 제품 생산에 앞서 설계를 변경하기 위한 것이다. 이 단계의 끝에서, 설계가 양질의 방식으로 완수되었는지 그리고 개발된 제품이 원래 의도와 일치하는지가 결정된다.

생산 단계에서는 확립된 생산 시스템에 따라 제품이 생산된다. 이 단계에서, 경우에 따라서는, 미세한 품질 개선이 수반되기도 하지만, 결국은 문제가 해결되어 수요자의 필요가 충족된 제품이 본격적으로 생산된다.

---

31) 예를 들어, 일부 자동차 부품 기업들에서는, 제품을 설계한 후 2~3 개 정도의 샘플을 만들어서 기능과 성능 요구 조건들이 충족되는지를 확인하고, 그 후, 대략, 수 100 개(혹은 수 1000 개(Dieter, 2013: 371)) 정도의 시제품을 만들어서 고객에게 보내어 본격적인 생산을 앞둔 최종 점검을 한다.

CHAPTER 03

설계 의사소통

앞장에서 본 바처럼, 공학설계는, 계획을 세워서 마음속에 자리 잡은 과제를 실행하기 위한 (혹은 이미 실행된) 글쓰기, 도식적 작업, 제품 제작 등을 포함하는 일이 관련된다(Eder, 2008: 3).

공학설계는 어떤 변환 시스템으로 묘사될 수 있다. 그림 3-1이 묘사하는 바처럼, 공학설계는 문제 관련 요구 조건들을 입력으로 받아 그 조건들을 충족하는 (언어 혹은 설계)인공물을 출력해 내는 변환 과정이다. 이 그림에서, 엔지니어링 설계 과정은, 예를 들어, 자율주행자동차이거나 전기자동차를 위한 새로운 모터를 위한, 목표 시스템일 수 있다.

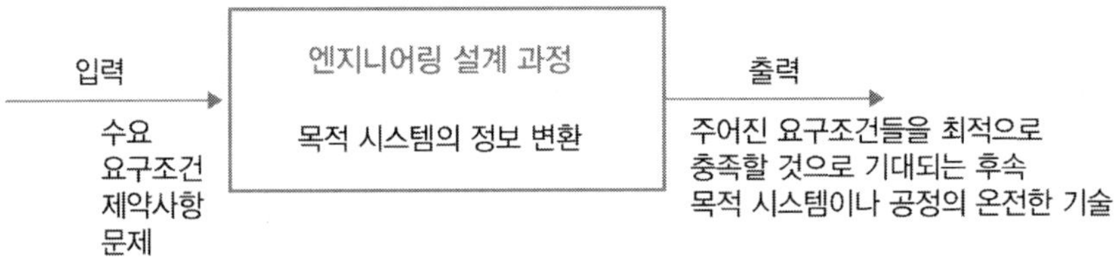

그림 3-1 엔지니어링 설계 과정의 모델(Eder, 2008: 52)

그런데 입력 자료들이, 설계의 관점에서, 명확하지 않아서, 설계에 참여하는 사람들이 그것들을 정의해야 한다. 그러기 위해서는 설계에 참여하는 사람들이 문제를 해결하는 필요에 대해 먼저 이해해야 한다. 문제도 참여자들의 공통의 이해에 바탕을 두어 정의되어야 한다. 그런 공통의 이해에 이르기 위해서는 문제 해결 참여자들의 의사소통이 원활해야 한다.

정의된 문제를 해결하는 과정에서도 참여자들 사이의 의사소통이 원활해야 한다. 어느 팀원이 문제를 해결할만한 아이디어를 제시하면, 팀원들은 그에 대해 토의하거나 스케치하거나 계산을 해 보는 등으로 그것에 대해 이해하여, 과연 그것이 적절한 것인지를 평가하고, 혹시 그것 보다 나은 아이디어가 있는지 모색할 수 있어야 한다. 그런 활동들이 의사소통이다.

그런 의사소통을 말로만 할 수 있지는 않을 것이고, 아이디어가 단순하지 않다면, 그것을 종이에 그리거나 글을 쓰기도 해야 한다. 팀원들끼리 만이 아니라 다른 사람들과도 의사소통해야 할 것이다.

그런데 문제 해결을 위한 아이디어는 일상의 대화나 신문이나 잡지를 읽는 식으로 의사소통될 수 있는 성질의 것이 아니다. 따라서 그런 아이디어를 효과적으로 의사소통하려는 사람은 여러 인자들을 고려하여 말을 하고 글을 써야 한다.

누군가가 '의자'라고 말을 하면, 그 말을 듣는 사람이 '의자'가 무엇인지 알고 있다면, 그 '의자'라는 말의 뜻을 이해할 것이다. 그러나 그 의미를 모르는 사람은 말하는 사람의 소통 주제를 알 수 없게 된다. 소통 주제가 어려운 것이라면 그에 대해 아는 사람들 사이에서만 의사소통이 가능하다.

언어활동은 설계에 통합된 부분이다. 의사소통은 설계에서 절대 필요한 부분이고, 설계는 과정의 각 단계에서 의사소통을 요구한다. 공과대학 학생들은 응용과학으로서 공학 주제들을 배우는 동안 문제를 공식화하고 풀기 위해 수학을 널리 이용하기 때문에, 수학을 공학 언어로 여긴다(Dym, 2005: 108). 그렇지만 다른 인지 활동처럼, 설계에서도 수학 외의 다른 언어, 예를 들어, 구두 발표나 글말 텍스트, 스케치나 도면과 같은 도식적 표현, 수식이나 분석 모델, 숫자 등이 이용된다.

설계 의사소통을 위해서 엔지니어들은 여러 문서를 작성한다. 프로젝트를 시행하기 위해서 설계제안서를 써야 한다. 설계가 시작되면 팀원들은 각자의 일을 조직하는데 필요한, 설계부, 회의록, 메모, e-메일, 및 과제 계획도 작성해야 한다(Yarnoff, 2010: 7). 설계 과정에서 엔지니어는 기술자나 기능공에게 실험이나 측정을 위한 작업지시서를 쓰고, 매니저나 팀장에게 진도보고서를 정기적으로 제출한다. 설계가 끝나면 설계보고서를 작성한다.

언어인공물(Bucciarelli, 2002: 228)

아이디어를 개념화하거나 설계 개념을 실물로 구체화하기 위해 이용되는 차트, 약어, 스케치, 다이어그램, 문제정의문서 등과 같은 텍스트들은 언어인공물이다. 사실 진도보고서와 같은 설계 텍스트들은, 설계 과정을 중재(仲裁)[1]하는 언어인공물이다. 언어인공물들이 설계 과정에서 사고(思考)와 물건 그리고 기능과 구조 사이를 중재한다.

그림 3-2에서, 상세 설계의 최종 결과물이 도면이라고 할 때, 구체화 설계 국면의 각 단계에서도 여러 언어인공물(예를 들어, 그림 2-21 ~ 그림 2-29와 같은 그림이나 스케치)들이 연관된다. 개념 설계 국면에서 문제정의문서와 성취명세서를 작성하기 위

1) 분쟁에 끼어들어 쌍방을 화해시킴

해 팀원들끼리 아이디어들을 주고받고 그것들을 전개하기 위해 이용되는 의안, 회의록 및 각종 스케치 등이 모두 언어인공물들이다. 표 3-1(Karsnitz, 2009: 135)은 디자인 과정의 여러 단계들에서 생성되는 언어인공물들과 그것들을 개발하는 기법을 요약한 것이다. 물론, 디자인 과제에 대해서 표에 언급된 모든 것들이 생성되지는 않지만, 다양한 언어인공물들이 디자인 과정에서 여러 목적으로 이용된다는 것을 알 수 있다.

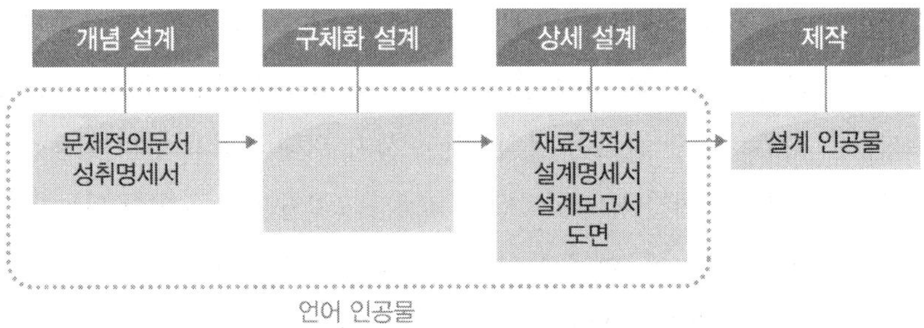

그림 3-2 설계 과정의 국면들과 그 국면들을 중개하는 언어인공물

표 3-1 디자인 과정에 생성되는 언어인공물들과 그 개발 기법

디자인 단계	고증 기법
배경 문제	문제를 설명하는 기술적 상황의 묘사. 글을 쓰고, 도면을 그리며, 주석(註釋)달기. 컴퓨터로 생성한 텍스트 혹은 단정하게 손으로 쓴 글씨
디자인 브리프와 명세	조건, 요구사항 및 명세를 갖는 실제 브리프. 컴퓨터로 생성된 텍스트나 손 글씨
연구와 조사	노트, 스케치, 편지, 인터뷰 테이프, 참고서 목록, 사진. 카탈로그 페이지들과 다른 참고 자료들의 사진 복사본 사용. 기계식 또는 전자식 원리들을 설명하는 다이어그램 포함
문제 해결 아이디어	노트, 예비 스케치, 및 주석을 붙인 개발 스케치. 2D 모델. 연필, 색연필, marker, technical pen, 그 외의 다른 매체 이용. 자료 출처와 그 내용을 충실히 기록해 두어야 해
선정된 해결책	노트, 해결책들에 대한 요구 조건들을 비교하는 행렬, 점검 목록 등. 색 연필, marker, 혹은 다른 색채 매체를 사용한 발표 도면.
해결책의 개발	진화하는 모델들의 사진: 나무, 플라스틱, cardboard/종이, foamcore, 금속, 세라믹, 주조된 물건; 컴퓨터 시뮬레이션, kits, 진흙 모형, VHS, DVD, 등. 투영도와 같은, 도면(설계도, 공작도, 제작도). 해결책의 최종 모습을 그린 칼라 그림
모델링 혹은 시작품 제작	완성품의 다양한 단계들의 사진; 필요한 조정과 변화들을 기술

시험	데이터 점검 목록, 그래프, 차트, 사진, 슬라이더, VHS, DVD. 평가(시험 결과들과 스스로-비평의 해결책 평가 기술: "press type," 및 자평) 컴퓨터로 생성된 텍스트, 단정한 손 글씨, 등. 적절한 제목 페이지. 포트폴리오가 길면, 내용 목차가 조직을 도울 것. 포트폴리오 절들은 초기 장들에서 요약된 설계 단계들과 상응.

디자이너들은 언어인공물을 이용해서 발명 활동을 한다. "디자이너들은 설계 일을 중재하기 위한, 즉 설계 과정에 관해 생각하고 그 과정 동안 충분히 끝까지 생각을 지속하기 위한 도구들로서, 대화, 문자 언어, 및 다른 기호 표상 등을 이용하는 발명 활동"을 한다(Lewis, 2000: 110). 빌딩, 소프트웨어 프로그램, 혹은 전화기를 설계하는 사람들은 설계 과정 내내 글을 쓰고, 읽으며, 혹은 대화를 한다.

그런 발명 활동을 하는 동안, 실체가 없는 아이디어나 개념을 글로 적기는 어렵다. 당장은 존재하지 않는 물건과 그 속성들을 온전하게 기술하기 위해, 설계 의도, 계획, 행동 등과 같은 설계 개념을 온전히 기술하는 일은 실물을 묘사하거나 기술하는 것 보다 어렵다(Dym, 2005: 108).

문제 해결 개념이 정립되어 구체화되는 과정에서 설계 대상 사물은 진정한 물건이 아니다. 설계 과정 동안 그런 물건은 존재하지 않는다. 존재하는 것은 다만 차트, 약어, 스케치, 다이어그램, 모델, 모형, 작년 제품군, 계약 문서에 적힌 명세들 등과 같은 언어인공물들뿐이다. 이 인공물들이 설계될 물건을 대리한다. 그 인공물들이 제품이나 과정의 일부 특징들로 조회되지만 그것들을 언급하고 조작하는 것이 무슨 의미로 받아들여지는 지는 의사소통 맥락과 참여자가 누군가에 따라 아주 다를 수 있다(Bucciarelli, 2002: 229).

개념이 실물로 변환되는 구체화 설계에서는 실물의 체계(體系)가 정해지고, 그 체계에 따라 구성품들이 배치되며, 그것들의 형상(刑象)[2]이 결정되고, 그것들의 상대 위치, 접촉면 관계 및 조립 방식 등이 정해지며, 마지막으로 그것들의 재료, 치수 등이 정해진다. 그런 변환 과정에서도 언어인공물은 필수적인 설계 중개물이다.

구체화 설계가 끝나면, 제품화를 위한 생산을 대비한 시험과 평가를 위해, 실물의 시작품을 만들 준비가 되어야 한다. 상세 설계를 위한 도면에는 그 시작품을 만드는데 필요한 치수, 과정 및 재료들이 상세히 명시된다(Karsnitz, 2009: 47). "좁은 의미에

2) '마음과 감각에 의하여 떠오르는 대상의 모습을 떠올리거나 표현함. 또는 그런 형태'

서 도면은 의사소통을 위한 언어이다. 하지만, 일반적 의미에서 언어는 의사소통을 위해서만 유용하지는 않고, 그런 언어는 우리의 사고에 고유한 역할을 한다. …. 도면은 이런 본성을 가져서 도면을 그릴 수 있는 사람은 그렇지 못한 사람들이 할 수 없는 많은 것들과 문제들에 대해 생각할 수 있고 대처할 수 있다"(Bucciarelli, 2002: 224).

공학 설계는 보통 팀이 한다. 팀은 배경이 다른 여러 부류의 사람들로 구성된다. 과학자, 엔지니어, 매니저, 기술자, 기능공들이 함께 일하는 때, 설계 엔지니어들은 글말과 입말로 여러 일에 대해 그들과 의사소통할 수 있어야 한다. 설계 엔지니어들은 또 외부 전문가, 의뢰인, 및 고객들과도 의사소통해야 한다. 이런 의사소통 수요에 있어서, 모호성과 협상의 역할은, 설계에 근원적인 것들로서, 설계 활동을 이해하고 구조를 갖추기 위한 조건과 기구를 구성한다. 따라서 팀 활동에 대한 지원 초점을 의사소통 시스템에 두어야 하고, "설계 교육은 설계자들이 그룹 상황에서 기능을 잘 하도록 가르치는데 집중해야 한다"(Dym, 2005: 107).

책임과 그에 따른 전문적 관심 사항이 다른 참여자들은 설계 과정에서 글말 의사소통을 위해 생산되는 언어인공물들로 인해 협상을 할 수 있다. 만약 참여자들이, 언어인공물들을 이용하지 않고서, 개별 전공 분야에서 통용되는 언어에만 의존한다면, 설계팀의 사고 교환이나 개념 개발은 어려워질 수밖에 없다. 이 인공물들은, 경계 사물[3]들로서, 전체와 그 내부의 구성 요소들 사이의 접촉면들을 조사하고 탐구하는데 필요한 환경을 제공해서, 배경이 다른 참여자들에 의해서 디자인 과정이 전개되는 때 어려운 전문적 특징들이나 기능을 예증하는데 유용하다(Bucciarelli, 2002: 231).

설계 과제와 연관된 글을 쓰고 문서를 작성하는 데 시간이 많은 든다. 설계는, 그림 3-3 (Paradis, 2002: 33)에서 보는 바처럼, 많은 이해 당사자들이 관련되는 복잡한 과정이다. 그 과정에서 문서는 필자 주변뿐 아니라 갖가지 상황에서 다른 방식으로 정보를 이용하는 사람들에게로 이송된다. 설계 과정에 입력을 제공하거나 의사결정에 참여하는 많은 그룹들이 있다. 의사결정을 하려면 설계 과정에서 그 이전에 한 일을 점검해야 한다. 복잡한 프로젝트를 맡고 있는 설계 팀원들은 설계의 새로운 국면으로 나아가기 위해서 그 전 국면에서 한 일에 관해 기억해야 한다. 설계 과정의 여러 단계들에서

3) Wikipedia에 의하면, 사회학에서 경계 사물은, 다른 공동체에서 다른 방식들로 이용되는, 시편, 현장 조사 노트, 및 지도와 같은 정보이다. 경계 사물들은 성형적이어서 공동체 마다 다르게 해석되지만, 변치 않는 내용을 충분히 가지고 있어서 완전을 유지한다.

자료와 정보를 찾아보기 쉽게 그것들을 올바르게 수집하고 관리하는 일은 매우 중요하다(Dieter, 2013: 395).

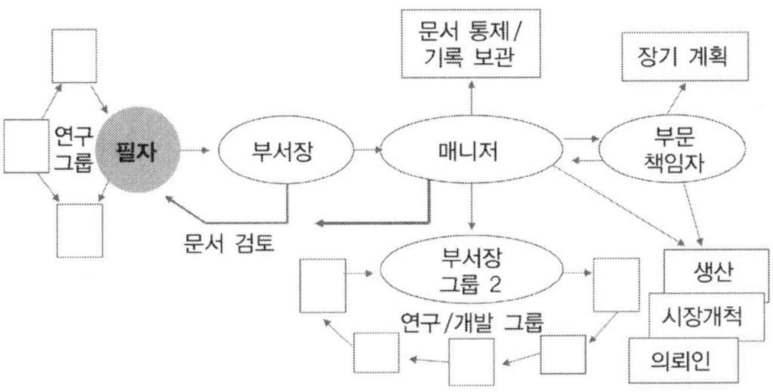

그림 3-3 연구와 개발 일을 하는 필자의 수사적 세계

수집해서 간결하게 기록해 둔 자료와 정보들은 모든 설계 엔지니어들이 효과적인 기술 문서들을 작성하는데 필수적이다. 적어 둔 것들은 필자가 한 일이 오래도록 기록으로 남게 한다. 그렇게 해서 남겨진 것의 품질은 필자의 기량과 그가 한 일의 품질에 대해 오래 지속되는 인상을 남긴다.

설계 엔지니어들은, 그들의 일상적인 일과의 부분으로서, 비공식적이고 그리고 공식적인 문서들을 준비한다. 비공식 문서는 e-메일 메시지, 간략한 메모들과 설계부에 기록하는 일일 업무 내용 등이다. 공식 문서에는 보통 편지, 공식적 기술 보고서들(예, 진도보고서, 실험보고서, 과정 기술, 기술 논문) 및 제안서들이 포함된다. 이런 문서 작성에 대해서는 4 장에서 공부한다.

설계 과제를 하는 동안 여러 형태의 대화—상대적으로 비공식적인 그룹 문제-해결 회의, 의뢰인과 스폰서들에게 하는 브리핑이나 질문-답 회의, 전문가 회의에서 공식 발표—를 한다. 이 경우에, 비록 최신 원격 의사소통 기술이 발달해 있다고 해도, 발표자는 청중들과 같은 방에 있게 된다(Paradis, 2002: 238).

구두 발표를 엔지니어들도 두려워한다. 그렇다. 발표는, 이해하기가 불가능하지 않다 하더라도, 어려울 수 있다. 스크린에 비춰지는 내용을 짧은 시간에 읽어 내기가 쉽지 않다. 10 분간으로 맞춰진 발표 시간이 다른 연사나 청중의 소란으로 인해, 15 내지 20 분으로 늘어지기도 한다. 대놓고 지루하고, 모호하며, 무감각해지기를 원치는 않지만, 불행히도, 많은 발표자들이 그렇게 한다.

발표자의 머릿속으로부터 청중의 머릿속으로 지식을 직접적으로 이송할 수는 없다. 청중에게 전달할 기술 정보를 준비하고 발표하려면 많은 인자들이 고려되어야 한다. 부실한 발표들을 눈과 귀로 보고 들은 바 경험으로부터 우리는 말과 숫자들을 빈틈없이 구비해 두는 것만으로 깔끔한 발표를 할 수는 없다는 것을 안다.

발표 스타일이 흠 잡을 데가 없다거나 발표 슬라이더가 청중의 눈을 사로잡는 것만으로도 충분하지 않다. 빈틈없이 구축된 내용이 성공하는 발표의 핵심 인자이다. 발표자는 강력하고 흥미로운 아이디어로 청중의 청취와 학습 스타일에 맞도록 발표해야 한다.

이해력이 부족한 발표자와의 대화에서는 배울게 없다. 그렇지만, 의사소통 기술이 서투르기는 하지만 이해력 있고 심지어 영감을 주는 발표자들도 있다. 청중들은 대화나 발표에서 아이디어들과 기법들을 배워서 그것들을 자신들이 하는 일에 응용할 수 있기를 바란다. 유익한 정보가 전달될 수만 있다면, 청중은 발표 스타일이 조금 서투른 것을 문제 삼지 않는다. 발표에 대해서는 5 장에서 공부한다.

3-1 기술 의사소통

기술 의사소통(technical communication)은 입말과 글말[4] 의사소통 둘 다를 말한다. 여기서 technical[5]은 technique 또는 technic과 관련된 것으로서[6] '기술적, (과학) 기술의, 전문의; 특수한'을 뜻한다. 또, technical은, 무지하거나 불완전한 것에 반대되는 의미로, 전문성을 가진 문제나 제재에 대해 지식을 가지고 있다는 것을 의미한다(Winsor, 1996: 94). 기술 의사소통은 비즈니스와 산업에 관한 또는 그를 위한 글말이나 입말 의사소통으로서, 정보를 찾고 이용하며 의미를 공유하는 과정이다(Markel, 2012: 6). 기술 의사소통은 제품과 (하드웨어적인 것에 한정되지 않는)서비스를 어떻게 제조하고, 판로를 개척하고, 관리하고, 배송하며, 이용할 것인지에 관해 초점을 맞추

4) technical written communication이라고 부르기도 한다(Sorby, 2006: 79).

5) technical communication. 여기서 technical은, technological과 달리, '전문적인'의 의미이다. 그래서 technical communication은 "process of managing technical information in ways that allow people to take actions"이라고도 할 수 있다(Johnson-Sheehan, 2010: 5).

6) technical은, technology와 관련된 technological의 뜻 '공업[과학] 기술, 공예[학], 응용과학'과는 다른 것을 의미한다.

며, 주로 부서장, 동료, 부하 직원, 판매자, 및 고객들을 위한 업무 환경에서 구성된다(Gerson, 2014: 4).

기술 글말 의사소통은 글을 써서 하는 기술 의사소통, 즉 technical writing에 의한 의사소통을 말한다. Writing이라는 영어 단어는 '쓰기'를 뜻하기도 하지만, '쓴 것; 문서; 서류'를 뜻하기도 하므로, technical writing은 '기술글' 또는 '기술문(技術文)'이라고 부를 수 도 있겠고 '기술문 쓰기' 또는 '기술문 작성'이라고 할 수도 있겠다.

기술 입말 의사소통은 말로 하는 기술 의사소통, 즉 프레젠테이션, 발표를 말한다.

이렇게 보면, 설계 의사소통은 기술 의사소통이다. 설계 과정의 여러 국면동안 설계팀이 문제 해결 아이디어와 지식을 생산하는 과정과 문제 해결 이해 당사자들과 의사소통하는 동안에 이용되는, 설계부, 의안, 회의록, 문제정의문서, 진도보고서, 설계보고서, 중간 및 설계 발표와 같은 언어인공물들은 모두 기술 의사소통의 중재물들이다.

기술(technical)보고서는, 기술 의사소통을 위한, 전문 주제에 대한 보고서 모두를 일컫는 것으로, 설계 의사소통을 위한 진도보고서와 설계보고서를 포함하는, 짧은, 비공식 보고서와 긴, 공식 보고서일 수 있다. 그래서 그것은 공학글쓰기의 핵심 성분이기도 하고, 실험보고서, 분석보고서, 또는 다른 엔지니어링 보고서들을 포함하기도 한다. 이 보고서는, 설계, 분석, 혹은 다른 엔지니어링 연구가 어떻게 성취되는지에 관한 많은 자세한 것들뿐만 아니라, 그것들의 전반적 개관을 준다(Sorby, 2006: 90).

기술보고서들은 보통, 제안서나 진도보고서들과 같이, 3-부분 구조를 갖는다: 앞부분, 몸통, 뒷부분. 이 3 가지 범주 내에서, 각종 보고서들은 요소들의 선정과 특정 요소에 대한 강조의 정도가 저마다 다르다. 학생들이 쓰는 실험실보고서가 실험이 수행된 방식을 강조할 지라도, 직업 전문 연구보고서는 장래 일을 위한 분석과 실현에 집중할 것이다. 경영 보고서는 방법론보다는 행동을 위한 결론과 추천을 더 강조할 것이다. 환경영향보고서는, 환경에 미치는 영향들뿐만 아니라 제안된 행동에 대한 대안들에 집중하여서, 국가 환경보호기관에 의해 엄격히 설정된 지침을 따를 것이다(Paradis, 2001: 196).

기술보고서는 분명하고 간결한 스타일로 써야 한다. 일반적으로, 피동문이 능동문보다 더 낫고, 1인칭을 쓰지 말아야 한다. 그렇지만, 일부 경우에, 능동문과 1인칭, 둘 다를 쓸 수 있다. 특히, 만약 주제에 관한 전문 지식이 없는 개인들이 보고서를 읽을 것이라면, 필자는 독자에 대해 알아야 한다. 기술보고서는 전형적으로 여러 절들로 구분된다.

기술보고서 구성 요소들과 그 기능에 대해서는 4-4 절 보고서를 참고한다.

3-2 문제정의문서

제품 개발 과정의 공학설계에서 개념 설계의 결과는 문제정의문서(부록 1, '프로젝트 정의')로 작성된다. 상세 설계가 마무리되면 제품설계명세서가 작성될 수 있고, 그것은 제품의 설계와 제조를 위한 기본 통제와 참고 문서이다. 제품설계명세서는 제품 개발의 산출물과 관련되는 모든 사실들을 담아 두는 문서이다. 그것은 설계 방향이 특정한 개념을 향하지 않도록 해야 하고 산출물을 예측하지지 않도록 해야 하며, 그러면서도 그것은 또한 현실 제약 사항들을 담고 있어야 한다(Dieter, 2013: 111).

문제정의문서를 생성하는 것은 고객 수요와 그들이 원하는 것들을 파악하고, 그것들의 우선순위를 정하여, 그것들을 전문 분야의 특성을 반영한 틀에 맞추어 조직하는 일로서, 그렇게 해야 설계 개념들이 확립될 수 있다. 팀 기반의 창의적 사고 및 수렴적 사고와 우선순위 정하기 과정은 성취 명세들을 작성하는데 요긴한 입력 자료의 공급원이다. 그러나 문제정의문서와 성취 명세들은 설계 과정이 나아감에 따라 그 내용이 달라진다. 그럼에도 불구하고, 상세 설계를 마친 후에 작성되는 제품설계명세서는, 제작되어 시장에 출하될, 제품에 대한 글말 기술이 된다.

문제정의문서 혹은 PDS에 포함되는 전형적인 목록 요소들은 부록 1 (프로젝트 정의)에 열거되어 있다. 요소들은 범주별로 그룹이 되고, 일부 범주들에 대해서는 설계 팀이 답을 해야 하며, 다른 질문들에 대한 답은 팀의 의사결정들로 대체되어야 한다. 모든 제품이 그 목록에 있는 낱낱의 항목들에 대해 고려되어야 하는 것은 아니지만, 많은 제품들이 그리 할 것이다. 목록은 제품 설계의 복잡성을 예증한다.

3-3 진도보고서

진도보고서는 진행 중인 프로젝트에 대해 설명하는, 설계 관련, 짧은, 비공식 보고서의 전형이다. 진도보고는 제안서(프로젝트가 수행되는 논의)와 최종보고서(마무리된 프로젝트의 종합 기록) 혹은 추천보고서(더 이상의 행동을 취할 논의) 사이의 중간 시점에 하는 의사소통이다(Markel, 2012: 472).

프로젝트가 얼마나 잘 진행되고 있는 지와 관계없이, 진도보고서에는 무슨 일이 발생했으며, 그것이 전체 프로젝트에 어떻게 영향을 미칠 것인 지가 분명하게 그리고 충분히 설명되어야 한다. 프로젝트의 현재 상황 (핵심 설계 결정들 포함하여), 연구와 시험에서 발견한 중요한 사항들, 및 다음 단계들이 간결하게 요약된다. 좋은 소식이거나, 나쁜 것이거나, 상관없이, 필자는, 일정 기간 동안 한 활동을 분명하고 온전하게 설명하고, 프로젝트의 다음 단계를 예보해야 한다.

일이 잘못 되고 있을 때, 필자는 문제를 덮어 두었다가 다음 진도를 보고하기 전에 그것들을 해결할 수 있을 것으로 희망하는 유혹에 빠질 수 있다. 이런 행동은 어리석고 비윤리적인 것이다. 문제가 더 나빠질 위험성이 있고, 그렇게 되면, 나중에, 왜 그 문제가 독자들에게 더 일찍 알려지지 않았는지를 필자가 해명해야 하는 곤경에 처할 수 있다.

진도보고서의 말투는, 방어적이어서도 안 되고, 격식을 갖추지 않아도 안 되며, 객관적이어야 한다. 어리석거나 나태해서 생긴 문제가 아니라면, 필자가 문책되지 않아야 한다. 신속하게 읽을 수 있도록, 보고서의 본론은 간결해야 한다. 단락을 짧게 쓰고, 머리제목, 부머리제목, 및 방점 등을 이용해서 보고서를 읽기 쉽게 만들어라. 간결함과 분명성을 위해 개정, 편집 및 교정해야 한다(Yarnoff, 2010: 207).

진도보고서는 진행 중인 프로젝트의 감독자(예를 들어, 기초설계 과목 지도교수)에게 보고될 내부용이거나 프로젝트의 스폰서(설계 의뢰인들과 같은, 프로젝트를 위해 돈을 대는 사람)에게 보고될 외부용일 수 있다.

진도보고서는 다음 이유들로 인해 공학설계에서 중요하다:

- 지도교수와 팀 회의를 준비하는데 도움
- 지도교수가 여러분의 프로젝트가 어떻게 진행되고 있는지 알게 하고, 잘못 된 문제를 고치게 하고, 문제 해결에 도움을 줄 수 있게 해

- 팀이 연구를 종합하고 그 외의 할 일이 무엇인지를 알 수 있는 기회를 제공
- 팀 설계부에 설계 진도를 기록

진도보고서의 개요를 짜는 때, 다음 사항들을 참고한다:

- 지난 기간의 핵심 결정들과 알아낸 것들에 대해 간략하게 요약하고 시작한다. 또한, 프로젝트, 보고서의 목적, 및 보고 대상 기간을 진술한다. "우리는 사용자 탐문조사를 해서 많은 것을 배웠다. 우리는 또한 프로젝트를 진행을 위해 몇 가지 중요한 결정들을 했다."와 같은, 모든 프로젝트에 적용되는 두루뭉술한 문장들은 피한다. 대신, "우리가 이용자 탐문조사를 해보니 부모들의 대다수는 dry-to-wet wipe 용기가 유용하다는 사실을 곧 알게 될 것임이 드러났다. 우리는 또한 dry wipes 위에 로션을 분비하도록 개조된 볼 밸브를 사용하기로 했고, 이 시스템의 개념 증명용 모델을 만들었다."로 써라. 독자들은, 모호한 일반성이 아닌, 구체적인 의사결정 내용과 팀이 알아낸 것들을 알고 싶어 한다.
- 서론 다음에 곧 바로, 프로젝트의 현황을 설명한다. 설계 문제와 해결책에 관해 팀이 결정한 내용들을 설명한다. 보고 대상이 되는 의사결정의 종류들은 프로젝트가 어디 쯤 진행되고 있는 가에 따라 달라진다. 첫 진도보고서에서 핵심이 되는 결정 내용은 임무 진술문과 설계 과제를 정의하는 문제정의문서와 같은 것들이 되어야 한다. 팀은 또한 비용이나 적용 가능한 기술과 같은 인자들에 바탕을 두어, 고려할 수 있는 해결책의 종류들을 제한하기 위해 예비 결정들을 했을 것이다. 나중 진도보고서들에 포함될 핵심 내용은 대안/시험 혹은 최종 설계 개념에 대한 것들일 것이다.
- 연구와 시험으로부터 발견한 중요한 것들로 결정 사항들을 뒷받침한다. 독자들이 쉽게 의사결정들과 뒷받침 정보 사이의 연관성을 알 수 있도록 보고서를 구성한다.
  - 만약 정보가 외부 원천들—책, 연구 문건, 및 웹 사이트들—로부터 온 것이라면, 그것들을 참고문헌 페이지에 인용해서 밝힌다.
  - 만약 정보가 인터뷰와 시험에서 온 것들이라면, 이름, 일자, 및 장소들을 밝힌다.

– 시험으로부터 얻은 원천 데이터는 부록에 넣는다.

- 앞으로 몇 주 동안 할 연구나 시험에 대한 토의로 보고서의 본론을 마무리한다. 팀은 지도교수의 도움이 필요한 내용을 적어도 된다. 결론에서는 팀이 언제, 어디서, 무엇을, 왜, 어떻게 목표들을 성취할 것인지에 대한 세부 사항들을 적는다. 독자들은 팀이 설계 과정에 대해 얼마나 상세히 잘 이해하고 있는지를 알고 싶어 한다.
- 참고문헌에 인용 자료들을 제시한다. 팀은 모든 책, 연구 문건, 및 웹 사이트들과 인터뷰들도 나열해야 한다. 원천들에 대해 인용하는 방법은 4-3 절을 참고한다.
- 하나 이상의 부록에 보충 자료들을 포함한다. 보고서의 부록 쓰기에 대해서는 4-5 절을 참고한다.

비록 팀원 한 명이 보고서 초안을 쓰는 책임을 맡을 지라도, 진도보고서는 팀이 작성해야 한다. 그래서 모든 팀원이 보고서 작성에, 특히 부록들을 작성하는데, 기여해야 한다. 책임 필자는 다른 팀원들이 초벌을 검토해서 제출 기한 전에 고쳐 쓸 내용들을 제안할 수 있게 해야 한다.

다음은 짧은 진도보고서의 예이다. 부록 3에 긴, 공식적인 진도보고서의 예가 있다.

한손 엔지니어링 Hanson

2008년 3월 14일
수신 : 홍길동, set 과장
발신 : 김이두, lota 팀장
subject : 진도보고, 3월 14일

이번 달에, 우리는 전통적인 방법들보다 에너지를 적게 쓰는 새로운 담수화 방법의 개발을 시작하고 의미 있는 진척을 이루었다.
우리는 올해 초에 당신과 논의했던 태양열을 이용하는 담수화 방법을 시험하는 일에 집중해왔다. 우리는 태양 집열판들을 이용해서 태양에 의한 물의 자연스러운 담수화를 복제하기 위해 노력하고 있다. 그림 A[7]와 같은 시스템에서, 광전 태양 집열판들로부터 생긴 전기는 물을 증발시켜 챔버 안에 "구름"을 생성하는데, 이것은 태양이 바닷물로부터 구름을 만드는 것과 비슷한 방식이다. 소금 침전물들은 역삼투로 제거되고 맑은 물은 증기로 제거된다.

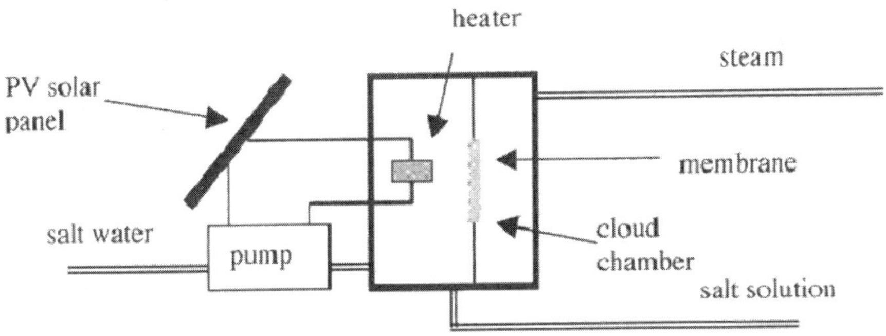

그림 A 담수화기 개략

우리는 작은 규모로는 이미 성공을 거두었다. 우리가 개발한 태양열식 담수화기는 1 시간에 맑은 물을 평균 2.3 갤런을 생산할 수 있다. 지금 우리는 효율을 증대하기 위해서 시스템 개선에 매진하고 있으며, 담수화기가 곧 1 시간에 5 갤런의 맑은 물을 생산할 수 있기를 기대한다.

우리는 시간당 3천 갤런의 맑은 물을 생산할 수 있게 될 대규모 태양열 담수화 플랜트를 위한 계획을 수립하려고 한다. 우리는 4월 17일 회의에서 우리 아이디어들에 관해 당신과 논의할 것이다.

이달에 우리는 공급과 설비비용으로 8,921달러를 썼다. 일이 잘되어가는 것 같다. 만약 질문이 있으면 나에게 E-메일을 보내기 바란다.

7) 문서에 그림이 하나 밖에 없다면 굳이 그림 번호를 쓰지 않아도 된다. 둘 이상이면 그것들을 구별하기 위해서 번호를 붙여야 한다.

3-4 설계보고서

설계보고서는 긴, 공식 보고서(4-4.2 절 참고)의 전형이다. 설계의 목적은 고객이나 의뢰인의 필요를 충족하는 것이다. 그래서 마무리된 설계는 적절히 의사소통되어야 한다. 의사소통은 보통 스폰서에게 하는 구두 발표와 설계보고서 제출이다. 설계가 마무리되면 상세한 엔지니어링 도면, 컴퓨터 프로그램, 3-D 컴퓨터 모델, 및 작동하는 모형들이 의뢰인에게 제출될 것이다(Dieter, 2013: 13).

설계보고서는 보통 프로젝트를 마무리하는 시점에 과업들을 기술하고 설계를 상세히 논의하기 위해서 쓴다. 이 보고서는 제품 재설계 프로젝트에 참여하게 될 후속 설계팀에게 설계 노하우를 넘겨주는데 요긴한 문서이다. 또한, 설계보고서는 만약 제품이 제조자 책임 규명 혹은 특허 분쟁에 연관된다면 더욱 중요한 문서가 된다.

설계보고서를 쓰는 목표는 제안된 설계가 이해 당사자들에게 필요한 것들을 충족하는 방식으로 문제를 해결한다는 것을 의뢰인(그리고 의뢰인 조직에 있는 다른 사람들)에게 설득하는 것이다(Yarnoff, 2010: 215). 설계보고서에는 의뢰인이 프로젝트를 계속하는데 필요한 그 아무 정보라도, 특히 설계 개념의 한계에 대한 논의가 포함된다.

많은 글쓰기 상황에서 필자들이 따라야 하는 스타일과 보고서 작성 지침들이 제공된다. 기초설계 과목에서 팀이 작성하는 설계보고서는 다음 요소들을 포함한다.

1. 표지와 제본
2. 제목 쪽
3. 겉 부분: 내용 목차, 그림 목차, 표 목차
4. 실무 요약
5. 본론(보고의 텍스트, 중요 절들로 분할)
6. 참고문헌
7. 부록

설계보고서의 다양한 절들의 머리제목들은 앞 머리제목에 이어지거나, 앞 단락과 구별되게 드러나야 한다. 많은 경우에, 머리제목들은 보고서 본문의 것들보다 약간 더 큰 폰트나 다른 스타일로 쓴다. 굵은 글씨체나 이탤릭체를 써서 머리제목들이 두드러지게 보이게 해도 된다. 보고서의 일부 절에는 하부 절들이 있을 수 있다. 보통, 하부 절 머리제목의 폰트와 크기(굵은 글씨체나 이탤릭체)는 주 머리제목들의 것과는 약간 다르게 해야 그 둘이 구별된다. 분명히 하기 위해서 개별 주 머리제목에 번호를 붙이지만, 그렇게 하지 않아도 될 때도 많다(Sorby, 2006: 92).

설계보고서에서 단락의 첫 줄은 들여쓰기를 해야 하는데 그래야 독자들이 토픽이나 아이디어들을 쉽게 알아볼 수 있다. 단락들의 첫 줄을 들여 쓰지 않는 대신 이어지는 단락 사이에 한 줄을 비울 수 도 있다.

설계보고서의 길이는 프로젝트에 따라 매우 다양할 것이다. 일반적으로 10 ~ 20 쪽 정도가 된다. 설계보고서는, 분량보다는, 아이디어와 표현의 분명성에 의해 평가될 것이다. 기술문 쓰기에서 항상 그러한 바처럼, 분명하고, 간결한 언어를 써야 하고, 좌우지간 말이 많으면 안 된다.

설계보고서 쓰기에 참고할 내용은 부록 4에 제시되어 있다.

3-5 설계 발표

설계 발표[8]의 목적은 설계팀이 한 일의 결과를 제시하는 것이지만, CAD(computer-aided design)에 큰 투자를 할 것인지에 대해 질문하는 고위 경영진에게 CAD에 대한 새로운 아이디어들을 제시하는 것일 지도 모른다.

유능한 설계자들은 뛰어난 발표자들이어야 한다. 그들은 문제를 확인하고, 설명하며, 해결책들을 제안하고, 특별한 조치를 취하도록 다른 사람들을 설득하며, 의사결정의 이유들을 밝힌다.

아무 유형의 의사소통을 계획하는 때처럼, 먼저 팀이 성취하기를 바라는 것(목적), 누구와 의사소통하는지, 그리고 그것이 팀의 발표 내용과 말투에 의미하는 바가 무엇인지가 고려되어야 한다. 기초설계에서 최종 발표의 주된 목적은 팀이 설계를 설명하고, 의뢰인에게 그 설계가 우수한 문제 해결책임을 설득하는 것이다. 최종 발표에서, 청중은 4 가지 다른 그룹들로 구성될 것이다.

---

8) 기술 의사소통을 위한 발표에 대해서는 5 장을 참고한다.

1. 의뢰인—혹은 의뢰인 기관에서 온 다른 사람들—은 설계가 문제를 어떻게 푸는지를 알기를 원한다.
2. 과목 담당 교수는 발표가 분명하고, 설득력 있으며, 전문가다운 지에 대해 평가할 것이다.
3. 수강 동료들은 발표 팀의 최종 설계를 알고 싶어 한다.
4. 다른 과제를 맡은 사람들이나 방문자들은 프로젝트에 대해 아무것도 모르지만, 분명하고 흥미 있는 발표를 듣고 싶을 것이다.

설계를 분명하게 그리고 설득력 있게 다양한 청중에게 발표하기 위해, 팀워크가 탄탄해야 한다. 정해진 시간 동안, 팀이 한 설계와 그 장점들을 발표하고 나서, 팀은 청중으로부터 질문을 받는다.

최종 발표 내용의 일반적 순서는 다음과 같다: (1) 서론, (2) 주제, (3) 문제의 설명, (4) 해결책 개관, (5) 특징, (6) 요약, (7) 추천, (8) 결론 및 (9) 질문과 답. 서론에서 문제가 설명되고 그러고 나서 주제로 나아간다. 발표 내용이 이 개요에 어울리지 않는다면, 그것을 구성하는 다른 방법들에 관해 담당 교수와 상의한다.

설계팀은, 설계가 문제를 해결한다는 것을 의뢰인에게 설득하기 위해서, 주장을 뒷받침하는 증거와 추론들을 제시해야 한다. 그 증거는 전문가들의 권위, 시험 결과, 혹은 팀의 분석에 근거를 둔다.

대부분 설계팀들은 파워포인트 슬라이더와 디지털 빔 프로젝터를 이용한다. 좋은 슬라이더들은 설계를 설명하고, 연구 결과를 요약하며, 장점들을 드러내 보이고, 증거를 제시하는데 도움을 준다. 그것들은 또 청중들이 팀의 메시지를 시각화하고, 설명을 잘 따라 갈 수 있게 하며, 요점들을 기억하는데 도움을 준다. 그렇지만, 엉성한 슬라이더들은 청중이 발표를 외면하게 한다. 그러므로 슬라이더들을 대충대충 만들어서 발표하는 짓은 하지 않는다! 청중을 마음에 두고 슬라이더를 만들고 발표 준비를 해야 한다.

성공적인 발표는 단순히 좋은 슬라이더를 만드는 이상의 일이다. 발표자는 분명히 그리고 전문가답게 말하고, 팀이 만든 시작품을 효과적으로 이용할 수 있게 리허설을 해야 한다. 그렇게 하는데 도움이 되는 몇 가지 충고할 사항이 있다.

성공적으로 발표하기 위해서는 다음 사항들을 지켜야 한다.

- 분명하게 말하기
- 청중과 눈 맞추기
- 노트보고 읽지 않기
- 슬라이더를 보며 큰 소리로 읽지 않기
- 논제 벗어나지 않기
- 청중 한 사람 한 사람의 시야를 가리지 않게 서기
- 간결한 언어 사용
- 허사(둔사) 사용하지 않기
- 질문 내용을 확인하고 그것에 직설적으로 답하기

시작품은, 대부분의 경우에, 팀이 한 설계와 동일하지 않다. 시작품은 설계의 핵심 특징들과 기능들을 예증할 뿐이다. 청중이 이 점에 대해서 혼동하지 않게 해야 한다. 따라서 팀의 최종 설계 명세에 상응하는 시작품의 특징들과 그렇지 않은 것들이 명확히 구별되어야 한다. 예를 들어, 시작품이 나무로 만들어졌지만, 최종 제품은 알루미늄으로 제작되어야 한다면, 그 배경이 설명되어야 한다.

이런 주의에도 불구하고, 시작품은 팀이 문제를 해결했다는 것을 의뢰인에게 설득하고 설계를 예증하는 가장 강력한 도구이다. 그래서 다음 지침들을 이용해서 시작품을 전시하고 그것에 의한 예증 내용이 발표에 포함되어야 한다.

- 시작품을 보여줄 시점 결정
- 시작품을 잘 보이는 곳에 전시
- 슬라이더를 이용해서 시작품의 특징을 보충
- 시작품의 기능성을 분명히 설명

팀원 모두는 최종 발표에서 눈에 띄는 능동적인 역할을 해야 하고 직업 전문가답게 말과 행동을 해야 한다. 전문가답게 팀 발표를 하려면 팀원 각자가 효과적인 역할을 하는 이상을 해야 한다. 전문가답게 발표하려면 다음을 참고한다.

- 직업 전문가다운 옷차림
- 팀원들 소개
- 의뢰인 소개와 감사 인사
- 개별 팀원에게 역할 배정
- 팀원들끼리 가벼운 인사
- 발표하는 동안 서서 주의를 집중
- 의뢰인에게 시작품 전달

팀 리허설은 팀원 각자가 더욱 자신 있고 여유 있게 되는데 도움을 주기 때문에 팀의 최종 발표의 품질에 크게 영향을 미친다. 그것은 또한 팀이 발표 내용, 구성, 및 실행에 변화를 줄 기회가 된다. 리허설 발표자는 자신의 아이디어들을 큰 소리로 말하기 시작하자마자, 자신이 말 하는 것과 심지어 팀이 한 설계에 관해 무엇을 강조할 것인지에 대해 새로운 것을 깨닫게 될 것이다. 더욱이, 큰 소리로 연습해야 발표자는 자신의 타이밍을 완벽하게 할 수 있다.

리허설을 할 때, 다음 것들을 질문한다.

- 내용

  메시지의 요점이 전달될 것인지? 충분히 자세하게 전달하는가?
- 구성

  요점의 순서가 적절한가? 더 먼저 설명해야 하는 요점은 없는가?
- 발표 실행

  청중이 발표를 잘 듣고 이해할 수 있는가? 슬라이더는 도움이 되는가? 시작품 예증은 효과적인가? 발표자의 발표 내용과 시각자료가 연결되는가? 팀원 각자가 발표에서 맡을 역할을 어떻게 개선할 수 있겠나?
- 장비 이용

  발표용 장비를 능숙하게 이용할 수 있나? 혹시 있을지도 모를 하드웨어나 소프트웨어 말썽에 대비했나? 혹시 일이 잘 못 될 경우를 대비했나?

CHAPTER 04

공학글쓰기

대학생들은 고등학생일 때 작문을 배웠고, 신입생 때부터 여러 과목을 배우면서 꽤 많은 글을 쓰게 된다. 대학에서 학생들이 학업과 관련하여 쓰는 글을 대학문(大學文, college writing) 또는 학구문(學究文, academic writing)이라 부른다. 예를 들어, 교양도서를 읽고, 주제를 정해서 쓰는 글은 대학문이다. 그런 글은 주로 창의적이고 설명적이다.

대학문은 다음 특성들을 가진다:

- 목적: 주제에 대해 알고 있음을 입증해서 좋은 점수 받기
- 주제에 대한 필자의 지식: 글을 평가하는 사람인 교수보다 지식수준이 낮아
- 청중 또는 독자: 과제를 준 그리고 그것을 처음부터 끝까지 읽을 교수
- 평가 기준: 깊이, 논리, 분명성, 통일성 및 문법
- 통계 및 그래픽 뒷받침: 설명하고 설득하기 위해서 가끔 사용

이런 대학문의 특징을 고려하면, 대학생들은 기본적으로 자신이 소통하고 싶은 주제를 글로 표현하지 못해 의사소통에 실패하지 않도록 글을 쓸 수 있어야 한다. 즉 대학생들은 자신의 메시지를 글로 온전히 표현할 수 있는, 즉 자기 표현 능력을 갖추어야 한다.

필자가 주제를 온전히 글로 표현했음에도 불구하고, 독자가 글의 주제를 파악하지 못하여 의사소통이 실패하는 상황이 발생하지 않도록 하려면 어떻게 해야 하나? 필자는, 글의 주제, 및 독자에 대해 연구해야 한다. 예를 들어, 독자가 알아들을 수 없는 내용을 필자가 아무리 글로 잘 쓴들 무슨 소용이 있겠는가? 또 글을 쓴 문서 종이가 탈색되어 독자가 글을 읽을 수 없다면, 그것은 또 무슨 낭패인가? 또 필자가 길게 글을 써 놓았는데 독자가 바빠서 글을 모두 읽지 않는다면, 그 글은 또 무슨 소용이 있겠는가? 즉, 필자는 독자가 글을 읽는 여건뿐 아니라 문서가 배포되고 이용되며 유통되는 환경도 고려해서 문서를 작성해야 한다.

공과대학 학생들이 배워야 할 전문 주제에 대한 글쓰기를 '공학글쓰기', engineering writing 혹은 engineers' writing 이라 부른다. 따라서 공학글쓰기는 공과대학 학생들이 배워야 하는 기술 의사소통을 위한 글쓰기이다.

넓은 의미의 '기술문'은 '전문적인 일과 관련한 실용문'이라 할 수 있다. 그래서 '기술

문'은 '사업, 기업 또는 직종에 상관없이 전문적인 일을 하는 사람들[1]의 생각이나 마음이 막히지 않고 서로 트이게 할 목적으로 쓴 실용문(實用文)'이다. 이런 맥락에서, '기술문'은 과학문(scientific writing), professional writing, business writing, occupational writing, workplace writing, career writing 등을 대표하는 용어로 볼 수 있다. 공학글쓰기는 이런 글을 쓸 수 있도록 공과대학 학생들이 배워야 하는 교과 주제이다.

기술문

기술문은, 3 가지 측면에서, 교양글쓰기에서 배운 대학문과 크게 다르다. ① 먼저 독자. 독자의 관점에서 대학문과 기술문의 차이점을 살펴보자. 기말 시험으로 쓰는 에세이의 독자는, 주제에 대해서 학생이 아는 것보다 더 많이 알고, 학생이 그것을 얼마나 잘 알고 있는가보다는 그 내용 자체에 대해서는 덜 관심을 가지는 사람—과목 담당 교수—이다. 실험실 보고서, 학기말 논문, 그리고 신입생 작문 과목에서 썼던 에세이들(지나간 여름에 나는 무엇을 했나, 유전자 공학에 관한 나의 관점, '사람은 무엇으로 사는가' 독후감)의 독자도 과목 담당자이다. 그렇지만 직장에서 쓰는 보고서와 제안서에 대해서는 많고도 다양한 독자들이 있다. 그들은 해결해야 하는 문제에 대한 지식이 모자라서 그들의 업무를 위해서 그 지식을 획득해야 하는 사람들이다.

기술문은 특정한 독자를 목표로 해야 하고, 독자들이 문제를 해결하는 데 도움이 되어야 하며, 독자가 읽기 쉽도록 디자인 되어야 한다[2]. 그러기 위해서 문서의 내용은 예상되는 독자의 수요를 충족할 수 있도록 구성되어야 한다(Burnett, 2001: 4). 시나 소설 혹은 에세이와 달리, 기술문은 필자의 개인적 사고나 느낌에 초점을 두지 않는다. 이 말은 작성한 문서에 필자의 글쓰기 개성이 드러나서는 안 된다는 뜻이 아니다. 필자를 도외시하지 않으면서, 독자에게 중요한 것들에 초점을 두는 기술문은 이용자-중심 문서이다(Lannon, 2008: 2). 또 독자 중심이라는 말은, 필자가 독자들에게 하고 싶은 말의 내용뿐만 아니라 그들이 그 내용을 좇아 행동하기 위해 "알아야하

---

1) 『우리 문장 쓰기』의 저자 이오덕(1993)은 '몸을 움직여 일하는 사람들이야말로 글을 쓸 자격이 있다'고 한다.

2) 그 외에도, 조직의 목표와 문화를 반영해야 하고, 협력해서 생산되며, 글말과 이미지(시각자료) 둘 다로 구성된다(Markel, 2012: 6).

는" 것에 집중해야 한다는 뜻이다(Sheehan, 2010: 8).

독자들의 수요와 반응을 고려하여 그들이 이해할 수 있도록 내용이 구성되고 조직된 독자 중심 문서를 생성하기 위해서, 필자는 문서가 작성되고 사용되는 상황[3]에 대해서도 알아야 한다. 즉 필자는, 독자들이 낱말들에 의해서 뿐만 아니라 윤리, 태도, 가치, 교육 및 경험에 의해서도 영향을 받아, 문서의 의미를 구축한다(Burnett, 2001: 3)는 사실을 알아야 한다. 그림 4-1은(Paradis, 2002: 29), 독자가 기대하는 바에 따라, 문서의 내용, 구성, 전문성의 수준, 및 스타일이 결정되어야 한다는 것을 묘사한다.

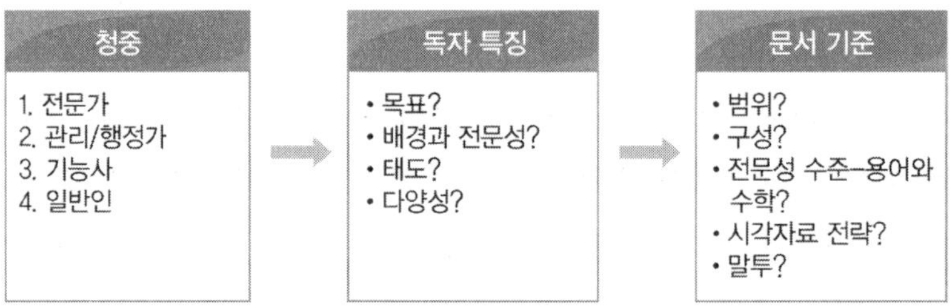

그림 4-1 독자의 수요에 근거한 문서의 기준 결정

② 다음으로, 글의 목적. 교수들은 학생들이 어느 정도로 배웠는지, 배운 것을 얼마나 이해하고 있는지를 점검하기 위해서 학생들이 쓴 에세이들과 학기말 글쓰기 과제들을 읽는다. 그들의 직업 전문적 생활은 학생들이 쓴 글을 읽는다고 해서 뚜렷하게 달라지지 않는다. 학생들의 글쓰기 과제의 목적은, 정보를 제공하는 것이 아니고, 독자에게 인상을 남기는 것이다. 학생들은 글을 써서 받게 될 성적에 관심이 있지, 가르치는 사람들이 그 글을 읽어서 새로운 정보를 얻게 된다든지 하는 따위는 조금도 개의치 않는다.

이와는 달리, 기술문은 쓸모 있는 것이어야 한다. 보고서, 지시서, 그리고 제안서의 독자들은, 결정을 내리고, 일을 하며 그리고 필자의 추천에 바탕을 두고 어떤 조치들을

---

3) 글쓰기 상황은 독자와 필자의 글 쓰는 목적뿐만 아니라 과제 수행을 위한 비용 지원 기관의 규모, 예산, 윤리, 기한, 정책, 경쟁 상대, 및 우선순위들과 같은 요소들을 말한다.

상황에 의해 부과되는 한계 또는 제약인 구속 조건들이 있다: (필자는) 무엇을, 누구에게, 어떻게 말할 수 있나? 소통하려는 내용을 얼굴을 마주해서, 전화로, 혹은 인쇄물이나 온라인으로 말해야 하나? 그렇게 함으로써 필자가 윤리적 혹은 법적 문제를 유발할 수도 있나? 지금이 최적의 때인가? 청중과 필자와의 관계는 어떤가? 관련되는 사람들의 인물 됨됨이는 어떤가? 신경 써야 하는 동료 압력이 있나? 소통 주제의 규모나 중대성은 어느 정도인가?(Lannon, 2008: 56)

취하기 위해서 필자가 가지고 있는 정보가 필요하기 때문에, 필자가 쓴 것을 읽을 것이다. 필자의 목적은 정보를 독자에게 전달하는 것이고, 필자의 목표는 그 정보를 최대한 분명히, 간결하게 그리고 완전하게 독자들에게 제공하는 것이다.

③ 끝으로, 기법. 대학 에세이는 노트에 손으로 쓰기도 했을 것이다. 그런 글에는 머리제목이나 부제목들이 없고, 삽화나 예시들도 없으며, 제목 페이지와 부록들도 없었을 것이다. 단지 초벌을 허겁지겁 써서,—좋건 싫건—그것을 결코 다시 보지 않을 것으로 생각하고, 고쳐 쓰기도 하지 않고, 제출했을 것이다.

기술문 쓰기에서 상황은 완전히 다르다. 초벌이 완성되면 타이핑되어서, 식자(植字)하거나, 컴퓨터 또는 다른 장비에 입력될 것이다. 거의 모든 문서는 도면과, 사진, 표, 또는 차트들을 포함할 것이다. 머리제목, 부제목, 목차 그리고 부록들이 예외라기보다는 정규적인 것들이다. 보고서와 매뉴얼들의 복사본들이 수십 수백 부 인쇄될 것이고, 그것들이 개정과 편집을 위해서 수개월 혹은 심지어 수년이 지난 뒤에 필자에게 되돌아올지도 모른다.

직업 전문가들이 쓰는 글은 기술문이다. 기술문도 글이기 때문에, 든든한 작문 실력은 기술문을 쓰는데 크게 도움이 된다. 글의 구성과 전개에 관해서, 통일성과 응집성(연결성)에 관해서, 단어, 문장, 그리고 단락에 관해서 아는 것 모두는 기술문 쓰기에 밀접한 관계가 있는 것이다. 기술문을 쓸 때에도,—아무 글과 마찬가지로—철자법, 맞춤법, 문법, 그리고 (언어의)관용법, 어법에 대해서 주의해야 한다.

기술문은 문제 해결을 위한 글이다. 다음과 같은 과제들을 해결하는 답을 찾아서 그것을 주제로 쓴, 보고서와 같은 글이 기술문이다. 그런 글을 쓰는 일이 기술문 쓰기이다. 기술문을 쓴다는 것은 독자에게 제시할 문제의 해결책이 주제인 글을 쓰는 일이다.

문제 해결 과제 1

OOO은 보안 소프트웨어 개발 업체인 Microbyte사의 고객서비스개발부에서 일하는 입사 4 년 차 대리인데, 컴퓨터 과학을 부전공한 경영학 학사이다. 그의 부장은 새로운 팀장들을 주기적으로 훈련하기 위한 2 주짜리 교육프로그램을 3 년 동안 맡아왔다. 부장은 그 프로그램에 대해 만족하고 있지만 OOO에게, 회사 경영 혁신의 부분으로서, 그 프로그램을 평가해서 훈련 절차를 개선하는, 보고서를 제출하라고 요청했다.

OOO은 그가 쓴 보고서를 부장의 보스 ⦿⦿⦿(인사담당 부사장)와 (프로그램 개선

계획을 입안한 마케팅 부사장) ◇◇◇이 읽을 것이라는 것을 안다. 복사본들은 다른 부서장들, 부서의 주요임원들에게 배포되고 부장의 인사 파일에 보관될 것이다.

문제 해결 과제 2

OOO는 카메라, 다목적 필름, 및 사진 장비들을 생산하는 선도 기업인, ㈜ㅁㅁㅁ에서 일하는 화공 엔지니어이다. 그는 공장에 들어오고 나가는 물을 평가하는 일을 맡고 있다. (물에 포함된 오염 물질은 필름 생산에 해를 끼치고 생산 공정 자체가 유출되는 물을 오염시킬 수 있다.)

경영진은 '필터를 얼마나 자주 교체해야 하는가?' 질문에 대해 답을 얻고자 한다:

필터는 비싸고 교환하기 어려워서, 한 번 교체하자면 생산을 하루 정도 중단해야 한다. 회사는 정부 환경 규제를 지키며 필름 생산에 문제를 일으키지 않는 한, 필터를 되도록 오래 사용하기를 원한다.

문제 해결 과제 3

학생 팀들에게 유선으로 제어되며 소형 모터로 구동되는, 예를 들어, 모형자동차와 같은 것들을 조립할 수 있는 키트상자가 조립 매뉴얼과 함께 제공된다. 팀은 키트를 이용해서 모형수륙양용차량을 개발해야 한다. 팀은 제한된 비용을 써서 필요한 과외의 재료들을 구입할 수 있다.

이런 문제를 해결하는 답을 제시하는 글을 쓰기 위해서는, 글을 쓰기 전에 그 답부터 찾는다. 글쓰기 과정에서, 필자는 그 답을 '쓰기 전' 국면에서 찾는다.

문제 해결의 관점에서 보면, '쓰기 전' 국면의 문제 정의→쓸거리 생산→쓸거리 분류→주제 설정→제목 결정→소주제 배열로 이어지는 단계들에서, 글에 쓸 내용들이 생산되어 조직된다.

기술문은 의사소통 관점에서 6 가지 중요한 특성을 갖는다: ① 특정한 독자를 목표로 해야 하고, ② 독자들이 문제를 해결하는데 도움을 주어야 하며, ③ 조직의 목표와 문화를 반영해야 하고, ④ 협동해서 생산하며, ⑤ 독자가 읽기 쉽도록 디자인 되어야 하고, ⑥ 글말들과 이미지들 둘 다로 구성된다(Markel, 2012: 6-8).

기술문은 또, 글을 쓰는 관점에서, 8 가지 특성을 갖는다. (1) 정직성, (2) 분명성, (3) 정확성, (4) 포괄성, (5) 접근성, (6) 간결성, (7) 전문가다운 외모 (8) 올바름. 그 특성들은 다음과 같다.

(1) 정직성. 정직함은 우수한 기술 의사소통의 가장 중요한 척도이다. 세 가지 이유로, 필자는 진실을 말해야 하고 독자를 오도하면 안 된다.

- 정직한 것은 옳은 것이다. 기술 의사소통은 사람들이 첨단 기술 문화 관련 정보를 이용하는 때에, 그들이 현명한 선택을 하는데 도움이 되는 것이어야 한다.
- 필자가 정직하지 않으면, 독자들이 해를 당한다. 독자들에게 정보를 주지 않거나 고의로 중요한 정보를 빠트리는 것은 사람들을 속이거나, 다치게 하거나, 혹은 사망하게 할 수 있다.
- 부정직하면, 필자와 그 조직은 심각한 법적 책임을 져야한다. 만약 법정이 필자의 문서가 정직하지 않고, 적절한 정보를 제공하지 않아서 독자들이 상해를 입거나 손실을 보게 되었다고 판정하면, 그 조직은 엄청난 배상을 해야 할 지도 모른다.

(2) 분명성. 기술 의사소통은 두 가지 이유에서 분명해야 한다.

- 불분명한 기술 의사소통은 위험할 수 있다. 예를 들어, 부주의하게 작성된 빌딩 코드는 계약자들이 품질이 낮은 재료나 기법들을 쓸 빌미가 될 수 있다.
- 불분명한 기술 의사소통은 비싼 대가를 지불하게 된다. 고객-지원 부서로 전화를 하는 평균 비용은 32 달러(About.com, 2008) 이상이다. 제품에 대한 고증—그 지침서—이 분명한 기술 의사소통은 그런 전화 횟수나 통화 시간을 대단히 줄 일 수 있다.

(3) 정확성. 필자는 정확한 사실들을 획득해야 한다. 약간의 부정확성은 독자들을 혼란에 빠트리고 성가시게 할 수 있고, 중대한 부정확성은 위험하고 엄청난 대가를 치러야 할 수 있다. 다른 의미로, 정확성은 윤리성의 질문이다. 기술 문서들은 최대한 객관적이고 그리고 편견이 없어야 한다. 만약 독자들이 필자가 정보를 왜곡한다고—사실들을 과도하게 진술하거나 빠트림으로써—의심한다면, 그들은

문서의 진실성을 의심할 것이다.

(4) 포괄성. 기술문은 독자들에게 필요한 정보를 모두 제공한다. 그 문서는 배경 정보를 제공해서 문제나 주제에 대해 낯선 독자들이 그것을 이해할 수 있게 한다. 그것은 충분히 자세한 사항들을 담고 있어서 독자들이 토의 내용을 이해하고 요구되는 과제들을 수행할 수 있게 한다. 그것은 뒷받침하는 제재들을 분명히 언급하고 그것들을 붙임 자료에 포함한다.

포괄성은 중요한데, 독자들이 정보를 안전하게, 효과적으로, 그리고 효율적으로 이용하기 위해서 온전하고 일체 완비된 토의가 필요하기 때문이다. 문서는 또한 프로젝트의 시작에서부터 끝날 때 까지의 공식 기록이 된다.

(5) 접근성. 대부분의 기술 문서들—인쇄물이나 온라인이나—은 작고, 독립된 절들로 구성된다. 문서를 처음부터 끝까지 읽는 사람이 드물기 때문에, 필자는 문서의 다양한 부분들이 쉽게 접근될 수 있도록 만든다. 즉, 독자들이 적절한 절을 찾기 위해서 불편하게 여기저기를 펼쳐보거나 연결된 내용들을 뒤적이게 해서는 안 된다.

(6) 간결성. 문서는 바쁜 독자들에게 유용하도록 충분히 간결해서 짧아야 한다. 필자는 불필요한 구들을 제거하고, 더 짧은 단어를 쓰며, 경제적인 문법 형식을 씀으로써 문서를 10 ~ 20%를 간단히 줄일 수 있다. 필자는 많은 정보를 어떻게 경제적으로 이송하는지를 알아야 한다.

(7) 전문가다운 외모. 아무라도 글의 첫 낱말을 읽기 전에 의사소통을 시작한다. 만약 문서가 단정해서 전문가가 만든 듯이 보인다면, 독자들은 그 글에 대해서 그리고 그 글을 쓴 사람에 대해서 긍정적인 인상을 갖게 될 것이다. 필자가 작성한 문서는 그가 속한 조직이나 전문 분야의 포맷 표준들에 부합해야 하고, 잘 디자인되어야 하며, 단정하게 인쇄되어야 한다. 예를 들어, 글자는 전통적인 글자 포맷을 따라야 하고 그리고 넉넉한 여백을 가져야 한다.

(8) 올바름. 올바른 문서는 문법, 맞춤법, 철자, 및 어문 규정들에 맞는 것이다. 가끔, 틀린 글은 독자들을 혼란에 빠트리고 혹은 심지어 필자의 글이 부정확한 것이 되게 한다. 그렇지만, 틀린 것들로 인해 독자들이 필자를 전문가답지 않게 여기게 되는 것이 문제이다. 필자가 쓴 글이 오류투성이라면, 독자들은 필자가 기술 정보를 수집하고, 분석하며, 제시하는데 있어서 부주의한 것으로 판단할 것이다. 독자들이 필자의 전문가다움을 의심한다면, 그들은 필자의 결론을 받아들이지 않을 것이고 추천도 따르지 않을 것이다.

기술문은, 정보를 특별한 독자에게 전달하거나 또는 그 독자들을 어떤 특별한 관점으로 설득하기 위한, 임무를 성취하기 위한 것이다. 그 임무를 달성하기 위해서, 글은 분명해야 하고, 그러면서도 정확해야 하며, 온전하고, 접근성이 좋아야 한다. 그것은 경제적이고도 올바른 글이어야 한다. 필자 자신이 글에 드러나지는 않아야 한다. 필자가 열심히 일한 증거는—일의 내용을 설명하기 위해서 필자가 독자 곁에 있지 않아도—글의 목적이 성취되는 것이다.

5 가지 지식

이런 기술문의 특징을 고려하면, 그런 글을 써야 하는 전문가(엔지니어를 포함하는 모든 분야의 직업 전문가) 혹은 기술 필자들은 자신의 의사소통 목적을 성취할 수 있도록 메시지를 글로 온전히 표현할 수 있을 뿐만 아니라 독자가 메시지를 이해하는데 어려움이 없도록 글을 쓸 수 있는 능력을 갖추어야 한다.

필자가 주제를 글로 온전히 표현하고, 또 독자도 글을 읽어 그것을 온전히 파악할 수 있는 환경에 있다면, 필자와 독자 사이의 의사소통은 성공할 가능성이 높다. 게다가 의사소통 성공을 위해서, 필자는 의미 전달과 관련되는 장르 자원 및 맥락 변수들을 완전히 통제할 수 있어야 한다.

대학생들이 배운 글쓰기 기량이 직장에서 글 쓰는 능력으로 나타나려면, 구별되지만 서로 겹치기도 하는, 5 가지 상황 지식을 갖추어야 한다. 그것들은 (1) 담화공동체 지식 (2) 주제 지식 (3) 장르 지식 (4) 수사학 지식 (5) 글쓰기 과정 지식이다 (그림 4-2)(Beaufort, 2007: 18-20).

(1) 담화공동체 지식

담화공동체[4]는 업무 관련 텍스트에 대해 대화하고, 논의하며, 성장해 가는 필자들에 의해 특별한, 입말과 글말, 의사소통 채널들의 네트워크로 형성된 공동체로서, 그 채널들의 상호작용이 그 공동체 내에서 생산된 글말 텍스트들의 목적과 의미에 영향을 미친다. 담화공동체는, 공유된 목표와 가치 및 정해진 재료/물리적인 조건들의 집합에 바탕을 두어, 그 공동체에 고유하거나 인접한 다른 공동체들과 공유하는 장르들의 기준을 확립한다.

담화공동체는 다음 특성들을 가지는 사람들의 그룹이다(Bruce, 2008: 30):

- 널리 합의된 대중적인 목표
- 구성원들 사이의 의사소통을 위한 기구
- 정보와 피드백을 주고받기 위해 주로 그들만이 이용하는 참여 기구용
- 공동체가 목표하는 의사소통을 촉진하기 위해 하나 이상의 장르를 보유하고 활용
- 장르들 외에, 그들만이 사용하는 어휘들이 있어
- 공동체의 구성원이 되기 위해서는 업무 내용과 담화의 전문성이 어느 수준 이상이 돼

(2) 주제 지식

주제 지식은 필자가 글의 주제에 대해 아는 바이다. 전문가들은 존재하는 지식 바탕에 의존하고, 담화공동체의 영향을 받으며, 담화공동체와 상호작용하는 "새로운" 또는 "변환된" 지식을 생성하기 위해 비판적 사고를 한다. 그런 비판적 사고를 위해서 필자들은 문의의 틀을 어떻게 짜는지, 무슨 질문들을 할 것인지, 혹은 글에 새로운 의미를 넣거나 또는 글의 의미를 "변환"하기 위해서 무슨 분석의 틀들을 사용할 것인지를 알아야 한다.

---

4) "담화공동체는 공통의 목표와 관심을 공유하는 사람들이 공통의 언어, 공동의 전제, 일련의 공유된 기대와 관습을 바탕으로 의사소통을 함으로써 형성되는 집단을 지칭하는 개념이다"(박영목, 2002: 120).

(3) 장르 지식

장르는 '①유(類). 부류(部類). ②문예 작품의 형식상의 분류에 의한 종별. 시 · 소설 · 희곡 · 평론 · 수필 · 동시 · 동화 따위가 각각 문학상의 한 장르를 이름'이다. 장르는 "'속(屬)'이라는 의미의 생물학 용어인 라틴어 'genus'에서 유래(나은미, 2011)"한 "분류(sort)와 생성(generate)을 시사하는" 프랑스 말이다(Dean, 2008). 장르는 프랑스 말에서는 type 또는 kind를 뜻하지만, 영어에서는 type이 의미하는 것 이상의 의미를 갖게 되었다(English, 2008). 다른 말로 하면, 장르는 존재하는 것을 정돈 배열하고 그 전에는 존재하지 않았을지도 모르는 무언가 다른 어떤 것을 생산한다는 뜻이다.

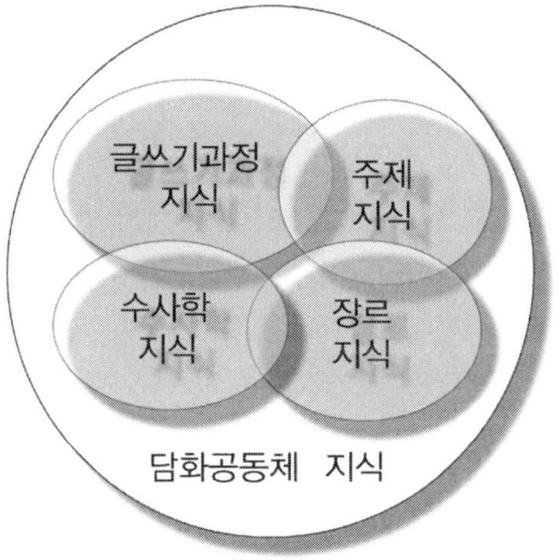

그림 4-2 전문 필자들에게 필요한 5 가지 지식의 정의역

장르는 '유사한 상황에서 반복적으로 나타나는 텍스트의 유형'이다. 즉, 사람들이 살아가면서 유사하게 반복되는 상황에서는 비슷한 형태와 비슷한 내용으로 의사소통한다는 것이다. … 즉, 유사한 상황에서 반복적으로 나타나는 텍스트의 그룹인 장르는 사회 · 문화적 맥락과 상황 맥락에서 발생하는 사회적 행위의 결과물이다. 장르는 동일한 사회 · 문화적 맥락을 함께해 온 담화공동체가 유사한 상황 맥락 속에서 관습적으로 형성해온 의사소통 상의 언어 구현물이다(이상구, 2013: 193-9).

장르는 모든 종류의 상호작용들(일부는 텍스트들과 관련되고 일부는 그렇지 않은)을 나타내고, 형식보다는 더욱 더 상황에 의해 정의되며, 분류 시스템이기보다는 오히려 사회적 상호작용을 설명하기 위한 것이다(Dean, 2008) 장르는 사회적 상호작용들로부터 발생하고, 구체적 상황에서 반응하고 행동하는 데 사용된다. 그런 특성들 때문에, 장르는 사회적 상호작용을 반영하기도 하고 또 사람들이 공유된 사회적 경험들의 의미를 깨닫는데 도움을 준다.

(4) 수사학 지식

이 지식은 특별한 텍스트를 위한 구체적인 청중과 목적을 고려하고, 문제 해결을 위해 어떻게 수사[5]적으로 의사소통할 것인지를 고려하는데 필요하다. 수사적 상황에 대해서는 4-2.1 (2) 절에서 논의된다. 수사적 사건은 담화공동체 내에서, 사회적 맥락-제재 조건, 시기, 사회적 관계, 등에 의해서 영향을 받는다.

(5) 글쓰기 과정 지식

필자는 다양한 맥락에서 글쓰기 과제를 헤쳐 나아가는 방식들에 대한 지식을 가지고 있어야 한다. 글쓰기 과정과 관련된 이 절차적 지식(4-2 절)도 "관행 공동체"에 의해 영향을 받는다.

이 5 가지는 글쓰기 과정을 진행하는데 필요한 지식으로 간주될 수 있다. 예를 들어, 장르 지식은 글쓰기 과정에서 이용될 수 있다. 장르와 담화공동체 지식을 가지면 필자는 새로운 상황에서 당황하지 않고 자신의 쓰기 능력을 발휘할 수 있다.

이 5 가지 중, 장르 지식과 담화공동체 지식이 핵심적인데, 6 번째 지식으로, 언어 지식이 추가된다. 언어 지식은 언어 규범 및 언어 관습에 관한 지식, 관습적인 상용적 표현에 관한 지식 등을 포함한다(정희모, 2014: 214)

미국 The Accreditation Board for Engineering and Technology (ABET)이 공학교육인증을 위한 기준들을 대폭 개선하는데 있어서 의사소통 기량의 중요성이 강조되었다. 인증을 신청하는 공과대학 학과들을 위한 ABET 2003 기준은 졸업생들이 "효

---

5) 글쓰기와 관련하여, 수사(rhetoric)란, 효과적이거나 설득을 잘하는 또는 설득력 있는 말하기나 글쓰기의 기교, 또는 (흔히 과장을 함축하는 등으로) 설득하기 또는 감명을 주기 위해 설계된 언어를 뜻하기도 한다.

과적으로 의사소통할 수 있는 능력" 뿐만 아니라 실제 사회문제들을 이해하고 수학과 과학을 적용할 수 있기를 요구한다. 이 기준은, ABET이 미국 회사들의 엔지니어와 관리자들뿐만 아니라 공과대학 교수들과 긴밀히 협력해서 만들어졌기 때문에, 공과대학 졸업생들이 취직해서 일하는 회사들의 수요를 충족한다.

한국공학교육인증원(ABEEK)의 공학교육인증기준2015(KEC2015)의 '인증 기준 2'에 따르면, 인증을 받으려는 공과대학 학과들은, 예를 들어, 다음과 같은 내용들을 포함하는 학습 성과를 설정하여야 한다:

- 공학문제를 정의하고 공식화할 수 있는 능력
- 공학문제를 해결하기 위해 최신 정보 연구 결과 적절한 도구를 활용할 수 있는 능력
- 현실적 제한조건을 고려하여 시스템 요소 공정 등을 설계할 수 있는 능력
- 공학문제를 해결하는 프로젝트 팀의 구성원으로서 팀 성과에 기여할 수 있는 능력
- 다양한 환경에서 효과적으로 의사소통할 수 있는 능력

이런 학습 성과들을 성취하려면, 교과과정이 다음 사항이 충족되도록 구성되어야 한다.

- 설계 및 실험 · 실습 교과목을 포함하여 54 학점 이상 이수하도록 공학주제 교과목들이 편성되어야 한다. 단, 설계교과목에는 기초설계 및 종합설계 교과목이 포함되어야 한다.

엔지니어들은 당연히 수학과 과학 기량이 뛰어나야 하고 의사소통 기량도 뛰어나야 한다. 우수한 의사소통 기량이 엔지니어링에서 성공하는데 매우 중요하다. 엔지니어들은(설계하고, 제작하거나) 사회에서 생기는 문제들에 대한 해결책을 고안해 낸다. 엔지니어들은 삶의 질과 도구들을 개선하는 시스템들을 설계한다. 엔지니어들이 설계 해결책에 수학과 과학을 적용한다 하더라도, 그들은 또한 그들이 제시하는 설계가 구현되거나 제작될 수 있도록 다른 사람들에게 그들의 설계 해결책들을 전해줄 수 있어야 한다.

만약 제시된 해결책이 무엇인지를 다른 사람들이 이해할 수 없다면 설계 해결책만으로는 아무 의미가 없다. 엔지니어들은 또한 회사나 정부기관들에서 일하는 동안, 엔지니어가 아닐 수 있는, 관리자들과 의사소통을 할 수 있어야 한다(Sorby, 2006: 1).

거의 모든 엔지니어들이 우수한 수학과 과학 기량들을 가지고 있기 때문에, 의사소통 기량이 남다르다면 동료들과 구별될 수 있다. 우수한 의사소통 기량을 갖춘 엔지니어는, 의사소통이 서툰 사람이 알 수 없는 방식으로, 조직에서 성장을 계속한다. 의사소통 기량이 우수하면 동료들과 더욱 효과적으로 상호작용할 수 있게 되고 그로인해 관리자들과 동료들로부터도 신뢰를 얻게 될 것이다.

4-1 글쓰기 과정

문제를 해결한다는 관점에서, 설계 과정이나 글쓰기 과정은 유사하다. 표 4-1 (Sorby, 2006: 6)을 보면 6 단계로 정의된, 과정 중심의 글쓰기 과정, 설계 과정 및 문제 해결 과정(Jayaraman, 1991: 30) 각각을 비교할 수 있다. 이 표에서 보면, 3가지 과정들이 각각 성격이 다른 일들을 위한 것이지만, 각 과정은, 기본적으로 문제 이해–계획 고안–계획 실행–결과 평가의 단계들로 구성되는 것을 알 수 있다.

표 4-1 글쓰기, 설계, 및 문제-해결 단계들의 비교

단계	글쓰기 과정	설계 과정	문제 해결 과정
1	수요 확인과 문제정의	수요 확인과 문제 정의	문제 분석
2	청중 분석	제한조건과 성공 기준 확인	해결책 창안
3	문서 계획(브레인스토밍, 개요 또는 비공식 개요)	해결책 탐색(즉, 브레인스토밍)과 타당성 연구와 또는 예비 설계 개발	해결책 시험
4	보통 여러 개의 초안들을 요구하는 (즉, 반복적인 과정) 문서쓰기	반복 과정에 의한 상세 설계 생성	결과 분석
5	관련 인사에게 문서 제출	의사소통과 해결책 구축	해결책 다듬기
6	결과 평가	해결책 입증과 평가	문제 해결

글쓰기 과정이 설계 과정과 유사하기 때문에, 설계 과정에 더 충실하면 보고서를 더 잘 쓸 수 있다. 다시 말하면 보고서를 잘 쓰려면 문제 해결 활동을 제대로 해야 한다.

따라서 보고서 쓰기는, 일과 상관없이 글을 쓰는 일이 아니다. 일을 하면서 보고서 쓰기를 대비해야 하고, 그렇게 하는 것이 일을 제대로 하는 것이다. 보고서를 써야 한다면, 무슨 일을 하든지, 일을 시작하는 때부터 보고서 쓰기를 시작하는 것이다.

글쓰기도 어떤 과정이다. “글 쓰는 사람은 경험한 것의 의미를 발견하고 언어로 그것을 소통한다. 글쓰기 과정은 우리가 아는 것과 우리가 언어를 통해 아는 것에 관해 우리가 느끼는 것을 탐구하는 과정이다.” “또 그것은 우리가 사는 세상에 관해서 배우고, 그 세상에 관해서 배우는 것을 평가하고, 세상에 관해서 배우는 것을 의사소통하기 위해서 언어를 이용하는 과정이다”(Murray, 1982: 15). 따라서 예를 들어 교양글쓰기 교육의 목표는 학생들이 그들이 경험한 것의 의미를 발견해서 언어로 그것을 의사소통할 수 있게 가르치는 것이다.

과정 중심 글쓰기는 글쓰기를 문제 해결로 간주함으로써, 문제 해결을 위한 필자의 사고 과정을 강조하는 쓰기 이론이다(황미향, 2007). 과정 중심의 글쓰기에서 학생들은 글을 쓰기 위해 내용을 생산하여 조직하고, 그것을 논리적 언어로 표현하며, 쓰거나 쓴 글을 검토하고 고쳐 쓰는 일련의 과정에서 여러 가지 문제에 부딪히게 된다. 또 학생들이 글쓰기 과정을 점검하고 통제하여 그런 문제들을 효과적으로 해결할 수 있는 능력을 키울 수 있어서 과정 중심 글쓰기의 의의가 크다. 또한 과정 중심의 글쓰기 방법을 문제해결 관점에서 지도하는 것은, 글을 써나가는 일련의 과정 속에서 이공학 연구를 위해 특히 요구되는 창의성, 비판성, 그리고 논리성과 같은 사고력을 일깨워낼 수 있다는 점에서, 이공계 학생들에게 매우 유리하다(김민정, 2007).

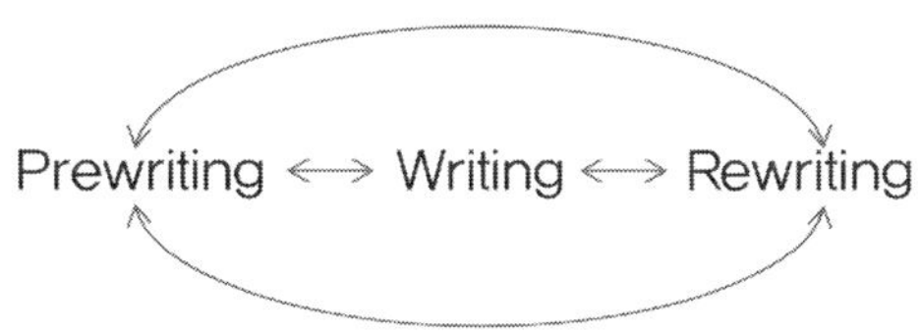

그림 4-3 쓰기 전-쓰기-고쳐 쓰기,
글쓰기 과정 세 국면의 순환

과정 중심 글쓰기에서 ‘과정’은, 그림 4-3처럼, 일반적으로, 크게, 쓰기 전(prewriting)-초벌 쓰기(writing)-고쳐 쓰기(rewriting)의 세 국면들로 나눈다. 이 세 국면들을 바탕으로, 과정을 다양한 단계들로 나누기도 한다.

표 4-2 글쓰기 과정 세 국면별 시간 배분

국면	Murray, 1982: 15	Gerson, 1997: 12
1 prewriting	85 (%)	25 (%)
2 writing	1	25
3 rewriting	14	50 (개정 (45) + 교정 (5))

그런데, 첫 번째 '쓰기 전' 국면에 대해서는 연구자 마다 그 구성 단계들이 다르다. 이런 사실은, '쓰기 전' 국면이 전체 과정 시간의 85%를 차지한다(Murray, 1982)는 학자가 있는가 하면, 또 누구는 '쓰기 전'이 전체 시간의 25%를 차지하고, 오히려 고쳐 쓰기가 전체 시간의 50%를 차지한다(Gerson, 1997)고 하는 표 4-2와 같은 자료에 의해 간접적으로 알 수 있다. 이처럼 '쓰기 전'에 시간이 많이 걸리는 만큼, 그 국면이 여러 단계들로 세분화되는 것은 이해할만 하다. 또 글 쓰는 시간의 3/5—혹은 그 이상—을 정보를 수집하고 글쓰기를 계획하는데 쓰고, 고쳐 쓰기의 대부분도, 사실, 계획을 수립하는 일이어서, 어떤 경우에는 글쓰기 시간의 90%를 계획 수립하는데 쓰기도 한다(Murray, 2004: 17).

글쓰기 과정의 각 단계는 글쓰기 문제를 해결하는 기능적 사고 단위이자 학습 단위이다(정희모, 2006). 따라서 어떤 단계들로 구성된 글쓰기 과정을 학습하더라도, 학생들은 쓰기 과정이 무엇인지, 쓰기 과정은 어떤 국면의 어떤 단계들로 구성되는지, 쓰기 과정의 각 단계의 역할, 쓰기 과정을 알아야하는 이유 등을 알아야 한다.

4-1.1 '쓰기 전'

'쓰기 전' 국면 동안 필자는 글을 쓰기 전에, 즉 '글의 내용을 생성'해서 '그것들을 조직'한다. 그것을 창안[6](invention, 발명 (Kirszner, 2010; Sheehan, 2010) 또는 prewriting(Harris, 2000))이라고 부르는데, 즉 창안은 필자가 글에 쓸 내용을 만들어 내는 일이다.

6) 설계 과정의 개념 설계 국면에서 정의된 문제를 해결할 개념을 생성하는 일을 창안(그림 2-6)이라 한 바 있다. 그 일을 '발명'이라고도 한다.

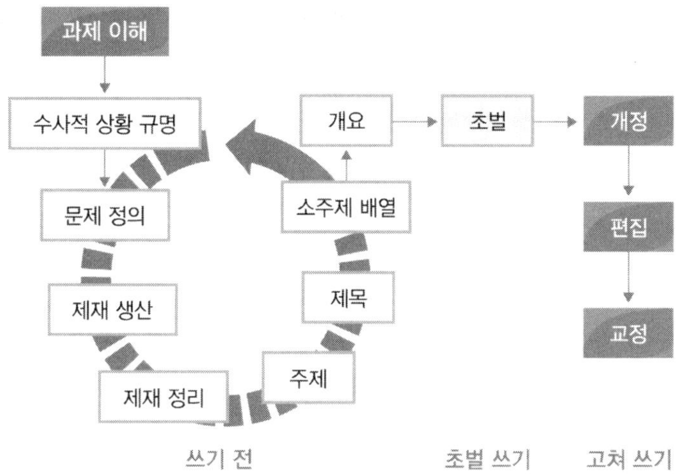

그림 4-4 글쓰기 과정의 세 국면: '쓰기 전', 초벌 쓰기 및 고쳐 쓰기

'쓰기 전' 국면은 글쓰기 과정의 가장 크고도 중요한 부분이다. 그 국면에서 필자는 글을 쓰기 전에 문제에 대한 필자의 관심 사항이 무엇인지를 발견하고 그리고 글에서 어떤 문제 해결 아이디어들을 전개할 것인지를 숙고한다. 또 이 국면에서는 문제와 아이디어들 사이의 연관성과 그 아이디어들이 글에 쓸 수 있는 재료들인지를 파악하는 등으로, 필자는 글에 쓸 아이디어들을 평가한 후, 여러 다양한 전략들을 써서 지식과 경험한 것들을 발굴해야 한다.

'쓰기 전' 국면의 9 가지 단계들은 다음과 같다: (1)과제 이해, (2)수사적 상황 규명, (3)문제 정의, (4)제재 생산, (5)제재 정리, (6)주제 설정, (7)제목 정하기, (8)소주제 배열, (9)개요 짜기. 그림 4-4에서, (1)-(6) 단계들은 '주제를 구체화하는 과정'이어서, 단계 (7)에서 글의 주제가 정해진다. 이 아홉 단계들 중 (1)-(6)까지를 '주제 설정하기', (7)-(9)까지를 '개요 작성하기'로 부른다. 따라서 이 아홉 단계들은 크게 '내용 생성'과 '내용 조직, 혹은 '주제 정하기'와 '개요 짜기'로 구분될 수 있다.

그림 4-4는, '쓰기 전' 국면의, 특히 (3)-(8) 단계들이 회귀적으로 순환하는 것을 묘사한다. 그림의 굵은 곡선 화살 표시는, 글을 쓰는데 쓸 자료들을 생성하고 조직하는 일, 즉 문제를 정의하고 그것을 해결하는 제재들을 생산하여, 그것들을 조직하며, 개요를 짜는 일까지를 진행하는 단계마다, 필요에 따라, 적절히 되돌아 가야하는, 단계들의 순환성을 묘사한다.

문제를 정의하기까지 (1)~(3)의 일은 설계 과정의 '개념 설계' 국면에서, 문제 해결을 바라는 사람의 수요를 확인해서 문제를 정의하는 일과 같다. (4) '제재 생산'은, 예를 들어, 진도보고서를 쓴다고 하면, 보고할 내용을 생산하는 '일,' 즉 보고 대상이 되는 '일'을 하면서 보고서에 쓸 내용을 생성하는 일이다.

(1) 과제의 이해

글쓰기를 문제 해결 활동으로 볼 때, 글을 써서 해결해야 하는 문제가 무엇인지 명확히 해야 한다. 문제 해결 글쓰기 과제가 주어졌다고 해서 당장 글을 쓸 수는 없다. 진도보고서를 써서, 예를 들어, 7주 후에 그것을 제출해야 하지만, 지금 당장은 보고서를 쓸 수 없고, 그렇게 하지 않아도 된다.

글을 쓰기 전에, 필자는 해야 할 일이 무엇인지 정확히 이해해야 한다. 예를 들어, 학생 설계팀은 문제 해결 팀 활동을 시작하고 7주 후에 진도보고서를 제출해야 한다. 그러면 보고서를 써야 하는 필자들은 특히 제출 기한이 언제인지, 글은 얼마나 길게 써야 하는지, 문서는 몇 쪽 정도가 되어야 하는지를 확인하여야 한다. 글의 길이가 정해져 있는 경우, 단어 수나 페이지 수에 대한 제한이 있는지도 확인해야 한다. 페이지에 대한 제한이 없다면, 과제와 문제의 본성에 따라 글의 길이가 달라질 수 있다.

(2) 수사적 상황 규명

수사(修辭, rhetoric, 또는 수사학)의 사전적 뜻은 다음과 같다:

1: 효과적으로 말하거나 글 쓰는 기교
　a: 고대 비평가들에 의해 형성된 작문의 원칙과 규칙들의 연구
　b: 의사소통이나 설득의 한 수단으로서 글쓰기나 말하기의 연구
2: a: 효과적으로 연설하는 기량
　b: 언어나 연설의 어떤 형태 또는 모드
3: 구두 의사소통

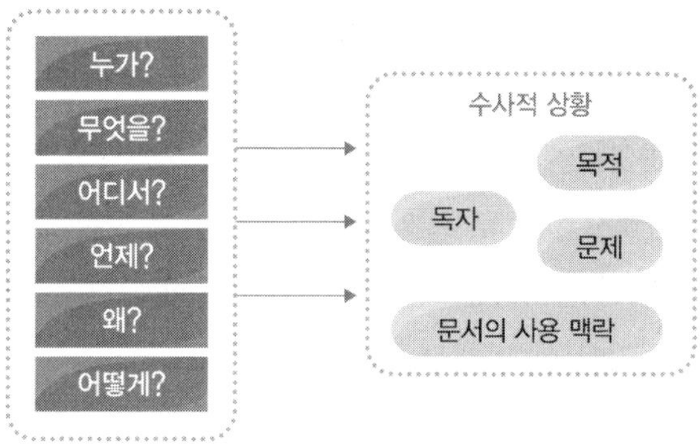

그림 4-5 육하원칙을 적용해서 글쓰기의 수사적 상황 규명

글쓰기와 관련하여, 수사란, 효과적이거나 설득을 잘하는 또는 설득력 있는 말하기나 글쓰기의 기교, 또는 (흔히 과장을 함축하는 등으로) 설득하기 또는 감명을 주기 위해 설계된 언어를 뜻하기도 한다.

그러므로 수사적 상황은, 그림 4-5(Sheehan, 2010: 21)처럼, 필자는 누구를 위해, 글을 왜 쓰며, 결과물은 어떻게 이용될 것이며, 어떤 상황에서 글을 쓸 수 있는지 등의 자료로 파악될 수 있다. 즉 수사적 상황은 필자가 글을 써서 문제를 해결하는데 작용하는 다양한 요소들로 구성된다. 진도보고서 쓰기의 수사적 상황은 어떤가?

① **독자**

글쓰기 과제가 무엇인지 알고 나면, 과제의 결과물인 글을 누가 읽을 것인지가 밝혀져야 한다. 독자가 개인인지 그룹인지, 특별한 청중인지, 광범위한 일반 청중인지, 독자의 나이, 성별, 정치적 종교적 가치, 사회적 교육 수준, 제재에 관한 관심에 대해 고려하여야 한다. 딱히 정해지지 않을 때는 보편적인 독자를 상상한다.

문제를 해결하는 입장에서 문제 해결 수요자들의 바라는 바를 고려하는 것처럼 글을 쓰는 때도 독자를 고려하여 글을 써야 한다. 그것이 독자 중심의 글쓰기이다.

② **목적**

독자에 대해 파악하고 나면, 필자는 글을 쓰는 목적을 분명히 해야 한다. 목적이 무엇인가에 따라 필자가 말하려는 것과 그것을 말하는 방식이 달라질 수 있다. 필자와 독자와의 관계에 따른 일반적인 글쓰기의 목적은 크게 세 가지로 나눈다: 감명 주기; 독자 설득; 정보 제공.

독자는 문제를 해결하는 답을 바란다. 문제를 해결하고 답을 제시해야하는 필자는 문제를 명백히 해야 한다. 설계 문제를 정의하는 때, 문제 해결 수요자의 바라는 바가 감정 이입을 통해서 밝혀진 것처럼, 필자도 독자의 문제 해결 수요를 파악해야 한다. 그것을 바탕으로 창의적인 문제 해결 개념이 발명될 수 있다.

③ 상황 - 여건

상황은 '놓이게 되는 조건이나 때, 놓여 있는 사정이나 형편'을 말한다. 글쓰기의 상황이란 글을 쓰게 되는 조건이나 때, 필자가 글을 쓰게 되는 사정이나 형편을 말한다 (Kirszner, 2010: 20).

직장 글쓰기 환경에서, 예를 들어, 동료에게 보내는 e-메일은 매니저에게 보내는 보고서보다 덜 공식적일 것이다. 게다가, 상황은 한 편의 글에 얼마나 많은(혹은 적은) 정보를 담아야 할지에도 영향을 미친다. 또, 상황은 글 쓰는 목적과 관련이 있다. 예를 들어, 온라인 토의 그룹의 회원들에게 보내는 e-메일은 철저히 정보제공적인 것일 테지만, 그 반면에, 지역 역사 유물을 보존하는데 관해 지역 국회의원에게 보내는 e-메일은 정보제공적일뿐만 아니라 설득적이어야 할 것이다.

글을 써서 해결해야하는 일의 수사적 상황을 파악한다는 것은, 설계의 관점에서, 문제 해결 수요를 파악하는 일과 같다. 그런데 설계 팀의 임무가 무엇인지, 인공물의 이용자와 문제 해결 이해 당사자들은 어떤 사람들인지, 문제 해결에 작용하는 제약 사항들은 어떤 것들인지, 그리고 문제 해결에 요구되는 조건들은 어떤 것들인지가 이미 파악되어 문제정의문서로 작성되어 있다. 그 내용을 참고하면 글을 써서 해결해야 하는 문제를 정의하기 쉽다.

혹 주위에 주어진 과제와 유사한 일을 해 본 팀이나 개인이 있는지 수소문 해보는 것도 상황 파악에 도움이 된다. 게다가, 그들이 쓴 보고서를 참고할 수 있으면 더욱 좋다.

(3) 문제 정의

수사적 상황을 바탕으로, 글을 써서 해결해야 하는 문제가 정의되어야 한다. 답을 글로 써야하는 유형의 문제에는 정답이 없다. 그런 문제(설계 문제와 같은 '열린 문제,' 혹은 '비 구조화된 문제')에 대해서는 여러 가지 답이 있어서, 그것들 중, 가장 좋은 것이 있다.

예를 들어, 프로젝트 '어떤 지역 교회 주차장에서 휠체어를 타고 건물 내부로 드나들 수 있는 통로 개발'을 담당한 팀이 진도 보고를 위해 수사적 상황을 규명하고 그에 바탕을 두어 다음과 같이 문제를 정의한다.

- 독자: 팀 지도교수
  팀을 지도하는 교수가 첫 진도보고서를 읽었고, 설계 의뢰인이 바라는 것이 무엇인지를 알고 있다. 그렇지만 교수가 램프나 계단승강기에 관해서는 잘 모르고 있다.
- 독자가 바라는 바에 의해 충족되어야 하는 요구 조건
  - 이용자들이 휠체어를 탄 편한 상태로 이동할 수 있어야 한다
  - 현재 이동 시간보다 짧아야 한다
  - 다른 사람들 도움 없이 설비를 이용할 수 있어야 한다
  - 이용자들이 설비의 중요 부분들을 쉽게 알아 볼 수 있어야 한다
  - 키나 체중이 다른 사람들이 이용할 수 있어야 한다
  - 화재나 정전과 같은 비상시에도 설비가 작동될 수 있어야 한다
- 목적: 이동 설비에 대한 중요 결정을 지도교수에게 알리고, 그것이 이용자 관찰과 인터뷰 관찰 자료들에 의한 것임을 설명한다.
- 말투: 비즈니스를 하는 것처럼 하되 솔직하게

다음은 어떤 팀이 프로젝트 '지역 초등학교에 지을 새로운 도서관 설계'를 마무리하는 설계 보고를 위해 수사적 상황을 규명하고 그에 바탕을 두어 문제를 정의한 예이다.

- 독자: 의뢰인들—교장과 부모 및 도서관건립위원회의 선생님들—은 도서관에

대해서 많이 아는 사람들이어서, 설계팀이 제시하는 설계 특징들에 관해 반론을 펼 것이며 질문도 많이 할 것이다. 또한 교장이 보고서를 시공사 계약자들에게 보여줄 가능성이 있으므로, 자세한 측정 치수들과 명세들을 갖춘 도면들이 제시되어야 한다.

- 목적: 설계의 모든 측면, 그것이 모든 의뢰인들과 사용자 요구 조건들을 어떻게 충족하는 지를, 그리고 그것이 탄탄한 연구에 바탕을 두고 있음이 설명되어야 한다. 보고서를 읽은 후, 독자들은 설계를 이해해야 하고, 그로 인해 설계가 진척되어 나아가야 한다.
- 내용: 팀 연구에 의해 뒷받침되는, 설계와 설계 근거에 대한 자세한 설명을 담아야 한다.
- 말투: 비즈니스를 하는 것과 같은 직설적인 어투.
  엔지니어링 비속어를 쓰지 않아야 한다. 또한 비록 설계를 "sell, 팔려고" 하지만, 보고서가 판매 촉진을 위해 쓴 것처럼 보이지 않게 만들어야 해서, 모든 진술문은 요점만을 말하고 그 내용은 사실, 연구 및 시험에 의해 뒷받침되어야 한다.

이런 내용으로 문제를 정의하는 것은 설계 과정에서 수요 확인에 의해 문제를 정의하는 것과 본질적으로 같다. 예를 들어, 책을 읽고 독후감을 써야 하는 문제도, 수사적 상황에 바탕을 두어, 위와 유사한 형식으로 정의될 수 있다. 진도보고서를 쓴다면, 문제 정의문서를 참고하면 된다.

(4) 제재 생산

보고서를 쓰려면 쓸 내용이 있어야 한다. 글에 쓸 재료(제재), 즉 문제를 해결하는데 쓸 구체적인 내용이 있어야 그것들로부터 주제를 정해서 글을 쓸 수 있다. 필자는 이제 문제를 해결하는 '일'을 시작한다. 그 '일'을 마치고 나서야 필자는 글을 쓸 것이다. 즉, 지금은 '일'을 해야 하는 때이지 글을 쓰는 때가 아니다. 다시 말하면, 때가 되면 글을 써야 하지만, 지금은 문제를 해결하는데 쓸, 그래서 글에 쓸 내용을 만든다.

예를 들어, 책을 읽어 문제를 해결해야 한다면, 필자는, 책을 읽는다. 필자는 책을 읽어서 '독자가 글을 읽는 목적' 혹은 '필자가 글을 쓰는 목적'을 충족하는 제재들을 생산한다. 필자는 책의 저자, 서평, 책 내용에 대한 요약, 작품 해설 등을 읽거나, 그것들에 대한 자료를 조사한다.

설계로 문제를 해결해야 한다면, 설계팀이 설계 과정을 따라 '일'을 하는 것이 제재 생산이고, 그 활동의 내용이 진도를 보고하는데 쓸 제재들이다. 제재 생산은 쓸거리 생산이다. 즉 그 제재들이 독자가 바라는 자료, 정보 또는 지식일 수 있고, 혹은 그것들이 필자가 독자를 설득하는데 쓸 재료들일 수 있다. 그 재료들 중에는 다른 사람들이 생산해 둔 정보와 지식도 있겠지만, 필자가 고유하게 생산한 정보와 지식이 있어야 한다.

설계를 한다면, 설계 과정의, 개념 설계 국면 아니면 구체화 설계 국면의 단계들을 따라 '일', 즉 설계를 위한 팀 활동을 하는 것이 제재 생산 활동이다. 다만 그런 활동을 하는 중에, '일'에 열중을 해야 하지만, 보고서 쓰기를 대비해서, 활동 내용을 기록해 두고 자료를 모아서 정리하고 관리하는 일이 제재 생산의 관점에서 중요하다.

팀이 정의된 문제의 '일'을 팀원 각자에게 배분한다면, 팀원 모두가 문제를 명확하게 이해해야 한다. 그 바탕 위에서 팀원 각자는 개인에게 맡겨진 문제를 해결하기 위한 제재를 생산한다.

필자는, 그 '일'을 시작하는 시점에서, 정의된 문제에 대해서 자신이 알고 있는 바를 먼저 점검한다. 문제를 해결하려고 덤비기 전에, 또 '일' 하는데 필요한 정보를 수집하고 생산하기 전에, 필자는 해결해야 하는 일의 여러 면에 대해 자신이 아는 바를 먼저 점검하는 것이 좋다. 즉 필자는 자신이 정의한 문제를 알아야 한다. 주위 동료들에게 문제에 대해 질문하는 것도 문제에 대한 상식을 얻는 좋은 방법이다.

글에 쓸 제재들을 생산하기 위한, 정보 수집, 기록, 및 기록 유지를 위해 다음 사항들에 유의한다(Paradis, 2002: 8).

- 글 쓰는 일을 대비해서 컴퓨터 파일들을 보관하는 체계를 갖춰
- 출판 자료, 서신, 및 다른 수집물들을 파일 폴더, 낱장 문서 폴더, 및 입식 서류 정리함들에 보관
- 나중을 대비해서 모든 의안 및 회의록들을 간직
- 실험 절차, 그 세세한 내용, 노트, 및 절차들을 실험노트 혹은 설계부에 기록
- 예비적인 시각자료들을 스케치해서 실험노트와 컴퓨터 파일에 정리

■ 브레인스토밍

브레인스토밍은 이미 알고 있는 것들을 찾아내는 효과적인 자유연상 방법으로, 자유로운 토론을 통하여 독창적인 아이디어를 이끌어 내는 발산적 집단 사고 개발법(발상 모으기(경북대, 2010))이다. 브레인스토밍(2-1.1 절)은 설계 개념 생성을 위해서도 중요한 기법이다.

브레인스토밍할 때는 문제에 관해 필자의 머릿속에 들어 있는 낱말, 구 및 문장들을 최대한 많이 끄집어내어야 한다. 끄집어 낸 낱말이나 구들을 하나씩 세로 방향으로 목록을 만들 듯이 적어 내려가되, 굳이 문장을 적느라 시간을 지체할 필요는 없다. 브레인스토밍 규칙에 대해서는 2-1 절을 참고한다.

Brainwriting(브레인라이팅(도애경, 2006))은 집단을 위한 브레인스토밍의 단점을 피하여 필자 혼자서 하는 브레인스토밍이다. 브레인라이팅으로 각자의 생각을 종이나 PC에 적고 나서, 모여서 그 내용을 그룹의 관점에서 토의하고 구성원들끼리 공유하면 브레인스토밍과 같은 효과를 볼 수 있다(Lannon, 2010).

■ 자유쓰기

계획이나 제한 없이, 멈추지 않고, 쓰는 일은 필자가 무엇을 알고 무엇을 모르고 있는지를 알 수 있게 한다.

문제를 정의한 후에, 필자는 문제에 대해 머릿속에 떠오르는 내용을 자유쓰기(freewriting (Harris, 2000; Murray, 2002; Lannon, 2008; Kirszner, 2010) 또는 자유롭게 쓰기(도애경, 2006))를 한다. 자유쓰기의 관점에서, 문제에 대한 상식을 획득하거나 자료를 조사하면 자유쓰기의 효과를 높일 수 있다. 반드시 이 단계들을 거쳐야 하는 것은 아니지만, 자유쓰기도 일종의 쓰기이므로, 쓰기에 대한 부담이나 거부감을 완화하는데 그 일들이 도움이 될 것이다.

자유쓰기는 아이디어를 구하는 방식이다. 그래서 문제와 관련하여 필자의 머릿속에 있거나 떠오르는 여러 아이디어들을 종이나 컴퓨터 모니터에 멈추지 않고 적어 내는 것이 자유쓰기이다. 문제에 대해 자유쓰기를 할 때는, 5분이나 10분을 정하고 그 시간 동안 멈추지 않고, 일기를 쓰듯이, 가능한 빠른 속도로, 철자, 맞춤법, 띄어쓰기, 문법 등에 신경 쓰지 않고, 가로 줄을 맞춰, 노트 필기를 하듯이, 단어, 구, 문장들을, 계속

쓰기만 해야 한다. 문제에만 집중하되 '엉뚱한 아이디어들을 적고 있지 않나'라는 등의 걱정은 안 해도 된다. 자유쓰기를 시작했는데도 손이 안 움직인다면 낙서하듯이 아무것이라도 쓰기 시작해야 한다. 이런 특성으로 인해, 이 일을 '자유' 쓰기라 부른다. 자유쓰기에 대한 다양한 예문들은 참고문헌들(Harris, 2000; Murray, 2002; Lannon, 2008; Kirszner, 2010)에서 볼 수 있다.

자유쓰기는 필자가 문제를 갖게 된 후, 그 문제에 대해 알고 의문을 가지며 자료를 수집하고 연구하는 동안 또는 책을 읽는 동안, 여러 생각을 하면서 필자의 마음에 혹은 머릿속에 자리 잡은 것들을 자유로이 종이나 PC 모니터 화면에 쓰는 일이다. 그렇게 쓴 글이 '자유글'이다.

자유글을 읽어보면, 거기에 필자의 개인적인 내용들이 포함돼 있을 수 있다. 그런 내용에 주목한다면, 문제에 관해 필자가 아는 바가 반영되어 필자가 문제로부터 배우는 효과가 커질 것이다. 그렇게 해서 알게 된 내용이 문제의 해결책을 뒷받침하는 글의 재료로 포함된다면, 그 글은 독자와의 소통 가능성이 더욱 높을 것이다.

■ 다른 사람들과의 대화

문제에 대해서 다른 사람들과 토의를 하는 것이 필자가 그에 대해 아는 것이 무엇인지를 알게 되고 그리고 새로운 아이디어를 생성하는 데 도움을 줄 수 있다. 필자가 하는 말에 대해 누군가가 질문을 하도록 요청한다. 대화 하는 중에, 필자는 어떤 아이디어로부터 또 다른 아이디어를 떠 올릴 수 있게 될 것이다.

■ 육하원칙 질문

필자는 '누가, 무엇을, 언제, 어디서, 왜 그리고 어떻게'에 대해 물어서, 얼마나 더 많은 연구를 해야 하는지를 알아야 한다. 이 여섯 가지 질문들 각각에 대해서 또 다른 여러 질문들이 생겨날 수 도 있다.

① 정보 수집

문제에 대해 자신이 알고 있는 것들이 파악되면, 정의된 문제 내용들 중에서 모르는 것들에 대해 다른 사람들이 이전에 생산해 둔 정보부터 획득해야 한다. 이 일이 '2차 연구'이다. 즉 문제를 해결하기 위해서, 필자 자신이 알고 있는 것들 외에, 더 알아야 하는 것들을 조사해야 한다. 그것들 중에서, 다른 사람들이 이전에 문제 관련 여러 사항들을 어떻게 해결했는지를 조사해야 한다. 즉 2차 연구로, 문제 해결에 필요한, 남들이 이전에 생산해 둔, 정보가 수집되어야 한다. 그 정보는 필자가 문제를 해결하는 자신만의 정보와 지식을 생산하는 기초가 될 수 있다. 수집된 정보가 문제 해결에 필요한 자료와 정보 생산의 바탕이 된다.

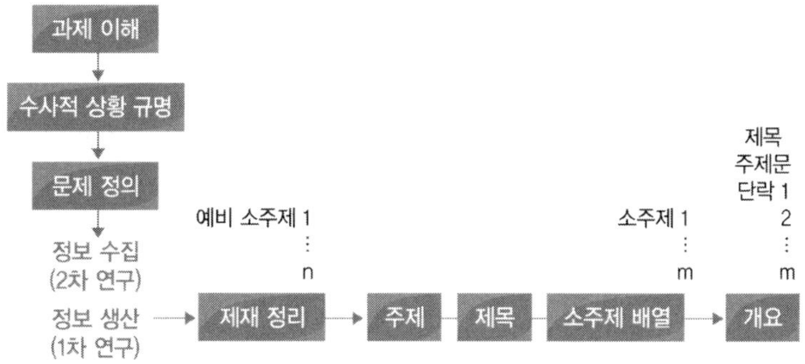

그림 4-6 아홉 단계 '쓰기 전' 국면

그림 4-6은 '쓰기 전' 국면의 아홉 단계들을 전개해 나가는데 필요한, 특히, '제재 생산'의 내용을 보여 준다. 글에 쓸 재료들은, 남들이 이전에 생산해 둔 것들을 수집하는 2차 연구와 필자 스스로의 1차 연구에 의해 생산된다. 그러니 1차 연구는 필자만의 문제 해결 지식을 생산하는 '일'이다. '일'이란, 예를 들어, 보고서를 써야 한다면, 보고를 위해 '문제를 해결하는 독창적인 활동'을 말한다. 그 일이 창의적 문제 해결로 귀착될 수 있다.

물론 정보 수집과 생산에 시간과 비용이 드는 만큼, 팀이 감당할 수 있는 정도의 폭과 깊이로 연구를 한다. 먼저 다른 사람들이 만들어 둔 자료나 정보, 즉 책, 정기간행물 또는 다른 전자 정보들을 수집 한다.

2차 연구의 6 가지 방식들이 있다(Murray, 2004: 13-6). 경각심, 관찰, 회상, 감정이입(2-1.1 (2) 절), 인터뷰, 도서관 탐색. 필자는 참고서, 교재, 기고문, 웹 사이트, 및 평판이 좋은 블로그들과 토의 게시판 등을 읽어서 다른 사람들이 이미 써둔 것들을 평가할 수 있다. 게다가, 전문가들을 인터뷰하고, 조사와 설문지들을 배포하며, 관찰하고, 질의서를 발송하고, 실험을 함으로써 새로운 정보를 생산할 수 있다. 필자가 속한 조직의 내부와 외부, 네트워크에 속한 사람들에게 질문하고 그들의 의견도 구해야 한다.

오늘날, 대부분의 전문 정보는 인쇄물로뿐만 아니라 인터넷에서 접근될 수 있는 디지털 매체로 배포된다. 다음은 출판된 정보의 4 가지 중요한 매체들이다(Markel, 2012: 125).

- 인쇄된 정보가 휴대하기 편하고, 그것에 다른 내용을 적어 넣을 수 도 있기 때문에, 인쇄물. 교본, 저널, 보고서, 및 다른 문서들은 책으로 만들어진다. 인쇄물 정보는 책, 정기간행물, 신문, 백과사전, 보고서, 제안서, 혹은 다른 비즈니스 문헌들과 같은 원천들로부터 수집된다.
- 온라인 데이터베이스. 대부분의 도서관들—심지어 많은 공공 도서관들—을 통해, 저널 기고문, 공공 컨퍼런스 회의집, 신문, 및 다른 문서들과 같은, 다양한 데이터베이스들을 구해볼 수 있다. 전자 정보는 웹사이트, 블로그, CD-ROM, 연구 데이터베이스, 비디오 등으로부터 수집된다.
- 웹 사이트. 웹에는 수도 없이 많은 정보가 있다. 효과적으로 그리고 효율적으로 검색한다면, 인쇄되어 출판되지 않은 사전과 백과사전, 인쇄본으로 출판되지 않는, 과외의 특징을 갖춘, 잡지와 저널들의 온라인 본, 전환 계산기와 다른 통계 소프트웨어, 최신 조사 데이터, 애니메이션과 비디오, 오디오와 비디오 팟캐스트와 같은 자료 및 다른 많은 종류의 정보를 구할 수 있다.
- 사회 관계망 매체(SNS).

② 정보와 지식 생산

정의된 문제에 대해 필자가 아는 것들을 바탕으로, 세상 사람들이 이미 생산해 둔 정보와 지식이 조사되었다면, 이제 필자는 문제를 해결하는 데 쓸 자신만의 정보와 지식을 생산한다. 이 일이 '1차 연구'이다. 문제를 해결하는데 쓸 혹은 글쓰기에 이용할 정보의 주 생성원은 필자나 필자가 속한 팀이 문제를 해결하기 위해서 하는 '일', 예를 들어, 실험이나, 조사나, 현장 답사나, 설계 등과 관련되는 모든 활동이다.

1차 연구란, 예를 들어, 팀원들이 문제를 해결하기 위해 설계 과정을 따라, 각 국면에서 여러 단계들을 따라, 하는 다양한 활동 그 자체이다. 관찰과 입증, 검사, 실험, 현장 조사, 인터뷰, 질의, 및 설문 등이 1차 연구의 7 가지 중요한 범주들이다.

예를 들어, 개념 설계(2-1 절)를 한다면, 설계팀은 설문 조사도 하고, 문제 상황을 체험하거나, 회의를 하고, 출장도 가고, 현장 조사를 하며, 실험을 하고, 계산하고, 시험하며, 분석하고, 측정하는 등 다양한 활동으로, 팀 고유의 원천 자료와 정보 및 지식을 생산한다. 또 실험보고서를 써야 한다면, 필자는 실험 지침서를 읽고, 실험을 충실히 하면서 생산되는 여러 자료와 관찰 사항들을 적어 둔다.

그런 정보들이 필자 자신의 경험이나 체험과 관련된 1차 정보이다(1차 자료(Pfeiffer, 2010)). 예를 들어, 필자가 간직하고 있는 잡기장 혹은 일기장(Kirszner, 2010; Harris, 2000), 설계부 혹은 회의록 등에 기록된 자료들도 그에 해당한다. 강조하건대, 제재 생산 관점에서, 1차 연구는 필자가 몸소 하는, 출장, 실험, 조사, 혹은 설계 활동, 즉 '일'이다.

2차 연구를 하는 동안, 필자는 노트를 적고, 인용할 내용을 말 바꿔 쓰기도 했으며, 요약도 하고, 직접 인용할 자료들을 적어 두기도 했다. 그런데 그 정보들은 정확하고, 편견이 없으며, 포괄적이고, 적절히 전문적이며, 최신의 것이고, 그리고 분명해야 한다.

2차 연구와 1차 연구를 통해, 필자의 문제 해결 활동(경험)에 의한 정보, 인쇄물 정보, 및 전자 정보, 이 세 종류의 정보가 골고루 확보되어야 한다(Sheehan, 2010: 142-148). 이 세 가지 원천들로부터 정보가 확보됨으로써 정보의 원천들이 비교되고 대조될 수 있으며, 필자는 믿을 수 있는 정보를 가려서 이용할 수 있다. 게다가, 이런 과정을 통해 정보가 수집된 흔적이 글에 남을 때, 독자들은 필자가 제시하는 문제 해결책을 신뢰하게 된다.

정보를 수집하고 생산하는 관점에서, 설계나 연구는 자료와 정보를 관리하는 일로 간주되기도 한다. 문제를 해결하기 위한 연구는 정보 흐름의 양상을 정하는 과정이어서, 필자는 필요한 정보를 찾아내어 활용할 수 있어야 한다. 기술 의사소통을 위한 정보 관리자로서, 필자는 정보를 어떻게 평가하고, 우선순위를 정하며, 해석하고, 저장하는 지를 알아서, 자료와 정보를 효과적으로 이용할 수 있어야 한다.

이런 관점에서, '글은 일을 마치고 쓰는 것'이라는 시각은 잘못 된 것이다. '글쓰기 과정'의 관점에서, '일'하기 전부터 글을 쓸 준비를 해야 하고, '일'하는 동안 팀원들 간의 의사소통을 위해서도 글을 써야 하며, 그런 활동을 통해 자료와 정보가 생산되고, 그것들이 보고서 쓰기를 대비해서 조직적으로 관리되어야 한다. 미처 챙기지 못한 문건이나 보고서, 기록하지 않은 주석, 못 찾는 회의록, 대충 적어 둔 입력 데이터, 저장한 곳을 모르는 컴퓨터 파일, 적어 두지 않은 절차, 이런 것들 중 일부가 나중에 연구자들을 끝까지 괴롭힐 것이다.

문제를 해결하는 과정 내내, 필자 개인뿐만 아니라 팀은 자료와 정보를, 설계부(設計簿)나 업무일지에, 제 때에, 조직적으로, 기록하여 관리한다. 팀원들뿐만 아니라 부서의 팀장이나 문제 해결 이해 당사자들과 전문 주제에 대해 의사소통하기 위해서, 필자는 컴퓨터를 이용하여 많은 양의 자료와 정보를 효과적으로 관리하고 활용한다.

예를 들어, 인터넷에서 자료를 가져오는 경우에, 필자는 웹페이지의 주소(URL)와 그것을 검색한 일자와 시각을 기록한다. 인쇄물에 대해서는, 정보가 실린 책 이름과 출판자 정보가 기록된다. 또한, 도서관 자료의 청구번호도 적어 둔다. 원문 그대로 인용할 자료는, 그것을 온전히 베낀다. 내용을 필자의 말로 바꾸어 인용할 자료에 대해서는, 그 요점을 보존하는 범위에서 말을 바꾸어 적어야 하고, 그 출처를 정확히 기록해 둔다. 한 단락 정도의 정보를 요약하는 때는, 세세한 사항들은 버리고, 요점만 기록한다. 자료에 대한 필자 자신의 해설은 원천 자료와 구별되도록 적어 둔다. 자료나 정보가 이렇게 관리되면, 글을 쓰는 때, 그 원천을 밝히고, 그 원천들을 모아서 참고문헌을 제대로 작성할 수 있다. (4-3 인용과 표절 참고.)

■ 대학 연구와 직장 연구의 차이

대학생이 하는 연구와 직장인들이 하는 연구가 비슷하기도 하지만, 그 둘의 목표와 방법은 다르다(Markel, 2012: 119-20).

대학 연구(수업과 관련한 연구)의 목표는 학구적 질문에 답하는데 도움이 될 정보를 찾는 것이다. "만약 중국이 자국의 통화 가치를 10% 낮춘다면 미국과 중국 사이의 무역 균형에 어떤 영향이 미칠까?" 또는 "아기들은 몇 개월쯤에 사람들과 눈 맞추기를 시작하나?" 학업을 위한 연구 질문들은 많은 경우에 실제적이기 보다 추상적이다. 즉, 그 질문들은 어떤 현상의 바탕 원리들을 파악하기 위한 것들이다. 대학 연구는 보통, 대학

저널과 책들에 실린 연구 문헌들 읽기를 포함하는, 광범위한 2차 연구를 요구한다. 만약 어떤 학생이, 과학자들이 실험실에 하는 것처럼, 1차 연구를 하려면, 그는 2차 연구부터 제대로 한 뒤에 1차 연구를 해야 한다.

직장 연구의 목표는 보통, 직무가 연관되는, 문제를 해결하는 정보를 생산하는 것이다: "영업 사원들의 노트북 pc를 태블릿 pc로 교체해야 하는가?" 또는 "고객 정보에 대해서 유럽-스타일 개인 정보 보호 정책을 적용한다면 무슨 이점과 단점이 있겠는가?" 직장에서 문제를 해결하기 위한 연구 질문들은 특정한 조직의 상황을 개선하는데 초점을 두기 때문에, 그것들에 대해서는 훨씬 더 많은 1차 연구를 한다.

대학 연구 혹은 직장 연구와 상관없이, 기초 연구 방법들은 근본적으로 동일한데, 1차와 2차 연구의 목표는 문제에 답을 하는데 필요한 자료와 정보 및 지식을 생산하는 것이다.

여기까지가 글에 쓸 내용을 생성하는 일에 대한 내용이다. 제재를 생산하기 위해서 팀은 '일', 즉 '설문 조사도 하고, 문제 상황을 체험하거나, 회의를 하고, 출장도 가고, 현장 조사를 하며, 실험을 하고, 계산하고, 시험하며, 분석하고, 측정하는 등' 다양한 활동을 열심히 제대로 했어야 한다.

(5) 제재 정리

제재들은 글에 쓸 재료들이다. 그런 재료들이 정리되면 비공식 개요(예비적 개요(김기호, 2011))가 만들어 질 수 있다. 개요는 글이 어떻게 구성돼 있는지를 한 눈에 볼 수 있는, 글의 뼈대이지만, '비공식'이라는 이름에서 알 수 있듯이, '비공식 개요'는 '임시 개요' 혹은 '글의 예비 일람표'이다. 글의 임시 뼈대들이 '예비 소주제'들이다.

'예비 소주제'가 몇 개 만들어지면, 그것들의 상대적인 중요성이나 관계는 고려하지 않고, 그것들이 나열된다. 그렇게 나열된 것이 '비공식 개요' 이다. 그림 4-6은 '예비 소주제' n 개가 만들어졌음을 묘사한다.

앞 단계에서 수집하거나 생산한 제재들은 정리되어야 한다. 그것들은, 수집과 생산에 열중하느라, 항목별로 정리되고 관리되어 있지 않은 것이 보통이다. 또 팀은 팀원 개인들이 자신이 맡은 문제들에 대해 생산한 제재들을 수합해서 정리한다. 필자는 '정의된 문제'의 관점에서 제재들을 살펴서 그것들로 문제를 해결할 수 있을 지를 가늠한다.

제재 정리는, 보고 대상 문제가 무엇이든지 상관없이, '문제 정의'에서 규명된 '요구 조건'들과 연관된다. 예를 들어, 팀이 '모형수륙양용차량이 물에서 수평을 유지해야 한다.'는 요구 조건을 충족하는데 필요한 제재들을 수집한 뒤, 회의를 한다. 그러면, 팀은 팀원 각자가 조사한 인터넷 자료, 잡지 기사, 사진, 통계 자료 등 다양한 제재들을 정리하고 그것들의 의미를 살펴서 '요구 조건'을 충족하는 정보를 생산한다. 그 정보가 '예비 소주제'이다. 여러 요구 조건들에 대해 생산된 제재들 중에는, 의미가 유사한 자료나 정보들이 있는가하면 때로는 그 의미가 상충되는 것들이 있을 수 있지만, '예비 소주제' 여럿이 추출될 수 있다.

예를 들어, 어떤 팀이 (3) 절 '문제 정의'에서 ('어떤 지역 교회 주차장에서 휠체어를 타고 건물 내부로 드나들 수 있는 통로 개발' 과제에 대한)열거된 6 가지를 포함하는 요구 조건들에 대한 제재들을 정리하다 보니, '램프를 설치할 공간이 부족하고,' '계단승강기가 비용 대비 효과성이 높다'는 정보가 추출되었다. 그 정보에 따라 팀은 이동 설비로 램프(ramp)나 엘리베이터가 아니라, 계단승강기(휠체어에 앉은 채로 계단을 따라 올라가고 내려올 수 있도록 설치된 레일식 승강기)를 택하는 것이 좋겠다는 설계 결정을 한다. 그 외에, 팀은, 진도 보고가 끝나면 다음으로 할 일은, 계단승강기를 납품할 업자 조사, 건물 관리부서와 접촉하여 건물 계약자와 면담, 및 계단승강기 계획의 초안을 교회자산관리위원들에게 설명해야 한다는 것을 알게 된다.

다음 것들이 진도보고서에 포함될 수 있는 예비 소주제들이다.

- 램프를 설치할 공간이 부족하고
- 계단승강기가 비용 대비 효과성이 높다
- 이동 설비를 계단승강기로 만들자
- 다음으로 할 일: 계단승강기를 납품할 업자 조사, 건물 관리부서와 접촉하여 건물 계약자와 면담, 계단승강기 계획의 초안을 교회자산관리위원들에게 설명

이렇기 때문에 '쓰기 전' 활동을 '발명'이라 부른다. 수집되고 생산된 제재들을 정리하고 그것들의 의미를 분석하는 중에 문제 해결에 쓸 정보가 발명되는 것이다.

제재를 정리하는 때 팀원들은 다양한 요구 조건들의 관점에서 제재들의 의미를 여러 관점에서 해석할 수 있어야 한다. 이 때 팀워크에 바탕을 둔 팀 창의성이 작동될 수 있다.

정보가 발굴되었다 하더라도, 그 의미를 명확하게 전달하는데 필요한 뒷받침 제재가 모자란다면 팀이 제재 생산 활동을 더 해야 한다. 또 제재 정리를 통해 문제를 해결하는데 쓸 제재들이 충분히 추출되지 않는다면 팀은 문제를 다시 정의하거나 문제 정의 내용을 다시 살펴야 한다.

글의 주제가 아직 정해지지 않았기 때문에, 서론이나 결론 또는 글의 주제문은 비공식 개요에 포함되지 않는다.

(6) 주제 설정

주제는 '예비 소주제'들의 공통된 성질에 의해 드러나는 글의 요점으로, 필자가 발견한 문제의 해결책이다. 비공식 개요를 살피면 문제에 대한 답의 윤곽이 어느 정도 드러난다. 필자는 '예비 소주제'들로부터 문제를 해결하는 답을 정한다. 즉 필자는 이제 글의 주제를 정한다.

주제는 최대한 구체적이어야 한다. '예비 소주제'들 중에서, 필자가 잘 알고, 필자의 관심을 끌며, 독자도 관심을 가질만한 것들이 공통적으로 드러내는 개념이 글의 주제가 되어야 한다. 그러므로 예비 소주제들이 하나같이 공통된 개념을 드러낸다면 주제가 쉽게 정해질 수 있다. 그렇지 않다면, 다수의 '예비 소주제'들에 공통되는 개념이 주제가 되어야 한다. 그림 4-5는 비공식 개요에 선정된 n 가지 '예비 소주제'들에 바탕을 두고 글의 주제가 정해졌음을 묘사한다. 문제에 따라 예비 소주제들이 문제 해결의 답이 될 수 도 있다. 예를 들어, 진도를 보고한다면, 일부 제재들이 드러내는 의미 각각이 보고의 주제가 될 수 있다.

주제를 정할 수 있는 정도로 예비 소주제의 수가 충분하지 않거나 일부 예비 소주제를 뒷받침하는 제재들이 부족하다면, 팀은 제재 생산 즉 문제 해결 활동을 더 한다. 앞 단계로 나아가기보다, 당장의 문제를 해결하기 위해 지나 온 단계로 되돌아가는 것이 문제 해결의 관점에서 수고를 줄이는 결과를 낳는다. 문제 해결 과정의 순환에 주저하지 말아야 한다.

여기까지가 문제를 해결하는 글의 '주제 설정' 혹은 문제 해결책을 생성하는 과정이다. 초벌을 쓰려고 서두르기 전에, 할 일이 또 있다. 이제 글의 제목을 정한다.

(7) 제목 정하기

제목은 글에 붙이는 이름으로서, "글의 간판의 역할"(서울대, 2010)을 하는 "글의 얼굴"(서정수, 2001)이다. 제목은 글의 첫인상을 좌우하는 중요한 요소로서, 주제가 정해지면 제목이 정해질 수 있다. 물론, 다른 시점에서, 예를 들어 초벌을 개정하는 때에 제목이 정해질 수 도 있다(Kirszner, 2010). 제목이 글의 얼굴임에도 불구하고, 글쓰기 과정에서 소홀히 취급되어, 제목에 관한 설명이 누락되는 경우가 많다. 그림 4-5는 주제가 정해진 다음에, 제목이 정해져야 하는 것을 나타낸다.

"제대로 정해진 제목이라면 (독자가) 제목만 읽고도 그 글이 어떤 내용을 다루고 있는지 짐작할 수 있고 더 나아가 필자의 태도나 관점 등도 파악할 수 있다."(서울대, 2010) 제목은 글의 내용을 보여줄 뿐만 아니라 글의 내용에 대해 관심을 불러일으키는 역할도 한다.

제목은 대체로, 주제와 관련 깊은 것, 목적과 관련된 것, 문제와 관련되는 것 세 가지로 나눈다. 주제와 관련 있는 제목은 글의 내용 면을 강하게 드러내고, 목적과 관련 있는 제목은 필자의 의도를 직접 나타내는 효과가 있다. 그리고 문제와 관련 있는 제목은 글의 대체적인 윤곽을 암시하는 경향이 있다(서정수, 2001).

제목을 정하는 가장 일반적인 방법은 주제문을 짧은 문장이나 구로 압축하는 것이다. 또 다른 방법은 글의 내용 가운데 독자의 흥미를 끌만하거나 중요한 부분이 있으면 그 일부를 발췌하여 제목으로 압축해서 쓰는 것이다. 주제를 암시하도록 유사한 사례에 빗대어 제목을 정하는 것도 한 방법이다.

주제와 관련 있는 제목을 정하는 때에는, 주제와 그에 대한 설명이 제목에 포함되어야 한다. 특히 제목은 주제뿐만 아니라 주제에 대해 어떤 것을 말하고자 하는지에 대한 설명을 포함해야 한다. 여기서 주제는 '글에서 말하고자 하는 바'를, '설명부'는 주제에 대해 글에서 다루고자 하는 내용을 의미한다. 이를 굳이 주어와 서술어 관계로 생각한다면, 주제는 주어에 설명부는 서술어에 해당한다(신선경, 2010).

문제가 치밀하게 정의되었거나 '잘 정의된' 문제라면, 제목을 따로 정하지 않고, 주제를 '글의 간판'으로 쓰기도 한다.

(8) 소주제 선정과 배열

소주제는 글의 주제를 드러내는 것으로서 단락의 주제이고, 단락은 글의 중간 조직체이다. 주제와 제목을 정하고 나면, 필자는 '예비 소주제'들 중, 제목이나 주제의 관점에서 통일성이 적거나 뒷받침 제재들이 부족한 등의 이유로 적합하지 않는 것들은 소주제로 쓰지 않아야 한다. 글의 목적과 주제 및 제목의 관점에서 적합한, 통일성이 강한, 그래서 주제를 잘 드러내는 것들이 글의 중간 조직체들이 되어야 한다. 문제를 해결하는 답을 제시하는데 적합한 예비 소주제들이 소주제로 선정되어야 한다. 그림 4-6에서는 예비 소주제 n 개 중에서 m 개가 소주제로서 선정되어 어떤 순서로 배열된 것을 볼 수 있다.

소주제들은 어떤 연결성의 기준에 따라 배열되어야 한다. 소주제들을 배열하기 위해서는 글을 서술하는 방식에 대해 알아야 한다. 서술은 글의 뼈대에 살을 붙여 가는 일이다. 서술 방식은, 글을 읽는 관점에서, 글의 주제가 얼마나 분명히 드러나는지와 글에 대한 독자의 반응에 영향을 미치는 중요한 문제이다. 또한 서술 방식은, 글의 목적을 성취하는데도 영향을 미친다. 따라서 글의 중간 조직체들을 배열하기 위해서는 의사소통 목적에 부합하는 서술 방식을 참고한다.

소주제들을 나열하는 방식은, 통상적으로 이용되는 글의 형식, 혹은 장르와 관련이 있다. 그 형식은 문제를 서술하는 방식에 상응한다. 따라서 문제 해결 목적을 성취하는데 적합한 장르를 참고하여, 그것을 기준으로 소주제를 배열할 수 있다. 그런 관점에서, 조직에서 발간된, 유사한 종류의 문서를 참고하면, 소주제들을 배열하는데 도움이 된다.

서술 방식은 아주 다양해서, 분석, 묘사, 분류, 비교와 대조, 서사, 과정, 원인과 결과, 정의, 예시 등이 있다. 이런 다양한 서술 방식을 '문제를 인식하기 위한 사고의 방법'(황미향, 2007)이라 하여, 그것들이 정체 밝히기, 특징 밝히기, 이치 밝히기로 분류하거나 또는 문제 인식하기, 개념 체계 세우기, 사태 해석하기, 논리적 사고 등과 관련 있는 것들로 분류되기도 한다. 이런 분류는 과정 중심의 글쓰기 방법이 문제 해결 과정으로 규정되고 또 문제 해결을 위한 사고방식이 서술 방식과 연관된다는 관점에서 의미가 있다. 과제 지시문에 글을 어떤 방식으로 서술하면 좋을 지에 대한 힌트가 포함되는 경우도 많다.

주제가 드러나게 소주제들을 배열하려면 필자는 본론 단락들의 특성을 알아야 한다. 글의 구조 관점에서, 서론과 결론은 각각 글에서 어떤 기능을 하고 어떻게 써야 하는지,

본론은 무엇이며, 그것은 소주제들과 어떤 관계가 있는지, 본론을 구성하는 단락들 간에는 어떤 관계가 있는지, 본론 단락들의 패턴 등에 대해 이해해야 한다.

■ 주제를 드러내는, 효과적인 뒷받침

- 연관성 있는 뒷받침. 본론 단락들은 글의 주제에 명백히 연관되어야 한다. 무관한—주제와 관련 없는—제재들은 버린다.
- 구체적인 뒷받침. 본론 단락들은 일반적이거나 모호하지 않은, 구체적인 뒷받침을 담아야 한다. 구체적인 예, 분명한 이유, 및 간결한 설명이 독자들을 붙잡아 두고 필자의 아이디어들을 그들에게 소통한다. 표, 그래프, 다이어그램, 사진, 차트 등과 같은 시각자료들은 구체적인 뒷받침을 위한 좋은 자료이다. (6장 참고).
- 적절한 뒷받침. 본론 단락들은 주제를 뒷받침하기 위한 충분한 사실, 이유, 및 예들을 담아야 한다. 얼마나 많은 뒷받침이 있어야 하는 지는 독자, 필자의 목적, 및 주제의 범주에 따라 다르다.
- 대표적인 뒷받침. 본론 단락들은 틀에 박히지 않은, 전형적인 뒷받침을 제시해야 한다. 예를 들어, 필자가 독감 예방 주사가 효과가 없다고 주장하는 글을 쓴다고 하자. 그런데 이 주장에 대한 뒷받침이 필자의 할머니가 예방 주사를 맞았는데도 독감에 걸렸다는 사실이다. 연구에 의하면 예방 주사를 맞은 대부분의 사람들이 감기에 걸리지 않는다는 사실이 알려져 있기 때문에, 이 예는 대표적이지 못하다.
- 뒷받침의 고증. 연구, 예를 들어, 출판 자료들의 공부와 인터넷 검색과 같은 2차 연구로 수집된 뒷받침 자료들은 고증되어야 한다. (고증에 대해서는 2-1.2절 참고). 다른 사람들의 아이디어와 말들을 고증하지 않아 발생하는, 표절은 공정하지 않을뿐더러 부정직하다. 이 이유로, 필자가 빌려온 원천 자료 정보에 대해 신망을 표시하기 위해 적절히 고증해야 한다.

이런 뒷받침을 위해 이용될 수 있는, 제재가 풍부한 예비 소주제가 소주제로 선정된다. 소주제를 뒷받침하는 제재들이 부족하다면, 제재 생산을 다시 해야 할 지도 모른다.

즉 글에 쓸 내용이 모자라지 않게, 문제 해결 활동 중 허술했던 부분을 다시 한다. 지나온 문제 해결 과정의 단계들로 되돌아가기를 주저하지 않는다.

(9) 개요

개요는 글이 어떻게 구성돼 있는지를 드러내는 글의 뼈대, 글의 틀, 글의 줄거리, 글의 설계도(한국교원대, 1995)이다. 개요는 제목, 서론(주제문), 본론을 구성하는 소주제들(그 소주제를 뒷받침하는 제재들) 및 결론으로 구성된다.

예를 들어, 고층아파트와 기와집이나 초가집은 그 '틀'이 다르다. 셋 다 '집'이지만, 그 구조가 다르다. 그 곳의 지리 환경과 그 집에 살 사람들과 그들이 사는 방식에 적합한 집이어야 하므로 그 집들의 '뼈대'가 다른 것이다. 개요는 '글'이라는 차량의 뼈대이다. 이사 거리와 운반할 짐의 종류나 양에 따라, 이삿짐을 나르는 차량은 다르다. 그러니, 글을 쓰는 때도, 의사소통 목적과 그를 위한 내용물에 맞는 개요가 필요하다.

먼저 제목과 주제문을 적는다. 서론의 핵심은 주제문이기 때문에, 주제문을 제목 다음에 적는다면, 서론을 따로 적을 필요는 없다. 다만 서론–본론–결론의 틀을 개요에 나타내기를 원하면 서론을 따로 적는다.

다음으로 첫 번째 소주제들을 나타내는 어구나 소주제 문장을 제일 상위의 머리제목으로 적고, 그 머리제목 아래에 들여쓰기로 소주제를 뒷받침하는 제재들을 표현하는 어구나 문장들을 줄을 맞춰 적는다. 소주제와 그 뒷받침 제재들이, 예를 들면, 아래와 같은 구조로 배열되어, 두괄식 단락이 된다.

소주제		**소주제 문장**
뒷받침 제재		뒷받침문장
뒷받침 제재		뒷받침문장
뒷받침 제재	또는	뒷받침문장
…		…
뒷받침 제재		뒷받침문장

소주제를 뒷받침하는 제재들이 있고, 일부 제재들에 대해서 그것을 또 뒷받침하는 하위 제재들이 있다면, 아래와 같은 구조로, 그 하위 제재들은 한 단계 더 들여쓰기로 줄을 맞춰 적고, 적절한 번호(번호식 개요(서울대, 2010))들을 붙인다. 예를 들어, '2.2

뒷받침 제재'는 하위 제재들의 그룹이 의미하는 바를 표현하는 제재이다. 그림 4-6은 제목, 주제문, 소주제가 m 개인 본론, 및 결론으로 된 개요를 예시하는데, 소주제들이 머리제목이고 부머리제목들은 없다.

2 소주제
  2.1 뒷받침 제재
  2.2 뒷받침 제재(부속 소주제)
    2.2.1 뒷받침 제재
    2.2.2 뒷받침 제재
    …
    2.2.4 뒷받침 제재
  …
  2.5 뒷받침 제재

개요에 결론은 따로 적을 필요는 없다.

개요는 유사한 문제를 해결하고 그에 대해 쓴 글을 참고하여 구성될 수 있다. 진도보고서를 쓴다면, 이전에 누군가가 작성한 진도보고서의 개요를 참고[7]하면 된다. 그렇다고 필자가 이전 문서의 틀을 그대로 따르는 것은 적절하지 않다. 문제와 문제 해결에 적합한 개요를 필자가 창의적으로 구성하면 의사소통 목적이 더 효과적으로 성취될 수도 있다.

표 4-3 진도보고서의 구성 패턴

현재까지 마무리된 → 모든 일에 대해서 기술하고, 남은 일의 대략을 기술한다. 현재 일에 대해 따로 쓰는 경우에는 진행 중인 시간이 오래 걸리거나 복잡한 과제에 집중한다.

시간 패턴	과제 패턴
토의	토의
A. 한 일	A. 과제 1
B. 할 일	1. 한 일
	2. 할 일
	B. 과제 2
	1. 한 일
	2. 할 일

←과제 패턴은 각 과제에 대해서 마무리된 것을 순서대로 기술한다. 흔히 과제별 구조는 시간별 구조를 통합한다.

7) 4 장 첫 머리에 언급한 '장르 지식'을 이용하는 것이다

예를 들어, 진도보고서에 대해, 과제 책임자들마다 다른 사항들을 요구할 수 있다. 기초설계를 가르치는 교수들도 사정은 비슷하다. 그래서 팀은 제출해야 하는 진도보고서들의 구성, 포맷, 및 길이에 대해서 지도교수가 요구하거나 선호하는 것들에 대해 토의한다. 팀이 써야 하는 진도보고서에 대한 아이디어를 얻기 위해 담당 교수와 상담하는 것도 좋은 방법이다. 진도보고서는, 표 4-3에서 보는 바처럼, 시간 패턴이나 과제 패턴으로 쓸 수 있다.

예를 들어, 긴, 공식 진도보고서를 쓴다면, 부록 3의 진도보고서의 형식을 따라 다음과 같은 개요를 쓸 수 있다. 이 개요는 '과제 패턴'이다. 이런 견본 개요를 이용할 수 있으려면, 팀이 생산한 제재들로, 개요를 구성하는 단락을 쓸 수 있어야 한다. 이 견본 개요에서 '과제 3 Clickers 가격에 대한 학생 의견 조사'는 그 단락의 소주제가 '과제 3'에 대해 한 일 중, 'Clickers 가격에 대한 학생 의견 조사'에 대한 것이라는 의미이다.

제목: CMSU에서 clickers 이용 학습을 위한 연구 진도보고

목적

요약

서론

연구 결과
- 마무리된 일
  - 과제 1 대학교육에서 clickers 이용의 기본 이해 획득
  - 과제 2 clickers 이용에 대한 교수진의 성향 연구
  - 과제 3 clickers 가격에 대한 학생 의견 조사
- 남은 일
  - 과제 4 강의실의 물리적 특성 연구
  - 과제 5 현재 강의실의 컴퓨터 환경 연구
  - 과제 6 데이터 분석과 추천보고서 준비

일정 개정

결론

참고문헌

부록 1 교수진 설문 1
부록 2 교수진 설문 2

개요를 완성하는 것이 '쓰기 전' 국면의 마지막 일이다. 그런데 지금까지는 '글'을 쓰지 않았다. '쓰기 전' 국면에서 필자는 글을 쓰는데 필요한 내용을 생성하고, 그 내용을

조직할 뿐이다.

이런 '쓰기 전' 국면을 '개념 설계'와 연관 지어 보자. 2-1 절(개념 설계)에서 본 바처럼, 문제를 정의한 후, 그것을 해결하기 위한 방안을 여럿 생성하고 그것들 중의 최적의 것을 선정하는 것이 개념 설계의 대강이다. 글쓰기의 '쓰기 전' 국면에서, 필자는 수사적 상황을 고려하여 문제를 정의하고, 문제 해결에 필요한 자료와 정보를 수집하고 여러 활동[8])으로 정보와 지식을 생산한 후, 그것들 중에서 의사소통 목적 성취에 적합한 제재들을 골라, 그것들을 바탕으로 글의 주제를 정하고, 글의 틀을 짠다.

이런 연관에 의하면, 글을 쓰기 위해 내용을 생성하고 조직하는 '쓰기 전' 국면은 설계 개념 여럿을 생성하고 최적의 것을 선정하는 발명과 같다. 즉 개념 생성을 위한 발산적 사고-수렴적 사고의 순환은 글에 쓸 재료를 생성하고 조직하기 위한 창의-분석의 순환과 같다.

4-1.2 초벌 쓰기

쓸 내용을 생산해서 조직해 두었다고, 완성 본을 당장 쓰는 것은 아니다. 개요대로 소주제들과 제재들을 적어 내려가는 것이 초벌 쓰기이다. 초벌 쓰기의 목적은, 완성 본을 만들기 전에, 소주제와 제재들을 pc 모니터 화면을 보면서 내용을 적어 넣어 초벌 원고를 만드는 것이다.

여러 번 고쳐 써서 글을 완성할 것이므로 초벌은 심각한 것으로 여기지 않아도 된다. 그래서 첫 초벌은 '발견을 위한 원고'이다(Harris, 2000: 89). 그러므로 초벌을 쓰는 때에 '올바로 쓰기'나 '세련된 방식으로 쓰기'에 대해서는 염려하지 않아도 된다. 이 사실을 명심하고, 어떤 부분에는 × 표시를 하고, 어떤 부분은 버리며, 제재를 광범위하게 재배열할 준비를 한다. 초벌을 쓰는 중에 새로운 아이디어가 떠오르더라도 놀라지 않는다. 손 가는대로 써서 결론까지 쓰기를 마친다. 기대하지 않은 반전과 운이 좋으면 제법 잘 쓴 글이 되기도 한다. 다음 지침들이 첫 초벌을 쓰는데 도움이 된다.

---

8) 기초설계를 하는 중에 진도보고서를 쓴다면, 그 활동은 개념 설계, 구체화 설계 및 상세 설계를 위한, 다양한 것들일 수 있다.

■ 초벌을 쓰기 위해 적어도 1~3시간 정도를 잡는다

대부분의 필자들은, 방해를 받지 않는다면, 적어도 한 시간 동안은 창의적인 에너지를 지속할 수 있다. 방문을 열어 놓고 끊임없이 방해를 받으며 서너 시간동안 글을 쓰는 대신, 조용한 한 두 시간을 잡아두어라. 대부분의 비즈니스에서, 특별히 글을 잘 써야하는 것이 성공에 중요하다면, 다른 사람들이 필자를 위해 한 시간 정도는 참고 기다릴 수 있을 것이다. 팀원들은 초벌 보고서를 쓰는 필자의 전략에 동의할 것이다. 팀원들은 심지어 그 전략을 나중에 그들 자신에게 적용하려고도 할지 모른다.

■ 고쳐 쓰려고 멈추지 않는다

쓴 글은 나중에 개정하고 편집할 것이다. 그렇지만 지금은 그 때가 아니다. 대신, 개요에 충실하게, pc 모니터 화면에 아이디어들을 가능한 대로 신속히 옮겨 적어야 한다. 대부분의 필자들은 초벌 쓰기를 마친 뒤, 고쳐 쓰기 국면에 들어서면 글쓰기 리듬을 되살리는데 어려움을 겪는다.

■ 가장 쉬운 단락부터 시작한다

본론 쓰기가 가장 쉽다. 본론을 시작부터 끝까지 차례로 쓰지 않아도 된다. 목표는 초벌을 신속히 쓰는 것이기 때문에, 본론 단락들 중에서도, 가장 쉽게 써 나갈 수 있는 것부터 쓰면 된다. 나머지 것들은, 나중에, 함께 짜 맞추고 내용을 조정하면 된다.

■ 요약은 가장 나중에 쓴다

초벌 쓰기를 위한 개요는 주로 본론에 초점을 둔 것이다. 초벌을 마무리한 후에, 요약이나 나머지 부분들을 써야한다. 보고서를 마무리하기 전에는 보고서를 요약할 수 없다. 대부분의 필자들이—독자 중 일부 의사 결정자들이 주로 관심을 가지는 특정한 절—요약을 쓰는데 곤란을 겪기 때문에, 요약을 부실하게 쓰기 시작한다면 수렁에 빠져들기 쉽다.

개요를 잘 짜 두었다면 초벌 쓰기는 속히 실행해야 한다. 그렇지만 많은 필자들이 초벌 쓰기를 시작하는데 꽤 곤란을 겪는다. 그 현상이 너무 보편적이어서 '필자의 걸림돌(writer's block (Sheehan, 2010: 29))'이라 부른다.

필자의 걸림돌의 최악의 결과는 글쓰기 프로젝트, 특히 제안서 쓰기를 자꾸 뒤로 미루는 것이다. 이렇게 되면, 최종 본을 쓸 때 서두르게 되고, 개정과 편집을 부실하게 해서, 오류가 많은 글이 되고 만다. 초벌을 제때에 못 쓰면, 개요 짜기까지의 '쓰기 전' 국면의 일들이 허사가 되고 만다.

초벌을 쓰기 위한 점검 목록(Kirszner, 2010: 51)

• 본론 단락들부터 쓴다

개요를 앞에 펼쳐 놓고, 글의 주제를 생각하며, 본론 단락들부터 쓰기 시작한다. 본론을 쓰고 나면, 서론이나 결론은 적절히 쓸 수 있게 될 것이다. 또 나중에 글을 광범위하게 고쳐 쓸 것이기 때문에, 초벌을 쓰는 동안, 서론이나 결론을 쓰는데 대해 염려하지 않는다.

• 제재들을 신속하게 적어 내려간다

문장이 바르고 정확한지 등에 대해 염려하지 말고, 스타일을 걱정하느라 글쓰기의 흐름을 끊지 않는다.

• 글을 쓰는 동안 정기적으로 잠깐씩 쉰다

녹초가 되어 생각이 흐릿한 정도가 될 때까지 계속해서 글 쓰는 일은 삼간다. 글쓰기를 몇 개의 국면들로 나누고, 본론 단락 하나나 둘 정도를 마무리한 뒤, 조금 쉰다. 이 전략은 피로를 줄이고 결국에는 쉬지 않고 쓰려고 애쓰는 것 보다 더욱 효율적이다.

• 고쳐 쓰기를 명심하고 써라

PC에서 워드프로세서를 이용하거나, 종이에 연필로 쓴다면, 한 줄 쓰고 두 줄을 비워 두어라. 그래야 초벌 인쇄본을 읽으면서 줄과 줄 사이에 고쳐 써 넣을 수 있다.

• 고쳐 쓸 시간을 남겨 두어라

초벌은, 그럴듯한 이유로, 그야말로, '대충 쓴 원고'이다. 모든 글쓰기는 반드시 고쳐 쓰기 단계를 거치기 때문에, 초벌을 두 번 이상 고쳐 쓸 시간을 충분히 예비해 둔다.

(가) 본론 단락 쓰기 5 단계

본론은 글의 주제를 펼쳐 놓는, 글의 몸통이다. 몸통이 중간 조직체들로 적절한 구조[9]를 갖추어야, 글이 제 기능을 한다. 그러므로 본론 단락들은, 글의 주제가 드러나도록 구성되어야 한다.

또 본론 단락의 첫 문장은 소주제문이어야 하고, 그것은 뒷받침문장들에 의해서 충분히 그리고 어떤 패턴에 따라 전개되어야 한다. 그래야 소주제가 뚜렷해지고, 그런 단락들로 인해, 글의 주제가 드러나는 글이 될 수 있다. 첫 문장을 소주제로 쓰면, 고쳐쓰기를 할 때, 그 다음 문장들을 읽어 보면 그 단락에서 자신이 무엇을 말하려고 했는지가 뚜렷이 드러난다. 그렇지 않으면 그 단락은 고쳐 써야 한다.

본론 단락은, 예를 들어, 다음과 같이 쓸 수 있다.

단계 1 개요의 본론에서, 머리제목으로 표시된, 소주제를 단락의 첫 문장으로 쓴다

본론 단락의 첫 문장은 소주제 문장으로, 개요 중 본론에서 머리제목으로 표시된 것의 뜻을 적은 것이다. 그 문장이 그 단락을 전개하는 길잡이이다. 경우에 따라 단락의 소주제를 표현하는 문장이 하나 이상이 될 지도 모른다. 다음은 어떤 단락의 첫 문장이다. 이 문장의 뜻을 이해하려면, 그와 관련된 '주제 지식'(4장, '5 가지 지식')이 필요하다.

> 노예 영가들[10]에는 흔히 이중적인 의미가 감추어져 있다.

단계 2 소주제 설명

다음 문장은, 예를 들어, 이 소주제가 의미하는 바를 독자가 어떻게 해석할 것인가에 대한 (필자의) 이론적 근거를 제시하거나 설명한다. 두 번째 문장에서 필자는 단락의 소주제에 관한 자신의 생각을 설명한다. 다음은 두 번째 문장이다.

---

9) 이에 대해서는 '쓰기 전' 국면의 '소주제 배열' 단계에서 이미 고려되었다.

10)(slave spirituals)
http://writingcenter.unc.edu/resource/handouts-demos/writing-the-paper/ paragraphs

노예 영가들은 한편으로 천국, 예수 및 영혼에 대해, 다른 한편으로는 노예 저항에 관해 노래한다.

단계 3 하나 또는 여러 개의 예 제시

다음으로, 단락 전개를 위해, 소주제 문장과 소주제를 설명하는 두 번째 문장을 뒷받침하거나 증거나 예를 제시하는 문장을 적는다. 예를 제시하는 문장은 소주제 문장과 설명 문장에 의해 설정된 관계를 나타내는 표지 구실을 한다. 다음은 노예 영가들의 이중적인 의미들을 예증하기 위해 사용될 수 있는 두 개의 문장이다.

모델 예 A-

예를 들어, Frederick Douglass에 따르면, "O Canaan, Sweet Canaan"은 천국을 향한 노예들의 갈망을 노래했지만, 그것은 또한 북부지방으로 도망가려는 그들의 욕망을 표현했다. 주의 깊은 청취자들은 이 두 번째 의미를 다음 서정시에서 들을 수 있었을 것이다; '나는 머물러 있기를 기대하지 않는다./ 더 이상 여기서/ 예수께 달려가리라, 위험을 피해서/ 나는 머물러 있지 않을 것이다.'

모델 예 B-

노예들은 심지어 금지된 회합들의 비밀 시각과 장소를 다른 노예들에게 공지하기 위해서 "(새벽에) 몰래 빠져나가 예수께로 달려가라"와 같은 노래들을 이용했다.

단계 4 예 설명

다음으로는 앞에 적은 문장들을 설명하고, 문장들의 소주제 및 소주제 설명 문장들과의 연관성을 설명하는 문장을 적는다. 그렇게 적은 문장들은 왜 필자가 단락에서 소주제, 또는 소주제를 뒷받침하는 증거로서 그것/또는 그 특별한 예들을 사용하는지를 독자들에게 설명한다.

필자가 필요하다고 생각하는 모든 요점들과 예들이 전개되고 설명될 때 까지, 예를 들고 설명하는 패턴이 계속된다. 어느 하나의 예라도 설명하지 않고 두어서는 안 된다. 예를 제시하는 문장에서 그 예와 소주제 사이의 관계를 설명해도 된다. 그렇지만, 그 관계는 별도의 문장으로 설명하는 것이 더 낫다. 단계 3에서 적은 두 가지 모델 문장들에 대한 다음 설명들을 살펴라;

모델 예 A에 대한 설명-

> 노예들이 그 노래를 불렀을 때, 그들은 현세의 인생으로부터 떠나서 천국에 도달하는 것을 갈망하고 있었을지도 모른다. 그러나 그들은 또한 예수께로 아닌, 남부에서 북부로 도망갈 그들의 계획들을 기술했을 지도 모른다.

모델 예 B에 대한 설명-

(예 B와 단락의 소주제의 주된 아이디어 사이의 관계가 분명해서 그것을 설명하기 위해서 또 다른 문장을 덧붙이지 않아도 된다.)

단계 5

단락 전개의 마지막 조치는 단락의 느슨한 끝을 단단히 묶어서 독자에게 단락에 있는 정보가 글의 주제 또는 요점에 어떻게 연관되는 지를 상기시키는 일이다. 이 시점에서, 필자는 단락에서 지금까지 논의했던 정보의 연관성에 관해 독자가 깨닫게 한다. 독자는 다음 소주제로 자연스럽게 나아갈 수 있게 된다. 다음은 노예 영가 단락을 마무리하는 문장의 예이다;

단락을 마무리하기 위한 모델 문장-

> 백인들이 기껏해야 영적 노래들로 들었던 것을, 노예들은 자세한 메시지들로 분별했다. 영가들에 숨겨진 의미들은 노예들이 말로 할 수 없었던 것을 노래할 수 있게 했다.

예와 이 5-단계 과정의 설명 단계들(단계 3과 4)은 필요한 만큼 반복될 수 있다. 이 5-단계 단락 전개의 기본 개념은 필자가 모든 단락의 모든 소주제들을 온전히 전개할 때 까지 이와 비슷한 패턴을 반복한다는 것이다.

다음은 완성된 모델 단락이다. 이 단락의 뒷받침 제재들은 소주제를 설명하는 패턴으로 배열되어 있다.

노예 영가들에는 흔히 이중적인 의미가 감추어져 있다. 영가들은 한편으로는 천국, 예수 및 영혼에 대해, 다른 한편으로는 노예 저항에 관해 노래한다. 예를 들어, Frederick Douglass에 따르면, "O Canaan, Sweet Canaan"은 천국을 향한 노예들의 갈망을 노래했지만, 그것은 또한 북부지방으로 도망가려는 그들의 욕망을 표현했다. 조심스러운 청취자들은 이 두 번째 의미를 다음 서정시에서 들을 수 있을 것이다; '나는 머물러 있지 않을 것이다./ 더 이상 여기에/ 예수께 달려가리라, 위험을 피해서/ 나는 머물러 있지 않을 것이다.' 노예들은 심지어 금지된 회합들의 비밀 시각과 장소를 다른 노예들에게 공지하기 위해서 "(새벽에) 몰래 빠져나가 예수께로 달려가라"와 같은 노래들을 이용했다. 노예들이 그런 노래를 불렀을 때, 그들은 현실 인생을 벗어나 천국에 가고 싶은 희망을 말하고 있었을지도 모른다. 그러나 그들은 또한 예수께로 아닌, 남부에서 북부로 도망갈 그들의 계획들을 기술했을 지도 모른다. 백인들이 기껏해야 영적 노래들로 들었던 것을, 노예들은 자세한 메시지들로 분별했다. 영가들에 숨겨진 의미들은 노예들이 말로 할 수 없었던 것을 노래로 표현한 것이었다.

이와 유사한 방식으로 본론 단락들이 하나씩 완성될 수 있다. 이 때, 특별한 경우가 아니라면, 공식 개요의 머리제목 문장들이 각 단락의 첫 문장이 된다.

아래 단락(Markel, 2012: 478)의 첫 문장도 소주제 문장이다. 2 ~ 6 문장들은 소주제를 뒷받침한다. 그런 뒷받침문장들을 쓴 걸 보면, 팀원들이 '일'을 하는 동안 정보수집을 제대로 하고, 그 자료들을 잘 기록해 두었다는 것을 알 수 있다. 또 팀원들이 '일'을 하면서 관리해 둔 제재들을 정리하여, '적절한 clickers 구입 가격을 정하는 것이 간단치 않다.'는 소주제를 정하고, 그것이 문제 해결 주제를 드러내는데 필요하다고 정했다. 뒷받침문장들이 모두 같은 수준에서 소주제를 뒷받침하고 있어서 특별한 서술패턴은 고려하지 않았다. 마지막 문장은 소주제를 다짐한다.

우리가 조사해 본 바, 적절한 clickers 구입 가격을 정하는 것이 간단치 않다. Clickers 시스템 제작사 네 곳(Turning Technologies, eInstruction, iClicker, Quizdom)의 사이트들을 검토해 보니, 우리는 값이 판매상의 가격 정책에 따라 변동할 수 있다는 것을 알게 되었다. 예를 들어, 일부 회사들은 (Turning Technologies와 같은), clickers에 매 학기 등록하는 데 대한 이용료 없이, 단 한번 값을 요구한다. 다른 회사들(eInstruction과 같은)은 clickers에 대해 한 번 요금을 받고 나서 학기당 등록비도 받는다. 게다가, 중개상들(University of Wisconsin-Eau Claire, n.d.)은 일부 판매상들이 교과서 제작자들과 확립된 관계를 갖고 있어서 clickers들은 선정된 교과서와 묶음이 되어 있다고 지적한다. 끝으로, 일부 학교들은 그 학교 학생들에게 특별한 값을 매기는 clickers 판매상들과 계약을 맺었다. 그래서 비용에 대해 단순히 답하기는 불가능하다.

(나) 결론 쓰기

본론을 쓰고 나서 결론을 쓴다.

결론은, 독자들이 마지막에 읽은 것을 가장 잘 기억하기 때문에, 매우 중요하다. 글은 주제와 목적을 강화하는 방식으로 끝이 나야 한다. 예를 들어, 진도보고서의 결론에서 팀은 보고 기간에 성취한 일을 요약하고 목표 완료 일정을 제시한다.

결론이 한 단락이면, 두괄식이다. 즉 결론 단락의 첫 문장에 그 단락의 소주제를 적는데, 그 소주제가 글의 주제이다. 그 문장은, 서론의 마지막에 제시되고 본론에서 여러 소주제들로 그 의미가 전개된, 글의 주제를 다시 요약하는 것이다.

결론 단락에서 첫 문장 이후에는 어떤 내용들을 적는가? 결론 두 번째 문장부터는, 그 뜻이 주제로부터 조금씩 멀어진다. 그래서 결론 마지막에는, 주제로부터 멀기는 하지만, 주제와 관련이 있기도 한 새로운 주제를 전망하거나 암시하는 내용을 적는 것이 좋다.

그림 4-7 결론의 구조

그림 4-7은 결론 단락의 구조를 묘사하는 삼각형이다. 삼각형 맨 위 가장 진한 색은 거기에 글의 주제가 담겨 있음을 묘사한다. 삼각형 밑변을 향해 내려갈 수 록 폭이 커지고 색이 연해지는 것은 그 문장들의 뜻이 주제로부터 점점 멀어진다는 의미를 묘사한

다. 밑변은 가장 연한 색인데, 주제로부터 멀어져서 주제와 연관성이 가장 적은 것을 묘사한다.

결론은 간결해야 한다. 짧은 글에서 결론은 한 단락 이상으로 길지는 않다. 길이와 상관없이, 결론은 글의 내용과 일관되어야 한다. 본론에서 논의된 적이 없는 새로운 제재가 언급되어서는 안 된다. '결론적으로' 라는 인위적인 접속 어구로 시작하지 않아도 된다.

결론을 구성하는 여러 방식들이 있다.

- 주제를 재음미하거나 주제를 다시 진술
- 행동이나 조치를 위한 과정을 추천
- 예측으로 종결할 수 있다. 그렇지만, 그 방향은 글의 주제와 관련 있는 것이어야 한다. 결론에서 새로운 주제를 언급하면 안 돼
- 연관된 인용으로 끝내기

이런 방식으로, 그림 4-7이 묘사하는 바의 단락이 구성될 수 있다.

보고서의 결론에서는 보고 주제를 요약하고, 필자가 배운 내용을 연관 지어 설명하거나, 보고된 활동에 관해 필자가 내린 결정을 진술한다. 결론의 일부인, 추천절에는, 보고 내용과 관련해서 다음에 해야 할 것과 같은 장래 행동이 제시된다.

다음은 어떤 진도보고서의 결론의 예문이다. 첫 문장은 보고 주제를 요약한다. 결론을 끝내기 전에, 필자는 독자들에게 부가적인 정보를 부탁한다.

> 우리는 과제 1-3을 성공적으로 마무리 했고, 과제 4와 5는 시작했다. 일정을 보아, 우리는 12월 14일 기한까지 과제 4-6을 마무리할 수 있을 것 같다. 우리는 clickers들이 대학교육에서 어떻게 이용되고 있는 지에 대해 이해하게 되었고 수업 담당 교수들과 학생들을 위한 설문을 진행 중이다. 우리는 강의실 기반 설비를 더 잘 이해하기 위해 현재 인터뷰들을 준비하고 있다. 12월 4일 제시할 보고서에, 우리는 이 배경 정보가 CMSU에서 clickers 이용에 대한 더 큰 타당성 연구에 어떻게 영향을 미치는 지에 대한 추천을 포함할 것이다.
>
> 질문이나 추천할 것이 있거나 이 프로젝트에 대해 더 논의하고 싶다면 *****@kmu.ac.kr 또는 ***-***-5231로 팀장 ***에게 연락하기 바란다.

다음 단락은 어떤 글의 결론이다. 역시 첫 문장은 글의 주제를 다짐한다.

> 대학을 다니는 동안 학업을 같이 하던 친구, 마음과 뜻을 같이 해 어울리던 동아리의 선배와 후배, 그리고 교수님들과의 좋은 인간관계는 사회에서 성공을 위한 밑거름이 될 것이다. 우리가 졸업해서 일하는 곳들은 경력을 쌓아가기 위한 치열한 경쟁의 장이다. 경쟁의 장에서 만나는 친구나 선배님들은 우리에게 큰 힘이 되어 줄 수 있을 것이다. 우리는 그런 사람들을 만나기 전에, 학교를 다니는 동안 실력을 길러서 다른 사람들을 도울 수 있도록 대비해야 한다. 마지막으로, 우리 사회가 경쟁하면서도 서로 돕고 사는 더욱 공정한 사회로 발전해 가기를 바란다.

■ 결론에서 하지 말아야 할 것(Kirszner, 2010: 48)

- 서론에 쓴 주제 문장의 단어나 요점들을 그대로 베껴 쓰거나 나열하지 않는다. 독자들이 이미 알고 있는 것을 다시 말하여 지루하게 끝 내지 않는다.
- 공허한 어구로 끝내지 않는다. "이것은 여러분이 아무리 해도 주의가 지나칠 수 없음을 증명한다."와 같은 진부한 표현으로 끝내지 않는다.
- 새로운 방향으로 벗어나거나 새로운 문제를 제기하지 않는다. 결론에서 토의를 위한 새로운 문제가 제기되어서는 안 된다. 결론은 필자가 글에서 이미 제시한 요점들을 강화해야 한다.
- 불필요한 공지로 끝내지 않는다. 글을 끝내려 한다고, 예를 들어, "결론적으로, … 이다."와 같은 말을 하지 않는다. 결론짓는 말투는 글이 종결에 이르고 있다는 신호를 보내는 것이어야 한다.

(다) 서론 쓰기

마지막으로 서론을 쓴다. 서론도 나중에 여러 번 고쳐 쓰게 될 것이므로, 준비된 자료들로 다음 내용을 참고해서 쓴다.

서론이 한 단락이면, 미괄식이다. 즉 서론 단락의 끝은 그 단락의 소주제이고, 그 글의 주제 문장이다. 서론의 끝은 주제를 위한 곳이다.

일반적인 글에서 서론은 독자의 호기심을 자극하고 글의 주제와 관련한 주의를 끄는 역할을 한다. 특히, 기술문에서는, 문서가 기대에 부응할 것 같다는 독자의 느낌이, 문서를 읽는 첫 문장부터 끝까지 이어진다. 그래서 서론의 첫 문장이 중요하다.

서론은 어떤 문장으로 시작하면 좋을까? 첫 문장의 뜻은 주제와 아주 약한 관련을 가진 것이거나 주제의 아주 적은 면을 엿보게 하는 것이면 좋다. 그 이후부터는 조금씩 문장들의 뜻이 주제를 향해 다가간다. 그래서 서론 마지막에 필자는 독자에게 글의 주제를 제시한다.

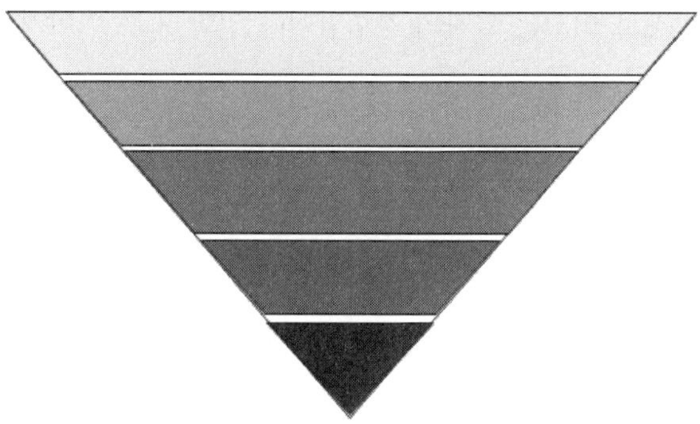

그림 4-8 서론의 구조

그림 4-8은 서론 단락의 구조를 묘사한다. 이 거꾸로 선 삼각형의 맨 아래 꼭짓점의 가장 진한 색은 그곳에 글의 주제가 담겨 있음을 묘사한다. 거기서부터 위를 향해 올라갈 수 록 색이 연해지는 것은 그 문장들의 뜻이 주제로부터 멀어진다는 의미를 묘사한다. 따라서 첫 문장 이후, 서론의 문장들은 차츰 주제를 향해 나아가는 의미의 것들이어야 한다.

서론은, 주제나 문제와 관련된, 넓고 일반적인 뜻의 문장으로 시작되어 서서히 주제와 관련된 좁아지며 구체적인 뜻의 문장들로 전개된다. 이런 방식으로, 필자는 글을 왜 쓰며 독자는 왜 이 글을 읽어야 하는지를 흥미롭게 서술한다. 그래서 독자는 글의 주제에 대해 점점 궁금해지다가 서론의 마지막에 글의 주제를 읽게 된다.

서론에서 독자들의 관심을 끌어들이면서 문제를 소개하다가 마지막에 글의 주제를 제시하는 몇 가지 방식이 있다.

- 배경 정보를 조금씩 주면서 주제문으로 나아 가
  이 접근은 독자들이 이미 토픽에 흥미를 가지고 있고 그래서 요점에 곧바로 다가갈 수 있다는 것을 필자가 알 때 잘 작동한다.
- 연관된 용어나 개념의 정의로 서론을 시작
  그렇다고 해서, 용어를 정의한다고, "우리말대국어사전에 의하면......" 형식은 너무 흔한 것이어서 피하는 것이 좋다.
- 독자들을 주제로 이끄는 필자의 경험담이나 일화 또는 이야기로 시작할 수 있다
- 질문으로 시작
- 인용으로 시작
  인용문이 관심을 불러일으킨다면, 독자는 그 다음 내용을 읽고 싶어진다.
- 놀랄만한 진술문으로 시작
  예상하지 못한 진술은 독자의 주의를 끌어서 그들이 더 읽고 싶은 마음이 생기게 한다.
- 모순으로 시작
  대부분의 사람들이 진실인 것으로 믿는 어떤 아이디어로 글을 시작해서 그것이 부정확하거나 와전된 것이라는 것을 보여줌으로써 독자들의 주의를 붙잡을 수 있다.
- 사실이나 통계로 시작

기술문의 서론은 그 문서의 목적과 주제에 적절한 장르에 어울리는 공식성과 객관성을 반영한다. 짧은 보고서의 서론은, 보고의 목적(보고의 문제가 무엇인지, 보고의 이론적 근거, 정당성, 목적 등), 보고를 위해 일에 참여한 인원들의 이름, 활동 기간 등, 보고의 개관을 기술한다. 이런 내용들은 그림 4-8에서 아래로, 즉 주제를 향해 갈 수록 더 진한 색으로 묘사되는 문장들에 해당한다.

긴 보고서에서, 서론은 목적, 배경, 및 문제에 대해 논의한다. 보고의 목적은 1~3개 문장으로 혹은 한 단락으로 쓴다. 목적은 독자에게 왜 필자가 글을 쓰는지 혹은 필자가 무엇을 성취하고자 하는 지를 알리는 것이다. 목적은 초록을 일정 부분 반복하지만, 그렇다고 해서 그것이 여분은 아니다. 서론에서 목적을 진술하는 것이 초록에서 언급된

내용을 일깨운다. 여러 사람들이 보고서를 읽는다 하더라도, 그들 모두가 보고서의 모든 절이나 한 줄 한 줄을 꼼꼼히 읽지는 않는다. 그들은 건너뛰고 대충 대충 읽는다 (Gerson, 2014: 451).

서론에서, 초록과 더불어, 다시 목적을 언급하는 것은 독자들이 필자의 의도를 이해하는 지를 확인하는 또 다른 방식이다. 그렇게 하면 독자들이 초록에서 조금 전에 읽었던 목적을 상기하거나 혹은 초록을 읽지 않고 건너뛴 독자들이 그것을 처음으로 대한다. 필자가 서론에서 글의 목적을 밝히는 것은 단락의 소주제 문장, 글의 주제, 혹은 짧은 보고서에서 서론 단락이 하는 역할과 같다.

서론에서 문제와 배경에 대해 집중하는 것은 두 가지 이유로 중요하다. 첫째로, 그것은 보고의 중요성을 강조해서 독자들에게 맥락을 확립한다. 서론은 독자들에게 보고의 시급성을 강조한다. 이 절에서, 필자는 독자들에게 진정으로 문제가 있고 그래서 시급히 조치를 해야 한다는 것을 설득한다. 두 번째로, 문제와 배경 정보를 분명하게 진술함으로써, 필자는 상황에 대한 자신의 지식과 경험을 드러낸다. 그래서 서론을 읽고 나서, 독자들은 이슈의 중요성을 깨닫게 되고 필자가 그것을 해결할 것 같다는 신뢰를 형성하거나 논의되는 주제의 복잡성을 이해한다.

어찌되었건, 서론은 글의 나머지 부분과 일관성이 있어야 한다. 그렇지 않다면, 서론이 필자의 의도를 그릇되게 나타내어, 심지어, 필자의 신뢰성을 무너뜨릴 수 있다. (이 이유 때문에 초별의 나머지 부분을 완성한 후에, 맨 끝에 서론을 쓰는 것이 좋다.)

아래 예문은 어떤 진도보고서의, 세 단락으로 구성된, 서론이다.

> A 대학교에서 clickers들을 이용하는데 대한 타당성 연구에 우리가 참여하는데 대해 학생부총장 B 박사가 2011년 10월 10일에 승인했다.
>
> 현재, 교수학습지원부서는 Turning Technology 사의 100 명이 쓸 수 있는 clickers 세 세트를 갖고 있다. 이 clickers들은 간혹 담당 강사들이 이용하려고 할 때 대여해 주기 위한 것들이어서, 강사들이 가르치는 과목의 매 수업 시간 마다 이용될 수는 없다. 대학 사회의 동참이 늘어나는 추세에서 clickers들은 교실 학습 환경을 개선하고 대형 강의 과목의 학습을 개선할 수 있다. B 박사는 학교가 과목 담당자들이 이용할 수 있는 특정한 clickers 시스템을 선정해야 하고 그리고 clickers 이용에 필요한 기술을 지원하기 위한 정책과 학생들이 학교 어디에서나 clickers들을 이용할 수 있는 여건을 마련해야 하는 지에 대한 대형 타당성 연구를 위한 자원들을 할당했다.

B 박사는 이 대규모 타당성 연구의 부분을 SAAC의 DMU팀이 수행하도록 요청했다.
B 박사는 학교가 clickers들을 도입하는 것에 대해, 그렇게 한다면, 강의실들의 시설 환경과 현재의 컴퓨터 환경이 타당성 연구의 방향에 어떻게 영향을 미치는 지에 대한 연구를 더 진행할 것인지에 대해 연구하고 그에 대해 추천하는 우리의 제안을 승인하였다.

첫 단락은 제안[11]에 대한 간략한 맥락을 진술한다. 필자들은 자신들의 제안이 독자들에 의해 승인되었음을 확인한다. 마지막 단락은 B 박사가 위원회에 요청했던 과제를 공식적으로 진술한다. 서론 대부분의 정보는 제안서에 그대로 가져온 것인데, 그렇게 해도 괜찮다.

다음 단락은, 앞에서 본, 결론 예문과 짝을 이루는 서론 예문이다.

우리 대학을 졸업하는 많은 학생들은 기업에 취직을 한다. 그러므로 학교를 다니는 동안 우리들은 기업에서 해야 할 일을 감당하는데 필요한 충분한 준비를 하여야 한다. 그런 준비를 위해서는 학과 공부를 열심히 하는 것은 말할 것도 없고, 사람들과 어울려 협동하는 기량도 그에 못지않게 중요하다. 조직 내의 사람들과 어울려 일하기 위해서는 사회생활에 필요한 교양이나 의사소통 기량 및 인간관계를 형성하는 소양도 필요하다. 그래서 대학을 성공의 발판으로 삼기 위해서는 학업을 하는 동안 인간관계를 형성하는 소양을 개발하는 것이 무엇보다 중요하다.

■ 서론에서 하면 안 되는 것(Kirszner, 2010: 41)

- 변명하지 않는다. "내 생각에는,…," 혹은 "내가 전문가는 아니지만,…."와 같은 어구를 쓰지 않는다. 그렇게 함으로써, 필자는 자신이 문제나 주제에 대해 제대로 모르고 있다는 것을 밝히는 것이다. 그를 필요 없다.
- 사전의 정의로 시작하지 않는다. "표준국어대사전에 의하면…,"와 같은 어구들로 글을 시작하지 않는다. 이 유형의 서론은 너무도 많이 사용되어 진부하다. 정의를 이용하고 싶으면, 필자 자신의 정의를 개발해서 쓴다.
- 필자가 의도하는 바를 서둘러 공지하지 않는다. "이 글에서 나는 … 할 것이

11) 진도를 보고하는 과제를 하기 전에, 이 팀이 제출했던 제안서를 말한다. 이 예문은 부록 3에서 가져온 것이다.

다," 혹은 "이 글의 목적은 … 이다"와 같은 어구로 시작하지 않는다. 필자가 제시하려는 주제에 대해 독자의 관심을 끌기 위해 서론을 이용하고, 독자들이 필자가 제시하는 주제에 이르렀을 때 필자의 의도를 발견하게 둔다.

- 배회하지 않는다. 서론은 독자들을 최대한 글의 주제에 까지 끌고 와야 한다. 독자들이 이탈하게 하거나 그들이 그만 읽고 싶게 할, 본제를 벗어나는, 주석이나 여담은 하지 않는다.

이렇게 결론과 서론 쓰는 법을 알고 나면, 학생들은 다음 글쓰기 과제에 대비해서 '쓰기 전' 국면에서 정보를 수집하고 생산하는 중에, 결론이나 서론에 쓸 자료나 정보가 그들의 눈에 쉽게 띌 수 있다. 그런 자료나 정보를, 특정 문제 해결과 상관없이도, 평소에 수집하고 모아서 관리하는 습관은 글을 잘 쓰는 엔지니어가 되는 데 밑거름이 된다.

4-1.3 고쳐 쓰기

어려운 글쓰기 과제를 끝낼 즈음에, 가끔 서둘러 글을 제출해버리고 싶은 유혹이 생긴다. 심지어 어떤 필자는 독자들이 문서의 품질에 관해서 개의치 않을 것으로 지레 짐작하기도 할 것이다. 많은 학생들이 그런 유혹에 빠진다. 독자들의 높은 기대를 충족하기 위해서 필자는 쓴 글을 개정하고 편집하며 교정하는 등의 고쳐 쓰기 일에 공을 들여야 한다.

쓰기 전	쓰기	고쳐 쓰기
1) 과제 이해 2) 수사적 상황 규명 3) 문제 정의 4) 제재 생산 5) 제재 정리 6) 주제 설정 7) 제목 8) 소주제 선정과 배열 9) 개요	초벌 쓰기	1) 개정 2) 편집 3) 교정

그림 4-9 글쓰기 과정 세 국면의 세부 단계들

그림 4-9에서 보는 바처럼, 필자는 글쓰기 과정을 따라, '쓰기 전' 국면을 마친 후, 초벌을 썼다. 이제 필자는 독자의 입장에서 초벌을 읽어야 한다. 즉 '고쳐 쓰기'를 위해 초벌을 읽는다. 필자가 쓴 글을 자신의 관점에서 자신의 글로 만들 수 있는 과정이 고쳐 쓰기이다. 즉, 초벌을 고쳐 써서 완성 본으로 만들기 위해 '자기 첨삭'을 한다. 초벌을 쓰기 까지 여러분은 필자였지만 고쳐 쓰기를 하는 여러분은 이제 독자가 된다.

> 강력한 글은 간결하다. 문장에는 불필요한 낱말이 없어야 하고, 단락에는 불필요한 문장이 없어야 하는데, 이는 도면에 불필요한 선이 없으며 기계에 불필요한 부품이 없는 것과 같은 이유이다. 이것은 필자가 모든 문장을 짧게 써야 한다거나 모든 세세한 것들을 피하고 제재들을 단지 개요에서만 다루어야 한다기보다는, 다만 낱말 하나하나가 모두 분명한 뜻을 가져야 한다는 것을 의미한다(Strunk, 1972: 17).

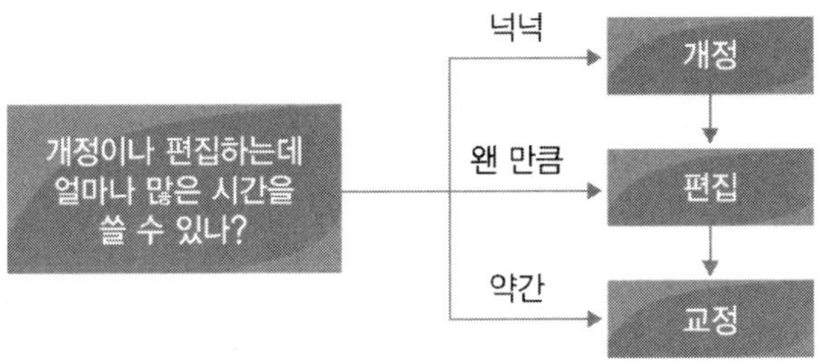

그림 4-10 개정, 편집, 및 교정의 세 단계들을 모두 거치면 좋겠지만, 시간이 넉넉지 않다면 적절한 수준을 택한다

고쳐 쓰기는 세 가지 수준, 개정(revising)-편집(editing)-교정(proofreading)으로 구별된다.

어느 수준에서 고쳐 쓰기를 해야 하나? 이 질문에 대한 답은 필자가 얼마나 많은 시간을 가지고 있는지 그리고 문서가 어느 정도의 품질 수준을 요구하는지에 달려있다. 시간이 충분하다면, 필자는 개정에서 시작해서 교정까지의 세 단계를 모두 할 수 있다(그림 4-10). 그러나 가끔 마감 시한이 촉박할 수 있다. 그래서 개정과 편집을 시작하는 때에, 먼저, 문서가 요망하는 수준의 품질을 생산하기 위해서 어느 수준의 편집이 가능한지 또는/그리고 어느 수준으로 편집해야 하는지가 결정되어야 한다. 그러고 나서, 그 수준에서 고쳐 쓰기를 시작한다.

(1) 개정

첫 초벌을 썼다면, 필자는 글쓰기 수사적 상황을 다시 살핀다. 즉 필자는 독자들이 알아야 하는 정보, 그들이 문서를 사용하는 목적과 맥락, 자신이 글을 쓰는 목적 및 글의 주제에 대해서 다시 생각한다.

개정(改訂)은 글의 구성과 단락들의 소주제들을 살피기 위한 것이고, 편집은 독자가 소주제들을 알아볼 수 있을지를 살피기 위한 것이다. 개정할 때 가끔은 편집을 할 수 있고 편집하는 때에 개정할 수 도 있다.

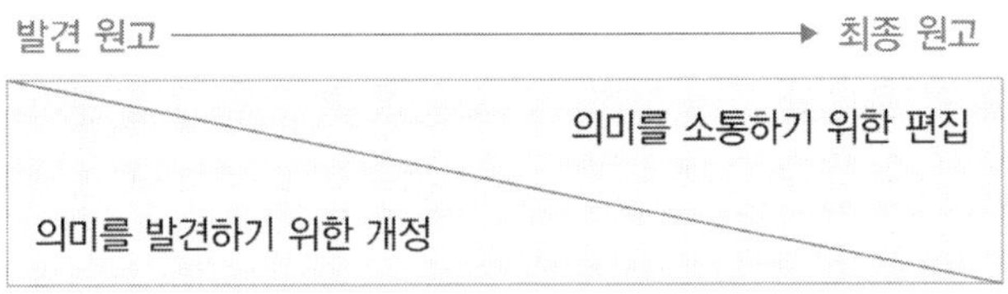

그림 4-11 개정과 편집에서 강조해야 할 것들

그림 4-11은 개정에서 편집까지 강조해야 할 내용이 어떻게 다른지를 보여준다. 개정은 전체 원고를 면밀히 다시 보면서, 대형 이슈들을 고려하는 일이다. 그래야 편집 과정에서, 필자가 한 단락 한 단락, 한 문장 한 문장을 읽으면서 단어 하나하나를 살필 수 있다.

개정은 편집이 아니다. 그 둘은 다른 활동이고, 그 두 가지 일을 따로 하는 것이 완성본을 훨씬 더 쉽게 쓸 수 있게 한다. 개정은 글 전체를 살피는 일인 반면, 편집은 단락(문단)이나 문장을 살피는 일과 관련된다.

개정은 글을 완성한 후에 하는 일이 아니다. 개정은 초벌에서 주제와 소주제들의 논리와 분명성뿐만 아니라 그것들이 얼마나 효과적으로 제시되었는지를 살피는, 초벌 쓰기에 이어지는 과정이다. 개정은 단순히 교정하거나 편집하거나, 한 단어를 지우고 다른 것으로 대체하거나 또는 철자와 맞춤법을 올바로 고치는 일거리가 아니고, 이미 써 둔 것을 재점검하고 다시 생각하는 것을 의미한다. 사실, 광범위하게 더하고 지우고, 독자와 의사소통하기를 원하는 것을 재고하는 동안 필자는 여러 문장들과 단락들의 순서를 다시 짜야 할지도 모른다. 개정은 오랜 시간이 걸릴 수 있기 때문에, 제출할 준비가 되기까지 글을 서너 번 고쳐 쓸 각오를 한다.

개정을 위해, 필자는 글을 전체로서 볼 수 있게 뒤로 물러나서 초벌을 읽는다. 그렇게 하면, 필자는, 특별한 서술어와 개별적인 주어 사이의 관계에 집중하느라 볼 수 없었던, 단락들 사이의 관계와 같은 것들을 살필 수 있다.

다음 지침들이 글을 개정할 때 도움이 된다.

- 냉정을 되찾을 시간을 가진다

초벌을 쓰고 난 후에, 여러 시간 또는 심지어, 할 수 있다면, 글을 하루나 이틀 정도를 처박아 덮어 둔다. 이 냉각기는, 나중에 필자가 쓴 글을 펼쳐 보려고 돌아 왔을 때 그것을 더욱 객관적으로 읽을 수 있게 되도록, 당분간 글로부터 떨어져 있게 해준다. 돌아와 그것을 다시 읽을 때, 필자는 처음에 놓쳤던 것들을 볼 수 있다.

- 인쇄본을 펼쳐 놓고 일을 시작한다

인쇄된 초벌은 말쑥하고 읽기 쉽기 때문에, 손으로 쓴 것을 읽거나 모니터 스크린을 보는 것 보다 더욱 쉽게 접점들과 간극들을 볼 수 있다. 게다가, 종이에 인쇄된 글은 일정 거리에서 객관적으로 평가될 수 있다.

- 초벌을 큰 소리로 읽는다

개정하기 전에, 초벌을 큰 소리로 읽으면, 일정치 않은 문장들, 빠진 낱말들 또는 읽기 거북한 구들을 집어내는데 도움이 된다.

- 피드백 기회들을 활용한다

과목 담당 교수가 동료들끼리 평가할 기회를 마련하거나, 개정을 위한 점검 목록을 주어, 학생들이 '글쓰기 센터'에 가서 도움을 구하도록 하거나, 또는 교수와 일대일 면담을 하도록 할지도 모른다. 최대한 많은 피드백 기회들을 활용한다. 이런 기회들로 인해, 필자는 자신이 쓴 글에 관한 정보를 획득할 수 있다.

• 피드백에 압도당하지 않는다

피드백에 의해서 압도당하기가 쉽다. 이를 피하기 위해서, 개정을 체계적인 과정으로 접근한다. 사람들이 제안하는 모든 변화들을 무턱대고 반영하지 말고, 개별 변화의 충격과 유효성을 고려한다. 또한 피드백 코멘트들이 글에서 포함되지 않은 더 큰 소주제들을 제안하는지에 집중한다. 예를 들어, 어떤 단락의 문장들에 전환 어구를 덧붙이기를 권하나? 아니면 문장들의 뜻이 모호하다고 하는가?

• 비판을 외면하지 말고, 고집 부리지 않는다

누구라도 칭찬을 좋아하지 부정적인 비평은 듣기 싫어한다. 그러나 경험 많은 필자는 자신이 쓴 글을 개선하기 위해서는 쓴 소리를 들어야 한다는 것을 안다. 개정의 필요한 부분으로서—교수에 의해서이건 또는 급우들에 의한 것이건—(비록 고통스럽더라도) 비평을 수용한다.

• 큰 부분부터 고쳐 쓴다

대형 요소들(글의 구성과 단락들의 배열)을 먼저 살피고 나서 더 작은 요소들(문장 구조와 단어 선택)을 살펴야 한다.

어떻게 개정하는가는—무슨 구체적인 전략들을 사용할 것인지를 정하는 일은—필자가 좋아하는 바, 담당 교수의 지시, 및 시간 여유에 따라 달라진다. 개정 방식은 사람마다 다르고 과제마다 다양하다. 가장 유용한 개정 전략 세 가지는 ① 점검 목록 이용, ② 개요 이용, 및 ③ 동료 비평에 의한 개정이다.

■ 점검 목록을 이용하는 개정

시간이 있다면, 점검 목록을 따라 개정하는 것이 좋다.

① 개정 점검 목록

제목은 적절한가? 독자의 관심을 더 끌 수 있는 적절한 제목이 있는가?

주제문은 분명하고 구체적인가? 그것은 글이 지향하는 바를 가리키는가? 그것은 글의 본론과 부합하는가? 만약 글을 쓰는 동안 글의 원래 방향으로부터 벗어나게 되었다면, 주제문을 고쳐 써야한다. 그래야 주제문이 본론의 소주제들의 요약이 된다. 또는 주제문과 관련이 없는 소주제들은 지우거나 그것들이 주제에 연관되도록 고쳐 쓴다.

본론 단락들이 통일성이 있는가? 연결성은? 충분히 전개되었나? 만약 그렇지 않다면, 더 많은 뒷받침 자료들이나 예를 부가하거나, 전환 어구(그러나, 그리고, 예를 들어, 비록, 그래서, 하지만, 게다가, 또, 그러면, 등)를 다른 것으로 교체해야 할지도 모른다. 본론 단락들은 적절한 패턴을 따라 서술되었나? 소주제들이 주제를 드러내는가?

서론과 결론이 문제, 독자, 및 글의 목적에 적절한가? 흥미로운가? 주제를 제시하고 다짐하는가?

주제문과 서론, 결론, 및 본론 내용들을 개정하고 나서, 글의 구조가 그림 4-12가 묘사하는 바에 부합하는지 점검한다. 이 그림에서, 맨 위 거꾸로 서 있는 삼각형은 그림 4-8의 서론을 묘사하고, 맨 아래 삼각형은 그림 4-7의 결론을 묘사하며, 가운데 사각형 넷은 본론을 묘사한다.

본론의 단락들을 묘사하는 사각형의 윗변 부분이 진하게 표시된 것은, 그것이 단락의 소주제 문장임을 묘사한다. 본론 단락은 모두 두괄식이다.

그림 4-12에 의하면, 서론을 구성하는 문장들과 결론을 구성하는 문장들의 구조와 색이, 본론을 중심으로 상하 대칭이다. 이 관찰은 결론과 서론을 구성하는 문장들의 특징들을 알면 이해할 수 있다.

② 개요를 이용하는 개정

점검 목록에 따라 점검할 시간이 없다면, 개요를 이용해서 글의 구조를 점검할 수 있다. 초벌을 개요에 견주어 보면, 혹시 빠트린 것들이 드러날 것이다. 개요는 또한 글이 어떤 패턴을 따랐는지를 보여준다. 끝으로, 개요는 글의 주제문과 본론 단락들 사이의 관계를 분명히 드러낸다. 개요와 함께 그림 4-12가 묘사하는 글의 구조를 참고해도 좋다.

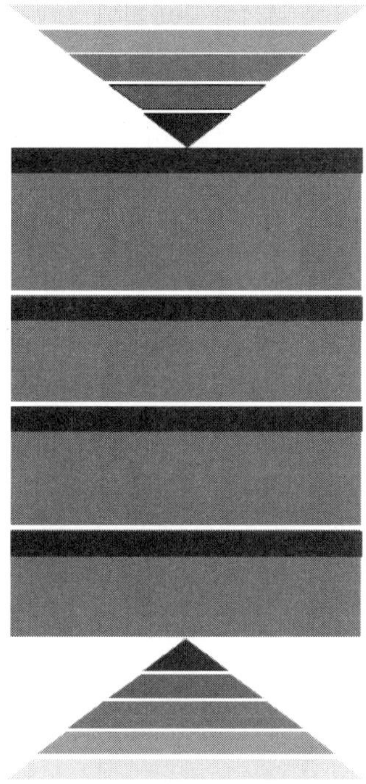

그림 4-12 서론-본론-결론 구성에 의한 글의 구조

③ **동료 비평에 의한 개정**

친구나 수업 동료에게 필자가 쓴 글을 읽고 그것에 대해 코멘트를 해주기를 요청해도 된다. 동료가 필자의 토픽에 대해 친숙하지 않다하더라도, 그는 정직하게 말할 수 있고, 심지어 어떻게 하면 더욱 효과적으로 의사소통할 수 있는지에 관해서 필자에게 충고할 수도 있다. 이때 필자에 대한 비평자는, 가공의 인물이 아니라, 필자가 쓴 글을 정독하는 독자이다.

동료들에 의한 비평은 사회에서 사람들이 실제로 글을 쓰는 방식에 따라 글을 평가하는 것으로 볼 수 있다. 비즈니스 세계에서는, 피드백을 받으려고 보고서를 미리 배포하고 열람하게 한다. 과학자들과 학자들은 그들이 글을 쓸 때 수시로 동료들과 협동한다. 그리고 많은 교과서들도 동료들과의 협동의 결과물이다.

수업 동료들은 초벌을 고쳐 쓰는 동안 서로에게 크게 도움이 되어서, 필자가 개정하는 동안 길잡이가 된다. 게다가 급우들은 필자가 쓴 글에 관해 가지는 질문들에 대해 즉각적으로 반응을—예를 들어, 서론이 제대로 되었는지, 뒷받침을 위해 어떤 것에 대해 설명을 더 해야 하는지, 아니면 과외의 뒷받침이 필요한지 등—보일 수 있다. 동료가 필자에게 그가 쓴 글을 살펴주기를 요청하거든, 긍정적으로, 재치 있게, 구체적으로, 진정성을 가지고, 큰 그림 위주로, 철저히 비평해 주어라.

(2) 편집

개정을 마쳤을 때, 또, 그것을 얼른 제출하고 한 숨 돌리고 싶은 유혹이 생길 것이다. 그 유혹에 걸려들면 안 된다. 개정한 후에도 남아 있는 문제들을 고치기 위해 글을 편집(編輯)해야 한다.

편집을 해야 글이 마무리된다. 단락의 형식이 패턴에 어울리는지, 필자의 신뢰성을 깎아 내리거나 메시지를 약화할지도 모를 겉으로 드러나는 다른 문제점들이 점검되어야 한다. 편집은 필자가 표현하려는 것을 글이 말하고 있는지를 확인하는 마지막 기회이다.

물론 필자는 모든 가능한 오류를 찾아내기 위해 오랜 시간을 보낼 수 있겠지만, 그것은 단지 시간 낭비이고 비실제적이다. 편집하는 때에, 일정한 오류들이 다른 것들보다 더욱 빈번하게 발생한다. 그 오류들에 집중하고 가장 흔히 저지르는 구체적인 오류들을 적어 둠으로써, 필자는 글을 신속히 그리고 효율적으로 편집할 수 있다.

내용, 구성 및 문서의 디자인을 살펴라. 문서의 내용은 독자들에게 친숙한 패턴에 부합하게 조직되어야 한다. 문서가 효과적인 시작(서론), 중간(본론) 및 종결(결론)을 가지고 있는지를 확인한다.

■ 편집 우선순위

보통 세 가지로 구분되는 읽기로 효과적인 편집을 할 수 있는데, 각각의 읽기는 나름의 속도, 전략, 및 기법들을 갖는다. 세 가지 읽기를—① 의미를 위한 첫 번째 읽기, ② 질서를 위한 두 번째 읽기, 그리고 ③ 필자의 목소리를 듣기 위한 세 번째 읽기—로 구별하는 것이 좋다(Murray, 2002: 201).

물론 어느 경우에도 필자는 독자를 염두에 두어야 하고, 뒤로 물러서서 독자의 입장에서, 자신이 쓴 내용이 독자에게 분명할 지를 확인해야 한다.

① 첫째 읽기는 느린 듯하지만, 보통 매우 빠르다. 이 읽기에서 필자는 글에 주제가

있고 그 의미를 드러내는 풍부한 소주제들이 있는지를 확인한다.

만약, 서론의 마지막에, 주제가 없거나, 결론의 처음에 주제가 다짐되어 있지 않거나, 소주제들이 무엇인지 뚜렷하지 않다면, 더 이상 읽는 것은 시간 낭비이다. 즉각 멈추어서, 주제를 명확히 하고, 소주제들이 그것을 드러내도록 고쳐 쓴다.

② 둘째 읽기는 글을 구성하는 단락들의 서술 방식(패턴)을 살피기 위한 것이다. 이 읽기는 약간 느리지만, 시간이 그렇게 오래 걸리지는 않는다. 필자는 단락을 뭉치로 읽되, 단락의 첫 문장이 소주제 문장인지, 그 다음 문장들이 소주제를 충분히 뒷받침하는지, 즉 뒷받침문장들이 소주제에 적합한 어떤 패턴으로 배열되어 있는지 살핀다.

만약 단락에 패턴이 없고, 그 패턴에 의해 소주제가 뚜렷하지 않다면, 즉 소주제를 뒷받침하는 문장들이 적절한 순서로 연결되어 있지 않다면, 읽기를 멈추어라. 적절한 패턴을 선택하고 그 패턴에 따라 문장들의 배열 순서를 정한다.

아래 예문은 소주제가 '시험용 모형을 설계하는데 있어서 환경과 안전성을 고려해야 한다.'인 단락의 초벌이다. 과제는 '환경 친화적인 새로운 페인트가 매우 낮은 온도에서 얼지 않게 하는 시스템의 설계'였다(Yarnoff, 2010: 211-212).

> 우리가 설계한 모형들은 보기만 하면 금방 알 수 있는 간단한 것들이고, 우리가 아는 바, 환경을 훼손하지 않고 안전성 문제를 유발하지 않는다. 우리 팀은 페인트 회사가 이용한 현재 설계에 있는 것 이상의 스티로폼을 사용하지 않았다.

이 단락은 시스템 모형들이 안전하고 환경 친화적이라는 주장을 충분하고도 상세하게 뒷받침하지 못한다. 다음은 이 단락을 고쳐 쓴 것이다:

> →우리는 우려되는 안전성 문제들에 대한 세 가지 대안들을 평가했다. 우리는 2번 모형이 전선에 페인트칠을 해서 안 보이게 숨겨두었기 때문에, 불확실하다고(부록 D: 모형 2, 부록 E: 실패 분석 참조) 판단한다. 이것이 산업용 플랜트에서 화재를 일으킬 위험이 있기 때문에, 진동하는 측정기기를 페인트 용기 외부로 옮겼다. 우리가 만든 다른 모형들은 환경에 해를 입히거나 안전성 문제들을 유발하지 않는다. 모형 1번에 있는 발열팩들은 안전하고, 불연성이며, 환경 친화적이다 - 즉, 그것들은 살아 있는 동물 수송용으로 쓰는 대형 우리들에 이용된다. 생분해 되지는 않지만, 스티로폼도 여

> 전히 안전하다. 우리 팀은 페인트 회사가 이용하는 현재의 설계에 나타나는 것 보다 더 많은 스티로폼은 사용하지 않고 있다.

모형들이 안전하다는 주장을 뒷받침하기 위해서 더 많은 상세한 사항들을 부가하는 과정에서, 팀은 자신들이 개발한 모형들 중 하나가 위험하다는 것을 알게 되었다. 이것은 언어인공물 생산이 설계 과정에 이로운 요소로 작용하는 지를 보여주는 좋은 예이기도 하다.

다음 예문에 이용된 이야기 패턴("서사적 구성")은 수다스럽고 결과 보다는 팀의 행동들을 강조하고 있다.

> 우리는 부착물들을 제자리에 붙들어 두기 위한 가장 좋은 방법을 결정하기 위해 몇 가지 모형 시험을 했다. 이 기능을 위해 우리는 첫 모형에 Velcro를 사용하기로 했다. 우리는 Velcro가 충분히 강할 것인지를 확인해야 한다고 판단했다. 그래서 우리는 Velcro를 부착물들에 붙이고, 그것들을 모형에 붙였다. 그러고 나서 우리는 제품 이용자들이 그 부착물들을 떼어 내 보게 하는 시험을 했다. 그런데 이용자들이 부착물들을 너무 쉽게 떼어 낸다는 것을 알게 되었다. 따라서 우리는 이 특징을 사용하지 않기로 했다.

위 단락은 의사 결정을 강조하는 방식으로 간결하게 고쳐 쓰는 것이 좋겠다. 또한 단락의 첫 문장을 소주제로 적어야 한다.

> →모형 시험을 하고나서 우리는 Velcro를 써서 부착물들을 제자리에 붙여 두는 방법을 포기했다. 시험을 해보니, 이용자들이 1번 모형에서 Velcro 부착물들을 너무 쉽게 떼 내었다.

- 소주제를 뒷받침하기 위해 제재들이 배열되는 유형(Kirszner, 2010: 44-5)
  - 예 - 일반적 아이디어나 개념의 구체적 예시
  - 이유 - 바탕이 되는 원인이나 설명
  - 사실 - 입증이나 증명될 수 있는 정보 조각
  - 통계 - (예를 들어, 권위 있는 인사나 조직에 의해 연구된 결과) 수치 데이터

- 상세함 – (예를 들어. 과정의 단계들) 전체의 부분이나 일부
- 전문가 의견 – 특정 분야의 전문가들의 진술
- 개인 경험 – 필자의 인생 경험이나 사건
- 시각자료 – 다이어그램, 차트, 그래프, 혹은 사진

■ 표준 뒷받침 단락

기술문에서 대부분의 표준 뒷받침 단락들의 구조는 글의 서론–본론–결론 구조와 흡사하다. 그 단락들은 뜻이 정확한 소주제 문장으로 시작하고, 그 다음 문장들이 소주제를 뒷받침한다. 소주제 문장의 형식은 필자의 목적과 글의 주제에 따라 다를 수 있지만, 소주제를 단락의 첫 번째 문장으로 적는 것이 좋다.

소주제 문장이 허술한 예문과 그것을 고쳐 쓴 예문을 살펴보자(Yarnoff, 2010: 228). 가끔 소주제 문장이 없는 단락을 읽을 때가 있다. 또 너무 세세한 것들에 집착해서 요점을 전달하지 못하거나 필자가 소주제를 생각하고 있었으나 그것을 빠트리고 쓰지 않은 단락이 있을 수 있다.

> 이용자 시험에서 선호도의 분포가 통계적으로 유의미하지 않았기 때문에 우리가 세 가지 대안 설계 중에서 결정할 수 있을 것으로 기대했던 바에 미치지 못하는 것이 드러났다. 의뢰인과 상담을 한 후에, 그것이 다재다능하고 사용하기 쉽다는 이유로 우리는 보관 칸이 3 개가 있는 대안에 집중하기로 했다. 의뢰인은 모든 대안들 중에서 세 칸짜리 설계가 이용자들이 설계를 가장 쉽게 그들의 개인 보관 용도에 맞게 적응해서 쓸 수 있는 것이라고 굳게 믿고 있다.

첫 문장은 단락의 요점—대안 설계에 집중하기로 한 결정—을 진술하지 않는다. 다음은 고쳐 쓴 단락이다. 첫 문장은 의뢰인과 이용자 입력에 대해 언급하고, 소주제를 요약한다.

> →우리는 이용자보다는, 의뢰인 입력에 바탕을 두어 최종 설계 방향을 정하기 위해—보관 칸이 3 개 인—대안 설계에 집중하기로 했다. 이용자 시험에서 선호도 분포가 통계적으로 유의미하지 않았기 때문에 세 가지 대안 설계 중에서 결정할 수 있을 것이라는 우리의 기대는 일그러졌다. 의뢰인과 상담을 한 후에, 그것이 다재다능하고 사용

> 하기 쉽다는 이유로 우리는—보관 칸이 3 개가 있는—대안에 집중하기로 했다. 의뢰인은 이용자들이 모든 대안들 중에서 세 칸짜리 설계를 그들의 개인 보관 용도에 맞게 적응해서 쓸 수 있는 것이라고 굳게 믿고 있다.

소주제 문장은 요점이 분명하고 예보적인 것이어야 한다. '일부 살충제들은 덜 해롭고 다른 것들 보다 더 효과적이다'로 쓰지 말고, '유기 살충제들은 덜 해롭고 그 화학상 대물들 보다 더 효과적이다'로 쓴다. 첫 번째 문장은 모호한 반면, 두 번째 문장은 독자가 기대하는 것을 집중해서 말한다.

소주제 문장이 모호해서 충분히 구체적으로 요점을 진술하지 못하는 단락들이 있다. 다음 단락의 첫 문장은 팀이 계속 진척을 보일 것이라고 말은 하지만 그들이 어떻게 그렇게 할 것인지에 대해서는 말하지 않는다.

> 다음 두 주의 고비를 넘기면 그 다음은 일이 순탄하게 진행될 것이다. 우리는 브레인스토밍을 하고, 아이디어들을 평가할 기준들을 설정할 것이며, 적어도 세 가지 대안들을 개발하려고 한다. 우리는 그러고 나서 foamcore로 이 대안들의 모형들을 만들어서 그것들을 우리의 목표 그룹 이용자들—5 살에서 12 살 아동들—에게 시험할 것이다.

다음 단락의 첫 문장은, 모호한 구—"일이 순탄할 것"—을 팀이 의도하는 바를 구체적으로 표현하게 고쳐 쓴 소주제이다.

> →다음 두 주가 지나면 우리는 대안들을 생성하고 시험할 수 있는 모형들을 만들 것이다. 우리는 브레인스토밍을 하고, 아이디어들을 평가할 기준들을 설정할 것이며, 적어도 세 가지 대안들을 개발하려고 한다. 우리는 그러고 나서 foamcore로 이 대안들의 모형들을 만들어서 그것들을 우리의 목표 그룹 이용자들—5 살에서 12 살 아동들—에게 시험할 것이다.

때때로 필자는 소주제 문장과 뒷받침문장들이 서로 일관되도록 소주제 문장과 뒷받침문장, 둘 다를 고쳐 쓰기도 한다. 다음은 소주제 문장과 단락의 나머지가 일관되지 않는 예이다.

원가를 낮추기 위해서, 우리는 Velcro 끈을 써서 보관함을 안전하게 붙들어 두려고 한다. Velcro는 사용하기 쉽고 내구성이 좋다. 우리가 이용자들을 관찰한 바에 의하면 아이들은 Velcro 끈으로 보관함을 쉽게 단단히 묶고 풀 수 있다. 게다가 보관함이 받게 될 무거운 하중을 감당하도록 설계된 몇 가지 유형의 Velcro가 있다.

소주제 문장이 비용을 언급하지만, 그 의미의 뒷받침문장들이 없다. 또한 단락의 몸통 문장들은 이용성을 언급하지만, 소주제 문장은 그렇지 않다. 아이디어들이 필자의 마음속에서는 연결되어 있으나 단락에서 그렇게 표현되어 있지 않다. 그래서 단락의 두 요소 모두를 고쳐 써야 한다.

→이용성을 희생하지 않으면서 비용을 줄이기 위해서, 우리는 Velcro 끈으로 보관함들을 묶어 두기로 했다. 우리가 연구한 바에 의하면 Velcro는 우리가 생성한 두 가지 대안들보다 75% 내지 90% 싸다. 더욱이 Velcro는 사용하기 쉽고 내구성이 좋다. 이용자들을 관찰한 바에 의하면 아이들은 Velcro 끈으로 보관함을 쉽게 단단히 묶고 풀 수 있다. 게다가 보관함이 받게 될 무거운 하중을 감당하도록 설계된 몇 가지 유형의 Velcro가 있다.

뒷받침문장들이 서로 부드럽게 그리고 논리적으로 연결된 단락은 응집성이 있다. 응집성은 세 가지 방식으로 강화할 수 있다. 첫째로, 한 문장에서 다음 문장으로 의미를 이어가기 위해 중요 낱말을 반복해서 쓴다. 둘째로, 이어지는 문장에서 앞 문장의 중요 명사를 지칭하는 대명사를 쓴다. 끝으로, 전환 어구를 이용한다.

■ 전환 어구

뒷받침문장들 간의 관계를 보여주기 위해, 시간의 순서, 원인과 결과, 비교, 대조, 예, 등을 보여주는 전환 어구나 적절한 표현들을 쓴다.

한 가지 이상의 요점을 담고 있는 긴 단락은 쪼개어, 각 각에 소주제 문장과 뒷받침문장들을 써야 한다. 아래 예문은 그런 유형의 긴 단락이다.

> 보관함은 내구성이 좋고 날씨 저항성이 좋으며 약간 유연한 플라스틱인, 소위 'thermoplastic elastomer'로 만들어 질 것이다. 그것은 운동화 바닥을 만드는데 쓰이는 것과 동일한 재료이고 높은 충격 조건에서 잘 기능하는 것으로 알려져 있는 것이다. 그것은 또한 비, 눈, 그리고 극히 높거나 낮은 온도에서 잘 견디는 것이 증명되었다(부록 D 참고). 함은 두께가 1 인치인 플라스틱으로 만들어져서 내용물이 함에 가해지는 충격에 의해 손상을 받지 않을 것이다. 재료가 유연해서, 금속과 달리, 긁히는 자국이 생기지 않을 것이다. 함의 치수는 폭 12 인치, 높이 10 인치, 깊이 7인치이다. 이 크기로 인해 함이 요구되는 공간에 맞아 들 것이고 이용자들에 의해 명시된 물건들을 보관할 것이다. 자물쇠가 함의 도난을 방지할 것이다. thermoplastic elastomer 제조사와 접촉을 해서 자물쇠 기구가 이 재료로 만들어진 함에 쉽게 설치될 수 있다는 것을 알게 되었다 (부록 E 참고).

첫 문장을 읽으면 독자들은 단락이 함을 만드는데 이용되는 플라스틱의 이점들에 관한 것이라고 생각한다. 그런데 단락의 뒷받침문장들은 치수와 자물쇠에 관한 것이다. 이 단락은, 포함된 정보들을 분류해서 고쳐 쓰면, 소주제 문장과 뒷받침문장들로 된 세 단락으로 쪼개진다.

> →보관함은 내구성이 좋고 날씨 저항성이 좋으며 약간 유연한 플라스틱인, 'thermoplastic elastomer'로 만들어 질 것이다. 그것은 운동화 바닥을 만드는데 쓰이는 것과 동일한 재료로서, 높은 충격 조건에서 잘 기능하는 것으로 알려져 있다. 그것은 또한 비, 눈, 그리고 극히 높거나 낮은 온도에서 잘 견디는 것이 증명되었다(부록 D 참고). 마지막으로 재료가 유연해서, 금속과 달리, 긁히는 자국이 생기지 않을 것이다.
>
> 크기로 인해, 함은 이용자 친화적이고 내구성이 있을 것이다. 함은 폭 12 인치, 높이 10 인치, 깊이 7인치이다. 이 치수들로 인해, 함은 공간에 맞아 들 것이고 이용자들에 의해 명시된 물건들을 보관할 것이다. 두께가 1 인치인 플라스틱으로 만들어져서, 내용물은 함에 가해지는 충격들로 인해 손상되지 않을 것이다.
>
> 자물쇠가 함의 도난을 방지할 것이다. thermoplastic elastomer 제조사와 접촉을 해서 자물쇠 기구가 이 재료로 만들어진 함에 쉽게 설치될 수 있다는 것을 알게 되었다 (부록 E 참고).

세 개의 짧은 단락이 읽기 쉽고, 시각적으로 호소력 있을 뿐만 아니라, 사람들이 읽고 알아차리기 쉬운 방식으로 정보들이 효과적으로 구성되어 있다. 사람들은 단락의 첫 문장을 읽어 정보를 눈치 채고 가장 잘 기억한다.

본론에 있는 이런 표준 뒷받침 단락들 외에, 결론에 있는 단락들은 그림 4-7이 묘사하는 바에 그리고 서론 단락들은 그림 4-8이 묘사하는 바에 부합해야 한다.

③ 끝으로 셋째 읽기에서, 필자는 느리고, 조심스럽게, 초벌을 한 줄 한 줄 읽어가면서, 교정 할 준비가 되었는지 확인한다. 또 필자는 단락 하나씩, 문장 하나씩, 단어 하나씩, 자르고, 덧붙이며, 순서를 다시 짠다.

■ **편집을 위한 점검 목록**(Kirszner, 2010: 71-7)

• 문법

문장에 주어와 서술어가 있고, 문장 끝에 마침표가 찍혀 있나? 문장이, 다른 문장에 기대지 않고서, 그것만으로 뜻이 온전한가? 빠진 성분을 채워 넣어 올바른 문장으로 고쳐 쓸 수 있거나 이웃 문장에 갖다 붙일 수 있나?

서술어가 주어와 호응하는가? 서술어는, 문장의 주인인, 즉 사람이나 사물 주어와 적절히 호응해야 한다.

서술어들의 시제가 정확하고 일관되는가? 불필요하게 시제를 달리하지 않았나?

지시대명사들이 앞에 나온 구체적인 명사들을 분명하게 지칭하는가? '이것'이 지시하는 바가 불분명하지 않은지 특히 주의한다. 이 문제를 피하기 위해서, 항상 '이것' 뒤에는 그것이 지칭하는 것을 뚜렷이 하는 단어를 붙여 써라. – '이 문제,' '이 사건,' 등.

독립된 두 절이 적절한 문장 부호 없이 연결되어 있지 않나? 독립된 두 절을 쉼표만 찍어 연결해 두지는 않았나? 복문에서 독립 절을 연결하는 '그리고'나 '그러나'와 같은 등위 접속사 앞에 쉼표를 찍거나, 쉼표 대신 쌍반점(;)을 쓴다.

수식어들은 꾸미는 낱말을 분명히 가리키나? 잘못 놓이거나 외톨이 수식어가 없나?

동일한 아이디어를 표현하기 위해서 그에 걸맞은 낱말, 구, 혹은 절들을 이용했나?

• 문장 부호

문장 부호는 문장의 뜻을 돕거나 알아보기 쉽게 한다. 문장 부호의 표현적 효과는 크다. 문장 부호는 문장의 뜻뿐만 아니라 독자가 눈으로 글을 읽는데도 도움을 주어,

정확한 문장을 쓰는데 필요한 어떤 요소 못지않게 중요하다. 문장 부호는 글자나 맞춤법과 함께 글쓰기에 없어서는 안 될 요소이다. 그것을 잘못 쓰거나 빠트리게 되면 엉뚱한 뜻의 글이 될 뿐 아니라 글의 품위가 떨어진다.

문장 부호에는 일곱 가지 표가 있다: 마침표, 쉼표, 따옴표, 묶음표, 이음표, 드러냄표, 안드러냄표. 이것들 중에서, 쉼표에 속하는 반점, 가운뎃점, 쌍점과 이음표에 속하는 줄표가 기술문 쓰기에 특히 유용하다.

대등하거나 종속적인 절이 이어질 때 절 사이에, 문장 첫머리의 접속이나 연결을 나타내는 말 다음에, 문장 중간에 끼어든 구절 앞뒤에, 문맥상 끊어 읽어야 할 곳에 쉼표(,)를 찍었나?

열거한 여러 단위가 대등하거나 밀접한 관계임을 나타내기 위해 가운뎃점(·)을 썼나?

이미 말한 내용을 다른 말로 부연하거나 보충함을 나타내기 위해, 문장 중간에 앞의 내용에 대해 부연하는 말이 끼어 들 때, 그리고 앞의 말을 정정 또는 변명하는 말이 이어질 때, 줄표(—)를 썼나?

직접 인용한 내용과 글, 이야기, 책 제목을 표시하기 위해서 쌍따옴표(“ ”)를 썼나?

내포되는 종류를 들거나, 문장이 제시하는 목록, 예, 혹은 명시를 소개하기 위해 쌍점(:)을 썼나?

문장을 일단 끊었다가 이어서 설명을 더 계속할 때는 쌍반점(;)을 쓴다.

- 문장 스타일과 낱말 선정

문장 성분들이, 기본 문형을 지켜, 자연스럽게 나열되어 있나?

구체적 뜻의 낱말을 썼는가? 상투적인 낱말이나 어구를 제거했는가?

반복, 의미 없는 표현, 및 과도한 낱말들을 제거했나?

문장들의 길이와 구조가 다양한가? 문장의 시작을 다양하게 했는가?

문장들은 최대한 짧나?

말하려는 내용이 불분명하여 중언부언하면 대체로 문장이 길어진다. 수식어를 여기저기 붙이면 문장 구성 성분조차도 불분명해질 수 있다. 한 문장에 낱말 15-20 개가 적절하고, 30 개 이상의 낱말로 된 문장은 지나치게 긴 것으로 간주된다. 문장 길이에 관해 판단하려면, 뜻이 온전하다는 전제하에, 문장을 한 숨에 큰 소리로 읽을 수 있는

가를 고려하면 된다.

(3) 교정

최종적으로, 글을 교정(校訂)하여야 한다. 교정은, 편집을 언급하는 때에 대부분의 사람들이 생각하는 것이지만, 편집의 작은 부분이다. 교정은 철자를 바르게 고치고, 사실들과 이름 및 인용들을 점검하며, 단어들에 대한 맞춤법이나 어문규정과 용법의 표준 스타일들을 지켰는지를 확인하며, 잘못 쓴 글자와 같은 실수들을 모두 고치기 위한 것이다.

직장에서, 일의 품질은 매우 중요하다. 독자들이 문법, 오식(誤植, 미스프린트), 철자 오류 및 관용어 용어법 등에 문제가 있는 문서를 마주할 때, 그들은 정보의 품질에 대해 (더 나아가 필자의 성실성에 대해서) 의심한다. 교정하는 동안, 적어도, 오류를 바로 잡기 위해 컴퓨터 워드프로세서의 철자법과 문법 점검 마법사를 이용할 수 있다. 그러고도 미처 못 보고 빠트리는 실수를 막기 위해서 문서를 매우 조심스럽게 읽어야 한다.

■ **교정을 위한 점검 목록**(Kirszner, 2010: 78)

교정은 단어 수준에서 고쳐 쓰는 일이다.

뜻이 혼동되는 낱말들을 쓰지는 않았나?

'약간' 혹은 '최근'와 같은, 모호한 추상적 형용사나 부사를 쓴다면, 독자들은 이 낱말들을 달리 이해할 수 있다. 부사 '최근'은 어떤 독자에게는 30분 전일 수 있고, 또 '어제' 혹은 또 '지난 주'로 이해하는 독자가 있을 지도 모른다. 그래서 이런 부사들은 분명치 않다. '약간'이라는 형용사에 대해서도 마찬가지이다. 만약 "나는 예산에 대한 정보가 조금 필요하다."로 쓴다면, 독자들은 단지 필자가 '조금'이라고 한 의미를 추측할 수밖에 없다. 그는 예산 증가를 바라는가 아니면 지출을 늘리기를 바라는가?(Gerson, 2014: 62)

틀린 낱말들을 찾아 고쳤나? 맞춤법 점검을 했나?

책, 잡지, 작품 이름들에 밑줄을 긋거나 이탤릭체로 적었나?

잘못 쓴 숫자나 글자들은 없는가?

4-2 인용과 표절

'쓰기 전' 국면에서, 내용을 생성하는 때, 즉 '제재 생산' 단계에서 정보를 수집하는 때 자료의 출처를 기록하는 것이 중요하다고 여러 번 강조된 바 있다. 자료 수집에만 신경을 쓰느라, 그 자료들의 출처를 기록해 두지 못하면, '고쳐 쓰기'를 할 때, 자료를 뒤적이느라 시간을 허비하게 되고, 의도하지 않게 표절을 하게 되는 결과가 될 수 있다고 했다.

무슨 일을 하든지, 그 일을 하는데 있어서, 다른 사람들의 아이디어나 지식을 참고할 수 있다. 때로는 다른 사람들의 직접적인 도움을 받기도 한다. 자신이 할 수 없으면 다른 사람에게 일을 시키기도 하고 아예 일을 다른 사람에게 맡기기도 한다. 다른 사람이 한 일에 대해서는 당연히 대가를 지불한다. 그 일의 결과는 대가를 지불한 사람의 것이 된다.

문제를 해결하는 글을 쓰기 위해서, 필자는 특히 '쓰기 전' 국면의 단계들을 따라, 문제 정의부터 시작해서 제재 생산에 이르기까지 여러 단계를 거치면서, 문제와 관련한 여러 자료들을 확보한다. 그 자료들 중에는 필자 자신의 아이디어도 있겠지만, 상당히 많은 것들이, 2차 연구로 확보된, 남의 것일 가능성이 크다. 공학설계에서 문제를 해결하는 아이디어들은 다른 사람들의 자료나 글이나 논문이나 여러 기술 문서에서 빌려 온 것들이다. 그런데, 보고서를 쓰고 나면, 설계 팀원들이나 필자가 그 문서의 주인이 된다. 그 글 속에 포함된 남의 것들에 대해서는 그것들의 주인을 밝혀 두어야 한다. 그렇지 않으면 대가를 지불하지 않고 남의 것을 취하는 도둑질을 한 결과가 된다.

글을 쓰는데 있어서도 다른 사람의 글을 읽고 그 사람의 아이디어를 이용하여 필자의 생각을 뒷받침하거나 새로운 정보를 생성하는 것은 바람직한 일이다. [남의 글이나 말 가운데서 필요한 부분을]끌어다 쓰는 것을 인용(引用)이라 한다. 그러므로 다른 사람이 쓴 글을 이용하는 것은 권장할 일이다. 다만, 다른 사람이 쓴 글의 자료(글말, 표, 그래프, 그림, 사진 등과 같은 시각자료 포함)를 마치 필자가 쓴 것인 양 글에 슬그머니 끼워 두어서는 안 된다.

다른 사람의 저작 내용을 자신의 것으로 도용(盜 도둑 도, 用 쓸 용)하여 서술함으로써 의도적으로 독자를 속이려는 것을 표절(剽 빼앗을 표, 竊 도둑 절)(남의 시가 · 문장 · 학설 따위를 자기 것으로 발표하는 일)이라 한다. 다른 사람의 저작물을 인용 표시

없이 마치 자기 것인 양 사용하거나, 의도하지 않은 베끼기도 표절이다. 특히 인터넷에서 가져오는 거의 모든 것은 남의 것이다.

학생들은 정당하게 남의 글을 이용하기 위한 인용법과 그에 따른 각주나 참고문헌 작성법을 알고 있어야 한다. 학생들의 표절 문제와 관련한 글들을 읽어보면, 표절이 인터넷의 확산과 함께 늘고 있고, 그에 비해 학생들은 표절의 부도덕성에 대해 잘 모르고 있다는 것을 알 수 있다. 인터넷에서 구한 자료들에 대해서는 그것들의 웹사이트의 이름과 정확한 URL 주소를 기재하여야 한다.

직접 인용과 간접 인용이 있다.

직접 인용은 원전을 그대로 옮기는 것으로서, 원본의 내용을 원문 그대로 옮겨 원저자의 표현을 그대로 살리고 싶을 때 사용한다. 직접 인용법에는 완전 인용, 생략 인용, 가필 인용, 3 가지 방식이 있다.

완전 인용은, 원문을 있는 그대로, 곧 줄이거나 가필함이 없이, 원문의 일부를 지정하여 그대로 베끼어 옮기는 것을 말한다. 원문과 완전히 일치되도록 원문과 꼭 같이 있는 그대로 인용 (문장 부호도 그대로 옮겨)해야 한다. 인용하는 원문을 필자의 글의 문맥 중에 옮겨 쓰되, 양 끝에 큰따옴표(“ ”)로 표시해야 한다. 아래 예문에서, 큰따옴표 다음의 [1]은 참고문헌(CSE 스타일) 목록에서 그 원천을 확인할 수 있게 붙인 번호이다.

> “칸트는 일찍이 철학은 가르칠 수 없고 다만 철학하는 일만을 가르칠 수 있다.” [1] 라고 말한 바 있다

생략 인용은 원문의 중간 일부를 생략하고 필요한 부분만을 발췌해서 쓰는 것이다. 생략되는 부분이 표시되어야 한다. 한 문장의 중간 일부를 생략할 때는 그 부분에 줄임표(…)를 찍는다.

> “그들은 서로 싸우고… 웃게 되었다.”[2]

또, 생략 부분에 있는 구두점도 빠트리면 안 된다.

"그들은 헐뜯고, 욕하고, … 마침내 원수가 되었다."[3]

이 두 예문의 끝에 적은 [2]와 [3]은 참고문헌에서 그 자료의 출처를 밝히는 항목의 번호이다.

가필(加筆) 인용은 인용자가 원문에 간단한 해석이나 주석 혹은 설명 따위를 덧붙이면서 인용하는 것이다. 가필할 때는 반드시 대괄호 "[ ]"를 하고 그 안에 적어 넣는다.

"영조 38년[서기 1762년] 장현 세자[사도세자를 말함]가 참혹한 죽음을 당할 때."

원문대로 인용했음을 확인할 때는 "[인용자 확인]"과 같은 표시를 한다.

간접 인용 방식에는 말 바꿔 쓰기와 요약이 있다. 말 바꿔 쓰기는 원저자의 표현보다는 필자의 의도나 단락의 내용에 어울리게 말을 바꿔서 내용에 끼워 넣는 방법이다. 요약은 빌려온 일절의 원래 뜻을 살리되 그것을 필자의 말로 줄여서 쓰는 일이다.

말 바꿔 쓰기는 원래 아이디어를 필자 자신의 말로—가끔은 더욱 분명한 더욱 직접적인 그리고 어세가 강한 방식으로—다시 진술하되, 그 원천을 온전히 밝히는 것을 의미한다. 말 바꿔 쓰기는 몇 개의 단어를 바꿔 쓰거나 순서를 섞는 이상의 일을 의미한다(Lannon, 2008: 638). 말 바꿔 쓰기를 한다면서 원래의 내용을 바꾸어 쓴다면—비록 원천을 밝혀둔다 하더라도—그것도 역시 표절이다. 마찬가지로 비록 원저자를 밝힌다 해도, 말 바꿔 쓰기를 하면서 원래의 의미를 왜곡한다면, 그것도 비윤리적인 것이다.

■ 말 바꿔 쓰기를 위한 지침

- 말 바꿔 쓰기를 하는 첫 머리에서 원저자의 이름을 적어, 빌려온 일절의 시작을 금방 알아 볼 수 있게 하라.

이강호(2005)에 의하면, 직접적인 관찰을 통해 대상을 파악할 수 없는 학문들에는 불가피하게 모형 혹은 모델이 이용된다. 넓은 의미에서 모델은 사물이나 사건을 이상화되고 추상적인 형태로 체계적으로 나타낸 것이다. 따라서 모델은 본성적으로 다소 임의적이다. 중요하고도 본질적인 특성이 자신의 물질적인 성질에 관련되어 있지 않고, 구조상의 혹은 기능상의 자질에 고스란히 나타나 있는 현상들이 모델화 혹은 모형화하기에 적합하다.

위 예문 단락 첫 머리에 그 문장을 쓰게 된 배경이 되는 원천의 주인 이름이 적혀 있다. 따라서 첫 머리에서 이 단락의 내용은 참고문헌에 '이강호(2005)'로 표기된 자료의 어느 부분의 내용을 말 바꿔 쓰기 한 것임을 금방 알 수 있다.

- 의미를 보존하기 위해서, 원문에 있는 핵심 단어를 그대로 유지한다.
- 강조와 유창성을 위해서 원래 문장들의 구조를 바꾸고 조합한다.
- 간결함을 위해서 원래 것에 있는 불필요한 단어들을 제거한다.
- 원저자의 아이디어들을 분명히 하기 위해 필요하면 필자 자신의 단어나 구들을 사용한다.
- 빌려온 일절의 끝을 표시하고 원저자에 대한 완전한 신망을 나타내기 위해서, 정확한 원천을 (괄호 안에) 인용한다.
- 원저자의 원래 의도를 확실히 보존한다.

인용과 관련해 주의할 사항이 몇 가지 있다. 인용하는 자료는 인용할 가치가 충분히 있는 것이어야 한다. 잘못된 이론의 전거이거나 새로운 학설에 의해 문제가 될 수 있는 것을 인용하면 오히려 해가 된다. 인용 사항을 합리적으로 소화시켜야 한다. 인용에 착오가 있어서는 안 되며, 또 인용된 사항이 필자의 글 속에서 살아나야 한다. 인용 내용이 아무리 사소한 것이라도 그 출처를 확실히 밝혀야 한다. 인용자가 직접 입수하여 확인한 내용만 인용하여야 한다.

인용을 위해 다음 지침을 참고 한다(Lannon, 2008: 636).

- 꼭 필요한 때에만 직접 인용한다. 직접 인용은 가끔 필자 자신의 말들을 정당하게 평가할 유일한 방식이다. 아래 목적들을 위해서는 직접 인용을 하는 것이 좋다.
  - 특별한 어구나 강조를 보존
  - 간결한 의미 보존
  - 원래의 추론의 논리 전개를 보존

- 특별히 현저하거나 현란한 예를 보존
- 전문가 의견의 권위와 복잡성을 전달
- 원래의 음성, 일관성, 또는 감정적 강도를 전달

- 정확하게 인용한다. 선정한 단어 하나하나를 옮겨 적고, 정확한 쪽수를 기록하며, 그 어떤 방식으로도 원래의 표현이 바뀌지 않았는지 거듭 점검한다.
- 최대한 간략하게 인용한다. 간결성과 강조를 위해 생략 인용을 이용한다. 한 문장 내에서 생략된 여러 부분을 표시하기 위해 줄임표(…)를 써라. 문장이나 여러 개의 문장들로 된 텍스트의 끝을 포함하는 개별 누락을 가리키기 위해, 줄임표 뒤에, 마침표를 찍는다.

  생략 인용을 하더라도, 문장은 문법에 맞아야 하고 원래의 의미를 왜곡하지 않아야 한다.
- 구별이 되도록, 필자가 덧붙이는 주석이나 전환어구들은 대괄호 [ ]안에 적어 넣는다. (가필 인용)
- 인용된 내용은 필자가 쓴 문장들 속에 분명히 그리고 문법적으로 올바르게 심어져야 한다. "홍길동이 논증하기를" 또는 "박문수가 결론짓기를"과 같은 구들을 이용해서, 인용된 내용을 소개한다. 전환어구를 활용해서, 인용된 아이디어와 그 앞 문장 사이의 관계를 보여줄 수 있으면 더욱 좋다. 통합된 문장은 문법적으로 옳아야 한다.
- 인용하는 내용이 네 줄 이상이 되면, 본문과 구별되도록 과외의 들여 쓰기를 하여, 별도의 단락(block form)으로 인용한다. 아래 경우들을 제외하고는, 긴 인용을 피한다.
  - 확장된 예, 정의, 또는 유사의 제공
  - 아이디어나 개념을 분석하거나 토의

  블록 인용은 한 줄을 비우고 그리고 전체 블록을 10 글자 들여쓰기를 한다. 인용 마디의 첫 줄은 들여쓰기를 하지 않지만, 그 다음 단락의 첫 줄은 세 글자 들여쓰기를 한다. 인용부호는 붙이지 않는다.
- 인용을 소개하고 그것의 중대성을 토의한다.

• 인용 마디 각각에 대해 그 원천을 밝힌다.

빌려온 제재는 두 번 인용해야 한다. 인용한 부분의 원천을 (참고문헌 목록에서 그것을 지목하기 위해) 본문에서 문장이나 단락의 적절한 곳 혹은 끝에 간략하게 기입하는 것이 한 번이다. 두 번째는, 문서의 끝, 참고문헌 목록에, 그 원천을 명확하게 기재한다.

출처를 지목하고 참고문헌에 그 원천을 명확하게 기재하는 방식은 세 가지가 있다. ① MLA(Modern Language Association) 스타일 (인문학 분야), ② APA(American Psychological Association) 스타일 (사회과학 분야), ③ CSE (Council of Science Editors) 스타일 (자연과학과 응용과학 분야). 이런 인용 방식은 전공 분야 학회나 조직에 따라 조금씩 다르게 정해져 있다(Lannon, 2008: 642).

아래는 (CSE style을 따른)참고문헌의 예이다. 이 예에서 참고문헌 목록들에 번호들이 차례대로 붙어있다.

[1] 서정수, *문장력 향상의 길잡이*, 동광출판사, 2001.
[2] 신선경, "과학기술자를 위한 글쓰기 교육의 새로운 방향," *작문연구*, 7, 2008, 35-58.
[3] DesMarteau L. Study links sewing machine use to Alzheimer's disease, *Bobbin*, 1994 Oct: 36-8.
[4] Sorby, Sheryl and Bulleit, William M. *An Engineer's Guide to Technical Communication*, 2006, Pearson Prentice Hall.

예를 들어, 위의 두 번째 자료가 뜻하는 바는 다음과 같다: '[2]'는 본문에서 이 자료를 가리키는 참고문헌 번호이고, '신선경'은 인용한 자료의 저자 이름이며, " "안의 내용은 그 자료의 제목이다. '*작문연구*'는 그 자료가 실린 정기간행물의 이름인데, 책 이름은 보통 이탤릭체로 쓰거나, 밑줄을 그어, 책에 포함된 자료들의 제목과 구별한다. '7'은 간행물의 발행 번호이고, '2008'은 발행 연도이며, '35-58'은 그 자료가 간행물에 실린 쪽 번호이다.

위 참고문헌 목록을 APA 스타일로 쓰면 다음과 같이 된다.

서정수(2001). *문장력 향상의 길잡이*. 동광출판사.

신선경(2008). "과학기술자를 위한 글쓰기 교육의 새로운 방향." *작문연구*, 7,35-58.

DesMarteau L.(1994). Study Links Sewing Machine Use to Alzheimer's Disease. *Bobbin*, 36-8.

Sorby, Sheryl and Bulleit, William M.(2006). *An Engineer's Guide to Technical Communication*, Pearson Prentice Hall.

아래 예문, 첫 머리에서 '표 5-1(Sorby, 2006: 6)'은, 참고문헌에서, Sorby가 저자인 2006년에 출판된 책이나 정기간행물의 6쪽에서 인용한 '표 5-1'이라는 뜻이다.

표 5-1(Sorby, 2006: 6)은 6 단계로 정의된, 과정 중심의 글쓰기 과정, 설계 과
(Jayaraman, 1991: 30) 각각의 비교를 보여준다. 이 표에서 보면, 3 가지 과정들
일들을 위한 것이지만, 각 과정은, 기본적으로 문제 이해-계획 고안-계획 실행-
구성되는 것을 알 수 있다.

4-3 보고서

"글로 적어라."

이 말은 산업계에서 늘 듣는 소리이다. 산업 세계와 사회, 둘 다는 일반적으로 보고서 지향적이다. 무슨 일이든지 그것이 문서화되기 전 까지는 대수롭잖게 여겨지거나 공식적이지 않다.

Report는, Webster 사전에 의하면, 명사로는, '상황, 사건, 등을 글이나 말로 묘사한 것', 즉 '보고(報告)'와 '보고서(報告書)'라는 의미이고, 동사로는, '(무엇인가)에 대해서 사람들에게 말하기: (무엇인가)에 대해서 보고하기'를 의미한다. 표준국어대사전에 의하면, 보고는 '일에 관한 내용이나 결과를 말이나 글로 알림.' '=보고서.'이다.

4-3.1 짧은, 비공식 보고서

보고서들은 다른 길이와 공식성 수준, 중대하게 다르기도 하지만 겹치기도 하는 목적을 가지고, 다른 의사소통 채널을 통해, 청중에게 이송된다. 누군가는 직무 관련 프로젝트들에 관한 정보를 전달하는 비공식 진도보고서를 쓸 것이다. 전문성이 높거나 낮은, 내부 청중을 향하는 짧은 보고서를 위해서, e-메일 포맷이, 충분할 지도 모른다. 그러나 외부 일반 청중을 위한, 사실을 제공하고, 발견한 것들을 분석하며, 후속 조치 행동을 추천하기 위해서는, 편지 포맷으로, 더 길고, 더 공식적인 진도보고서를 써야 한다(Gerson, 2014: 402).

보고서들은 다음 수요들 중의 하나 이상을 충족한다:

- 마무리된 일의 기록
- 장래 참고를 위해 복잡한 정보를 기록하고 명백히 하기
- 다른 기량 수준들을 갖는 많은 사람들에게 정보 제시
- 당면한 문제들의 기록
- 스케줄(계획표), 시간표, 이정표 등의 기록
- 장래 행동 추천
- 현재 상황을 기록해서 간직
- 절차 기록

다른 종류의 긴, 짧은, 공식, 비공식 보고서들의 특성들은 표 4-2를 보면 알 수 있다.

표 4-2 보고서들의 독특한 측면

분류	차이점	특성
길이와 범주	짧은	1~5 쪽으로 제한. 짧은 보고서들은 제한적 범주를 갖는 토픽들에 집중. 제한적인 보고 대상 시간, 재정, 인원, 및 조직에 미치는 충격을 포함
	긴	5쪽 이상. 토픽의 범주가, 긴 기간, 큰돈과 막대한 연구, 많은 근로자, 및 회사에 중대한 충격을 포함
공식성	비공식	대부분의 짧은 보고서들로서 비공식적, 일상적 메시지, 편지, 메모 또는 e-메일로 쓴 것들
	공식	공식 보고서들은 보통 길고, 제목 쪽, 내용 목차, 예시 목차, 초록, 부록, 및 인용/참고 문헌들과 같은, 표준화된 성분들을 담아
독자	내부(높거나 낮은 전문성)	회사 내부의 동료, 부서장, 혹은 부하들이 내부 청중. 보통 e-메일이나 메모를 쓸 것
	외부(여러 독자 수준)	외부 독자는 판매상, 고객, 의뢰인, 혹은 협력 회사들로 구성. 보통 편지 포맷의 보고서를 쓸 것
	내부와 외부	내부와 외부 독자 둘 다에게 보내 질것이라면, e-메일, 메모 혹은 편지 보고서를 써야
목적	정보제공	정보 제공 보고서들은 사실 자료에 집중. 이 보고서들은 흔히 "이것이 발생된 내용이다" 와 같은 범주로 제한돼
	분석	분석 보고서들은 정보를 제공하지만 발생한 일들의 원인들을 분석. 그러고 나서 자료의 해석에 바탕을 두어, 결론을 도출. "이런 일들이 발생했는데 그 일의 발생 이유는 이렇다."
	설득	설득 보고서들은 정보를 이송하고 결론을 도출. 그러고 나서 추천되는 후속 조치들을 정당화하기 위해서 설득을 이용: "이런 일이 발생했는데, 왜 그런 일이 발생했는지, 그리고 다음에 해야 할 일은 이것이다."
의사소통 채널	e-메일	내부와 외부 독자에게 쓴, e-메일 보고서들은 짧고 비공식적
	메모	메모 보고서들은 내부 독자들에게 쓰고 보통 짧고 비공식적
	편지	편지 보고서들은 외부 독자들에게 쓴다. 토픽, 범주, 및 독자에 따라서, 길거나 짧고, 공식적이거나 비공식적일 수 있어
	전자(온라인)	많은 보고서들은 회사의 웹 사이트를 통해 접속돼. 이 보고서들은 내려받아 인쇄될 수 있고 흔히 "boilerplate" - 반복적으로 사용될 수 있는 텍스트들이다. 전자 보고서들은 또한 상호작용성을 제공하는데, 말단 사용자들이 보고서에 온라인으로 기입해서 그것을 의도된 독자에게 제출하도록 허용

다음과 같은 범주들에 속하는 많은 보고서들이 있다.

- 사고보고서
- 조사보고서
- 출장보고서
- 진도보고서(3-3 절 예문 참고)
- 실험실 혹은 시험보고서
- 타당성/추천 보고서
- 연구보고서
- 제안서

다음과 같은 비공식 보고서들이 있다(Burnett, 2001: 609).

- 과제보고서 (추천, 정당화, 검사, 정보, 조사)
- 주기 활동보고서(일간, 주간, 월간, 분기별)
- 진도(중간, 현황)보고서
- 회의록
- 출장과 회의보고서
- 기록[공문서] 보관

과학과 엔지니어링 문헌에서, 'report'는 결과를 제시하는 문서이다. 보고서는, 몇 가지 예를 든다면, 프로젝트의 실행 가능성을 추정하고, 프로젝트 상황을 점검하러 다녀온 출장에 대한 관찰과 주석을 제공하며, 설계 해결책을 명시하거나 환경에 미치는 충격을 평가하기 위해(Paradis, 2002: 194) 작성되는 문서이다.

보고서는 다른 문서, 메모나 편지 등에 등장하기도 할 것이지만, 더 큰 공식 보고서들은, 제목 쪽, 내용 목차, 예시 목록, 절들과 장들, 및 부록을 갖춘, 책 포맷으로 준비된다. 공식적 최종 보고서는 제안서들과 진도보고서들에서 흔히 보는 일부 요소들을 담지만, 강조하는 바는 다르다. 제안서는 "이것이 발생할 것이다"라는 내용에 대한 것이고,

진도보고서는 “이것이 발생하고 있고 그리고 다음에는 어떤 일이 발생할 것으로 기대된다”라고 내용의 것이다. 그렇지만 최종보고서는 “이것이 발생했다”는 내용에 대한 것이다.

진도보고서가 문제에 대한 마지막 보고가 아닌 것처럼, 최종보고서는 첫 보고를 위한 것이 아니다. 프로젝트의 목표와 성취 내용들은 실험실 노트북, 회의록, 제안서, 혹은 진도보고서들에 자세히 작성되어 관리될 것이다.

과학 및 엔지니어링 활동을 제안하고 글말로 기록하는 일에서, 일부 요소들은 문서에 상관없이 일정하다. 예를 들어, 제안서와 최종 보고서에서 연구의 점검은 근본적으로 동일하다. 일부 요소들은 강조의 측면에서 약간 다르다: 최종보고서는 프로젝트의 시간 관리를 설명할 것이지만, 제안서처럼 그 부분에 초점을 두지는 않는다. 최종보고서에는 조사자들의 이력이 담기지 않지만, 제안서에는 그 내용이 반드시 담긴다.

보고서 쓰기는 공식이나 정해진 일의 순서를 따르기보다는 상당히 더 지적인 활동이다. 어떤 종류의 보고서들을 쓰는 때, 필자에게 표본 개요가 주어질 것이고, 써야 할 표준적인 절들이 정해질 것이다. 다른 보고서들을 쓰는 때, 필자는 자신의 목적, 청중의 수요, 및 문제와 주제에 적합한 구조를 고안해야 한다. 과학이나 엔지니어링 문제들에 관한 연구 보고서들을 쓰는 때 그림 4-13과 같은 구조를 지키는 것이 좋다(Paradis, 2002: 196).

4-3.2 긴, 공식 보고서

왜 보고서를 길게 써나?(Gerson, 2014: 440) 일부 경우에, 문제가 너무 복잡해서 짧은 보고서로 주제를 다 말 할 수 없을 수 있다. 예를 들어, 회사가 고심 중인 합병 건의 가능성에 관한 보고서를 누군가가 쓴다고 가정하자. 이 합병 건은 종업원, 사업 일정, 설비, 훈련, 시설, 및 재정에 관한 중대한 결심을 요구할 것이다. 연구가 마무리 된 긴 보고서는 내용을 충분히 그리고 성공적으로 전달해야 한다. 긴 보고서들은 짧은 보고서들이 단순히 확장된 것들이 아니다. 긴, 연구 보고서들은 시간, 사람과 재정 자원들을 요구하고, 그 영향이 광범위하다.

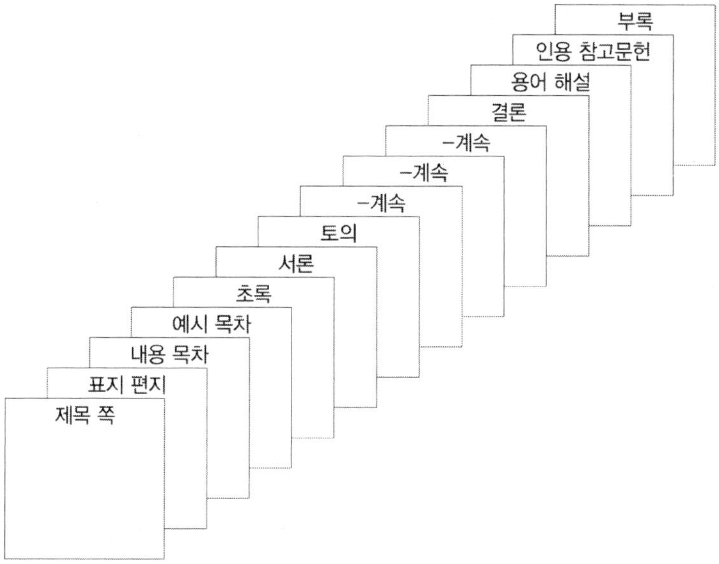

그림 4-13 긴, 공식 보고서의 구성 요소들

다음 것들은 긴, 공식, 연구보고서들의 제목들이다.

- 대구시에 경전철이 미치는 영향: 사회 기반시설에 미치는 경제적 영향 연구
- 이동 통신의 증대되는 중요성: 보안, 구매, 배포, 및 지원
- EBA 회사에서 기술적으로 발전하는 시장 변화의 관리
- The Colony 회사에서 정보 청지기직: 정보 보호를 위해 법이 요구하는 조건들
- 코리아대학교를 위한 원격 접속 구현과 관리

보고서들은 정보를 제공할 수 있고, 분석적일 수 있으며, 어떤 과정의 행동을 추천할 수 도 있다. 때때로, 정보를 제공하는 보고서를 쓸 일이 생기기도 한다. 혹은 단순히 상황을 분석하는 보고서를 쓰기도 할 것이다. 행동을 설득하기 위한 보고서를 쓸 수 도 있을 것이다. 그렇지만, 이 세 가지 목표들은, 보통, 긴, 공식 보고서들에서 겹칠 것이다.

예를 들어, 어떤 회사가 세계적으로 확장하기 위해서 WAN(광역 네트워크)이 필요하다고 하자. 경영진에 제출할 긴 공식 보고서에서 필자는 먼저 이 WAN이 세계 각지에

흩어져 있는 동료 근로자들에게 정보를 전달하고 저장하기 위한 전략적 목표들을 충족할 것이라는 정보를 주어야 할 것이다. 보고서는 또한 이 네트워크가 안전하고, 신뢰할 수 있으며, 빠르고, 효율적인 방식들을 분석할 것이다. 최종적으로, 보고서는 의뢰인, 파트너, 판매상, 및 동료들에게 안전한 정보 통신을 제공하기 위한 최선의 설계를 추천할 것이다. 궁극적으로, 필자는, 연구를 통해, 자신의 비전을 구현할, 네트워크 설계, 하드웨어 명세, 소프트웨어, 및 추정된 예산이 내부와 외부 둘 다의 수요를 충족할 것이라고 독자를 설득해야 한다. 그런 보고서는 추천된 제안에 따라 독자들이 행동하도록 납득시키기 위해 정보 제공적이고, 분석적이며, 설득적이어야 할 것이다.

긴, 공식 보고서는 다음 것들을 포함한다.

- 앞부분 (제목 쪽, 표지 편지 혹은 메모, 내용 목차, 예시 목차, 및 실무 요약이나 초록)
- 몸통 (목적, 이슈, 배경 및 문제들을 포함하는 서론; 토의; 및 결론/추천)
- 뒷부분 (용어 해설, 인용이나 참고 저작물 쪽, 및 옵션 부록)

그림 4-13은 긴, 공식 보고서의 구성 요소들을 보여준다. 부록 3의 진도보고서는 긴 공식 보고서의 예이다.

보고서 쓰기 기량은, 경력이 쌓여감에 따라, 엔지니어에게 더욱 값진 것이 되는데, 직위가 높아질 수 록 그에 상응하는 글쓰기 책무가 수반되기 때문이다. 누구라도 높은 직위로 승진해 가자면 자신과 자신의 아이디어를 글로 표현하고 그것으로 소통할 수 있는 능력을 갖추어야 한다.

4-3.3 부록

부록은, 예를 들어 진도보고서에서, 원천 데이터, 프로젝트 정의, RAM 차트와 간트 차트, 및 그 외의 다른 보충 정보를 제공하기 위한 것이다. 그러나 부록에 는 골라 넣어야 하고, 연구 사항 모두를 부록에 쓸어 담지는 말아야 한다.

부록을 작성하는 때 다음 사항들을 참고한다.

- 부록 하나에는 한 종류의 정보만 넣는다. 그래야 독자들이 정보를 쉽게 찾을 수 있다.
- 독자들이 정보를 신속히 찾을 수 있게 부록들을 배열하고 각각에 이름과 번호를 따로 붙인다. 보고서 본문에서 그것들이 언급되는 순서대로 배열되어야 한다. 그것들에, 부록 A, 부록 B. 등으로, 차례대로 이름과 번호를 붙여라. 부록 각각은 새로운 페이지로 시작하고, 각각에는 그 내용에 대해 짐작할 수 있는 제목(예, 부록 C: 사용자 시험 결과들의 요약)을 붙인다.
- 보고서 본론에서 부록을 적어도 한 번은 언급한다.
- 그 내용을 이해하기 힘든 부록에 대해서는 정보가 의미하는 것과 그것이 어떻게 생겨났는지를 설명하는 간략한 소개를 먼저 한다. 예를 들어, 사용자 시험의 결과들을 요약하는 표를 제시하는 부록에 대한 서론 소개는 시험 방법론, 그 방법론의 결과로서 데이터에 대한 제한 사항들, 및 표에 있는 머리제목들과 수치 값들의 의미들을 설명해야 한다. 문제정의문서, RAM 및 간트 차트들에 대해서는 일반적으로 지침이 필요하지 않다.

부록 쓰기에 대한 자세한 사항은 부록 4 '설계보고서'의 7절을 참고한다.

CHAPTER 05

발표

의사소통 상대방을 앞에 두고 입말로 하는 의사소통에는 대화를 포함하여, 회의에서 의견을 말하거나, 주장하거나, 발표를 하는 등 여러 형태가 있다. 설계 의사소통을 생각하면, 설계 팀원들 끼리나 프로젝트 팀원들 간의 대화나 회의도 여기에 포함된다. 이 책에서는 문제 해결 결과를 발표하는 데 대해 다룬다.

엔지니어라면 누구라도 자신의 아이디어들을 효과적으로 발표할 수 있어야 한다. 구두 발표는 스타일, 범주, 복잡성, 그리고 형식이 다양하다. 발표는 대형 회의장에서 하는 연설, 국가 회의에서의 보고, 화상 회의 네트워크 보고, 동료들을 위한 기술 브리핑 그리고 지역 사회 그룹들에게 하는 강연을 포함한다. 이 담화, 좌담, 회화들은 (새로운 정부 안전 요구사항들을 설명하기 위한) 정보를 알리기 위한, (회사 임원들이 임금 상승에 투표하도록 권유하기 위해서) 설득하기 위한, 또는 둘 다를 위한 것일 수 있다. 직장이나 지역사회에서 직위가 높아질 수 록, 누구라도 더 많은 구두 발표를 하게 될 수 있다.

구두 발표는, 글로 쓴 문서와 달리, 진정으로 상호 작용적이다. 대면 의사소통에서는, 몸놀림, 목소리의 높낮이, 눈 맞춤 그리고 다른 사람의 공감이나 헤아림의 요소들에 의지할 수 있다. 호감이 가는 인간성은 청중의 친근감을 끌어내는 강력한 효과를 낸다. 또한, 구두 발표는, 글말 문서들로는 불가능한, 대면 의사소통을 하게 한다. 청중이 어떻게 반응하는지에 따라, 발표자는 자신의 발표를 적절히 조정할 수 있고 질문에 즉각적으로 답할 수 있다.

또, 문서로 보고하는 때, 보통, 무엇을 말할 것인지, 그것을 어떻게 말할 것인지에 관해 생각하고, 그리고 메시지가 올바르게 될 때 까지 개정할 수 있는 시간을 충분히 가질 수 있다. 반면에, 말로 하는 보고는 한 번으로 끝이 나고, 그 압박으로 인해 보고를 망치기 쉽다. 또한, 구두 보고는 그것이 제시할 수 있는 정보의 양과 복잡성이 제한된다. 보고서를 읽는 독자들은 자신의 읽는 속도와 방향으로, 앞뒤로 오고가며, 일부 절들을 건너뛰기도 하며 다른 것들을 살피기도 한다. 반면에 구두 발표에서는, 말하는 속도와 정보 흐름을 잘못 설정하면, 발표자는 청중을 지루하게 하거나 그들을 잃을 수 있다.

대중 발표는 대부분의 전문직 경력에 정말 중요하다. 의외로 전문가들은 고객, 상급자 그리고 동료들에게 정기적으로 발표를 한다. 대중에게 정보를 제시하는 기량은 오늘날 기술 직장에서 대단히 중요하다.

대중 발표는 컴퓨터로 인해 조금 덜 어려운 일이 되었다. 컴퓨터의 도움으로, 메시지를 보강하는데 도움을 주는 전문적인 시각자료들을 이용해서, 잘 다듬어진 발표를 할 수 있다. 예를 들어, Microsoft 파워포인트와 같은 발표용 소프트웨어를 이용하면 최대한의 효과를 위해 정보를 구성하고 디자인할 수 있다. 따라서 청중들도 풍부한 시각자료와 시각적 호소력을 갖춘 잘 다듬어진 전문적인 발표들을 기대한다.

발표 수요가 컴퓨터 때문에 크게 늘어났다. 컴퓨터가 업무 도구의 중심이 되는 직장에서 사람들은, 더욱 시각적이고 흔히 글로 쓴 문서들보다 상호작용적인, 발표를 더 좋아한다. 그래서 대중 발표가 그 어느 때 보다 더욱 통상적인 일이 되었는데

- 인쇄된 문서들보다 더욱 시각적이고
- 청중들에게 더 적은 시간과 노력을 요구하며
- 청중들이 연사들과 직접적으로 상호작용 할 수 있기 때문이다.

사실, 대중들에게 정보를 발표해야 하는 수요는, 무선 통신과 컴퓨터 바탕 기술들이 직장의 공식적인 틀이 됨에 따라, 늘어나는 추세이다. 누구에게도 디지털 카메라 앞에서 멀리 다른 지역의 청중들에게 발표를 해야 하는 경우가 생길 수 있다. 또한 무선통신 기술을 이용하는 인터넷 소프트웨어로 원격 발표를 해야 할 지도 모른다. 발표 능력은 오늘날 기술 직장에서 중요한 기량이다.

5-1 계획과 연구

발표도, 글로 쓴 문서를 준비하는 것과 꼭 같이, 어떤 과정(그림 5-1(Sheehan, 2010: 411))을 따라 준비해야 한다. 청중 앞에 서기 전에, 다음 것들을 준비한다.

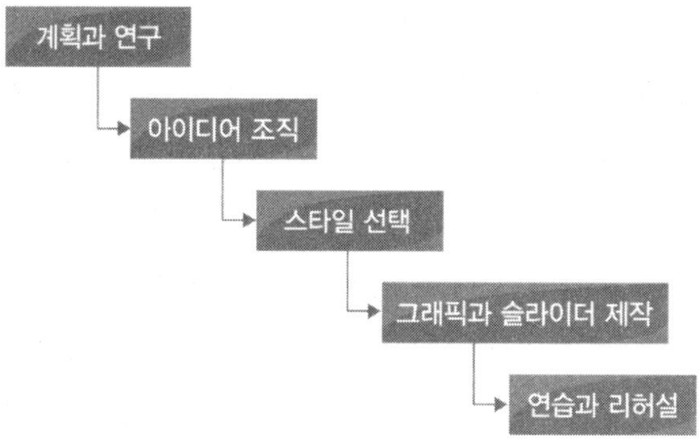

그림 5-1 발표도, 글쓰기처럼, 과정을 따라 준비

- 문제 및 주제에 대한 계획과 연구
- 아이디어들의 조직
- 적절한 발표 스타일 선택
- 시각자료들이나 슬라이더의 생성
- 발표의 연습과 리허설

발표 경험이 많은 연사라 하더라도, 시간을 들여 과정의 개별 단계들을 따르는 것이 중요하다. 발표를 내용만 가지고 성공할 수는 없다. 구성, 스타일, 디자인 및 내용 전달 방식 등에 주의한다.

확실한 계획수립이 성공의 열쇠이다. 계획수립 국면에서는 발표의 수사적 상황을 분석한다. 글쓰기에서처럼, 먼저, 문제, 목적 및 청중과 담화하게 될 맥락에 관해 전략적인 질문들을 한다. 육하원칙 질문들로 발표 준비를 시작하는 것이 좋다.

- 청중은 어떤 사람들인가?
- 청중 구성원들은 어떤 종류의 정보를 원하거나 알아야 하나?
- 나는 왜 이 정보를 이 청중에게 발표하려 하나?
- 어디에서 발표를 하게 될 것인가?
- 언제 발표를 할 것인가?
- 어떤 방식으로 발표해야 하나?

시간을 내어서, 실제로 발표를 할 공간과 사용하게 될 장비에 익숙해져야 한다. 시각자료들을 포함하여, 방의 크기, 생김새 및 배치에 맞게, 발표가 조정되어야 한다. 또한, 어떤 종류의 장비와 설비를 쓸 수 있는지도 알아둔다.

- 강단이나 강대를 사용하게 될 것인지?
- 테이블 뒤에 서게 될 것인지 아니면 바로 청중 앞에 설 것인지?
- 마이크와 스피커가 있을 것인지?
- 빔 프로젝트가 있는지, 그렇다면 그것을 이용할 수 있는지?
- 발표자가 컴퓨터와 장비를 가져가야 하는지?
- 시청각 보조 기자재들을 쓸 수 있는지?
- 청중이 음식을 먹고 마시면서 들을 것인지?
- 청중이 언제 쉬는 시간을 가질 수 있는지?

발표자가 발표장의 특성에 대해 대비하지 않으면 실패하기 쉽다. 발표장은 너무 큰데 글자나 그림 등이 작아서 청중이 읽을 수 없는 슬라이더들을 가지고 나타나거나 발표 설비가 전혀 갖춰지지 않은 채 많은 청중 앞에서 발표하는 연사가 있기도 한다.

이런 문제들은 다른 누군가가 아니라, 발표자, 바로 그 사람의 잘못이다. 그렇다면 발표 여건을 점검할 사람도 바로 발표자 자신이다. 이러한 맥락에서, 적절하게 준비하는 것이 난감한 문제들을 예방하는 최상의 방책이다.

■ 시간 배정

표 5-1 발표를 계획할 때, 정해진 시간을 넘기지 않게 시간 배정에 주의

	15 분	30 분	45 분	1 시간
서론	1	1-2	2	2-3
토픽 1	2	5	8	10
토픽 2	2	5	8	10
토픽 3	2	5	8	10
토픽 4	2	5	8	10
결론	1	1-2	2	2
질문	2	5	5	10

연사는 청중과 암묵적인 '계약'을 한다. 이 계약에 따라, 청중은 발표자에게 정해진 몇 분을 허용한다. 그 시간을 생산적으로 채우고, 그 정해진 시간을 넘기지 않는 것이 발표자의 책임이다. 주어진 시간을 지나도 발표를 끝내지 않는 연사는 청중을 짜증나게 한다.

그래서 발표를 계획할 때, 제일 먼저 발표 시간이 얼마나 되는지를 확인한다. 그러고 나서 배정된 시간에 맞춰지도록 발표 내용에 시간 배분을 한다. 표 5-1은 몇 가지 통상적인 발표 시간에 대해, 시간을 어떻게 적절히 배분할 수 있는지를 보여준다.

물론 만약 주제가 4 가지 보다 더 적거나 많다면 각각의 주제에 대해서 허용된 시간들이 조정되어야 한다. 또한 어떤 주제에 다른 것에 비해 더 많은 시간을 들여야 할지도 모른다. 그렇다면 시간을 적절히 조정한다. 표 5-1에 열거된 시간들에 관해서 두 가지 사항에 대해 주의해야 한다.

- 시간이 긴 발표라고 해서 서론과 결론을 길게 해서는 안 된다. 발표 시간이 아무리 넉넉하더라도 서론과 결론은 간결해야 한다.
- 배정된 시간 모두를 쓸 예정을 하면 안 된다. 발표하는 동안 의외의 일이나 방해받는 일이 벌어지는 경우에 대비해서 과외의 시간을 약간 남겨둔다.

끝으로, 예정된 시간 내에 발표를 끝내는 청중과의 약속을 지켜야 한다. 만약 발표가 예정된 시간 보다 몇 분 더 일찍 끝나면, 청중은 아무 불평도 하지 않는다. 그러나 발표가 예정된 시간을 지나 길어지면, 청중은 달가워하지 않는다.

5-2 기자재 이용

발표를 계획할 때, 무슨 발표 기자재를 사용할 것인지에 관해 생각해 보아야 한다. 디지털 빔 프로젝터를 써야 하는 발표 소프트웨어를 사용할 것인지? Whiteboard를 사용할 것인지? Overhead projector를 이용하는 투명 슬라이드(transparencies)를 만들어야 할 것인지? 발표에 필요한 기자재의 종류는 발표의 유형에 따라 다르다.

다행히, 파워포인트, Presentations, 및 Keynote와 같은 발표용 소프트웨어들을 이용하면 발표용 슬라이더들을 생성하고 그래픽들을 만들기가 쉽다. 이 소프트웨어들은 다양한 상황들을 위해서 시각적으로 흥미로운 발표들을 생성하는 일에 크게 도움이 된다.

대부분 학교나 회사의 발표장에는 컴퓨터에 연결된 디지털 빔 프로젝터가 있다. 이 프로젝터는 컴퓨터 모니터에 보이는 내용을 대형 스크린에 비춰준다. 이 프로젝터는 사용하기 쉽고, 고도로 상호작용적이며, 다양한 색깔의 발표들을 만들어 낼 수 있는 장점이 있다. 단점은 발표장의 조명을 끄면, 가끔 스크린에 비친 내용이 발표장의 분위기를 압도한다는 것이다. 그래서 청중이 스크린만 보느라 연사가 하는 말에 귀를 기울이지 않게 될 우려가 크다.

유인물은 일부 경우에서 도움이 될 수 있지만, 항상 적절한 것은 아니다. 적절히 이용되면 그것들은 발표 요점들을 강화하거나 스크린에 보여주지 않을 데이터를 제공할 수 있다. 또한, 발표 소프트웨어로 만든 유인물들은 청중들이 메모할 공간을 남기도록 포맷될 수 있다. 그렇지만, 유인물들은 또한 주의를 매우 산만하게 할 수도 있다. 큰 방에서는 유인물들을 이리저리로 받아넘기며 전달하는데 몇 분이 걸릴 수 있고, 그로 인해 연사가 좋은 발표 시점을 놓칠 수 도 있다. 연사는 또한 모든 사람이 한 부씩을 받았는지를 확인하는데 또 몇 분을 허비해야 할지도 모른다. 그러는 사이 청중들은 발표 보다는 유인물들을 살피느라 발표장 분위기가 산만해진다.

5-3 내용 구성

연사는 허용된 시간 안에 발표할 것보다 더 많은 정보를 수집하고 생산해야 한다. 물론 발표자가 세세한 모든 것을 청중에게 말할 수는 없고, 그래서 그들이 알아야 하는 것과 어떻게 그 정보를 구성해야 하는 지에 관해서 조금은 어려운 결정을 해야 한다.

발표에서 무슨 내용을 제시할 것인지를 결정하는데 있어서 발표자는 발표의 목적과 청중을 제일 중요하게 여겨야 한다. 단지 '알아야 할' 정보만을 포함하고, 목적과 청중에게 연관이 없는 '알리고 싶은' 정보는 버려야 한다. 무엇을 포함하고 무엇은 잘라낼지에 관해 결정하는 때에, 다음 말을 명심하여야 한다. *더 많이 말할수록, 청중들은 더 많이 잊을 것이다.*

청중들이 짧은 발표에 관해 불평하는 경우는 드물다. 결혼식과 마찬가지로, 연설이 길어지면, 청중들은 주의를 덜 기울일 것이다. 만약 발표자가 발표를 너무나 길게 이어간다면, 그들은 그저 듣기를 아예 멈출 것이다.

대중 발표에 대해 오랜 세월 적용되는 격언이 있다. *무엇에 대해 말 할 것인 지를 청중에게 말하고, 그 내용을 말하고, 무엇에 대해 말했다고 청중에게 말한다.* 다른 말로 하면, 아무 문서처럼, 발표도 시작(서론), 중간(본론), 그리고 끝(결론)으로 구성된다.

■ 서론: 무엇에 대해 말하려 하는지를 알려라

발표의 시작은 절대적으로 중요하다. 만약 첫 몇 분 내에 청중의 주의를 끌지 않는다면, 그들이 남의 일에 신경을 쓰지 않고 발표의 나머지를 경청하지 않을 가능성이 크다. 발표를 위한 서론 슬라이더(들)는 적어도 목적 및 주제를 제시한다.

어떤 문서의 서론처럼, 발표는 6 가지 내용을 챙기면서 시작한다.

1. 문제(題材, subject) 정의
2. 발표의 목적 진술
3. 주제의 진술
4. 문제의 중요성 강조
5. 문제에 관한 배경 정보 제공
6. 발표 구조의 예보

■ 본론: 그들에게 말한다

발표의 본론은 발표자가 발표 주제의 소주제(토픽)들을 풀어 놓는 곳이다. 토의하려는 주제를 2~5 가지 주된 소주제들로 나누어서 시작한다.

왜 소주제들이 겨우 2~5 가지인가? 왜 소주제들이 8~12 가지이면 안 되는가? 경험과 연구에 의하면, 보통 사람들은 겨우 5~7 가지 항목들을 편안히 기억할 수 있다. 그래서 만약 발표의 소주제가 5 가지 이상이면, 청중은 압박을 느끼거나 침착하지 못하게 된다. 만약 5 가지 이상의 소주제에 대해 발표하고자 한다면, 더 작은 소주제들을 더 큰 소주제에 병합한다.

문서를 이미 써두었다면, 그 문서가 구성된 구조를 따져 보아야 할 것이다. 만약 대충 써둔 것으로부터 시작하려고 한다면, 발표의 구성 패턴을 고려하는 것이 좋다. 문제-필요-해결책, 시간 순서, 공간 순서, 이야기 식, 방법-결과-토의, 인과관계, 비교와 대조 등.

발표의 본론을 구성하는 많은 패턴들이 있다. 그런 패턴들을 엄격하게 따라야 하는 것은 아니다. 오히려 그것들은 연설 상황들의 다양성에 맞도록 적절히 변경될 수 있다.

■ 결론: 청중들에게 무엇에 대해 말했다고 한다

결론은 발표의 가장 중요한 부분이지만, 연사들은 담화 끝에서 일관되게 실수를 저지른다. 그들은 흔히 "여기까지가 발표의 끝입니다. 질문 있습니까?"하고 발표를 끝맺는다.

결론은 훨씬 더 많은 것을 해야 한다. 구체적으로, 청중들이 발표한 아이디어들을 수긍하도록 가만히 놔두고, 발표자는 요점들을 요약해야 한다. 그러나 이 모두를 할 시간이 넉넉하지 않다. 미리 결론을 맺으려 한다는 신호를 한 뒤, 대략 1~3 분 내에, 최종 요점들을 말해야 한다. 몇 분을 더 넘기면, 청중이 짜증내고 언짢아 할 지도 모른다.

결론도, 서론처럼, 약간의 표준적인 조치들을 해야 한다.

1. 결론을 맺으려 한다는 신호를 분명하게 한다
2. 핵심 요점들을 다시 진술한다
3. 주제의 중요성을 청중에게 다시 강조한다
4. 청중이 행동하도록 외쳐라
5. 미래를 내다보라
6. 감사의 말을 한다
7. 질문 요청

5-4 질문과 답

발표를 준비하고 연구하는 동안, 시간을 들여서 혹 있을 수 있는 질문들에 대해 생각해 보는 것이 좋다. 질문과 답하기는 발표자가 청중과 상호작용하고 아이디어들을 명백히 하는 기회이다. 일반적으로 3 가지 유형의 질문들이 있을 것이다: 호의적인 질문, 악의적인 질문, 질문 공세.

■ 호의적인 질문

청중들 몇 사람은 발표자의 개념들의 일부를 설명하거나 아이디어를 확장하기를 요청할 지도 모른다. 이 질문들은 발표자가 일부 요점들을 강화할 수 있는 기회를 준다. 이런 질문들에 대해서는 위협을 느끼거나 당황해할 필요가 없다. 이 질문을 하는 사람은 발표자에게 요점들의 일부나 개관을 다시 진술할 기회를 주려는 것이다.

이런 질문을 받을 때에는, 청중을 위해서 그 질문을 다시 풀어서 말한다. 예를 들어, "질문은 지구온난화가 우리가 눈으로 실제로 관찰할 수 있는 어떤 충격을 줄 것인가에 관한 것이다." 발표자가 질문을 다시 풀어서 설명하는 것은 발표자가 질문을 자신의 말들로 옮겨 표현할 수 있도록 해서, 답하기에 더욱 쉽게 만든다.

그러고 나서, 요점을 강화하거나 더 많은 정보를 제공한다.

■ 악의적인 질문

때에 따라서, 어떤 청중은 발표자의 아이디어들을 의심하는 질문도 할 것이다. 예를 들어, "나는 당신의 결과들을 믿지 않는다. 0.0012 밀리미터의 정밀성을 성취했다는 당신의 말을 우리가 그대로 믿을 것으로 생각하는가?"

이런 종류들의 질문을 비껴가는 좋은 세-단계 방법이 있다:

1. 질문을 다른 말로 표현한다 – "질문자는 내가 0.0012 밀리미터의 정밀성을 성취했다고 한 말이 가능한지를 물었다"
2. 질문이 정당한지를 확인한다 – "그것은 좋은 질문이고, 그리고 나는 우리가 한 실험이 이 수준의 정밀성을 성취한 데 대해 우리도 놀랐다는 사실을 인정한다."

3. 애써 마무르고 앞으로 나아가라 – "우리는 … 로 인해 그런 정도의 정밀성을 성취할 수 있었다."

악의적인 질문자에게는 확인하는 코멘트나 질문을 단 한번 만 허용한다. 그런 질문자에게 두 번째 기회를 준 뒤에는, 그 사람을 쳐다보지 말라. 발표장의 다른 곳을 바라보면, 청중의 누군가 다른 사람이 보통 손을 들어 질문 의사를 표시할 것이고 그렇게 되면 발표자는 그 질문으로 넘어감으로써 곤란을 피할 수 있다.

■ 질문 공세

드물게 어떤 청중이 발표자에게 질문 공세를 퍼부을지도 모른다. 간혹 발표자를 야유하려는 청중이 있을 수도 있다. 그런 사람은 무례한 질문을 하거나, "나는 이것이 우리가 20년 이래에 들어 본 가장 어리석은 아이디어라고 생각한다."와 같은 허황된 말을 내 뱉을 것이다.

이런 상황에서, 발표자는 그 사람이 발표를 방해하거나 망쳐 놓거나 발표자가 냉정함을 잃게 하려는 것임을 알아 차려야 한다. 발표자는 그 꼼수에 말려들지 않아야 한다. 단순히 "그렇게 받아 들였다니 미안합니다. 발표를 마친 뒤에, 따로 만나서 우려하는 바에 대해서 논의하는 것이 좋겠습니다."와 같이 말하면 된다. 보통, 이쯤 되면 청중 속의 다른 사람들이 더욱 건설적인 질문들을 하려고 재촉할 것이다.

그런 사람이 나중에 실제로 발표자에게 이야기 하러 오는 경우는 드물다. 그런 이야기를 더 하려고 그 사람이 처음부터 거기에 있었던 게 아니기 때문이다. 만약 그런 사람이 질문과 대답 시간을 독차지하려 한다면 다음과 같이 말하고, 그냥 발표를 끝내 버려라.

> 아쉽게도, 시간이 다 되었습니다. 시간을 내서 참석해 주셔서 감사합니다. 혹 또 다른 질문들이 있다면, 발표가 끝난 다음, 받겠습니다.

그러고 나서, 강단을 내려와서 단상을 떠나라. 악수할 사람을 찾아라. 질문할 사람들이 한 사람씩 발표자에게 올 것이다.

5-5 발표 스타일

발표의 유효성은 대개 발표가 청중들과 어떻게 연결되는지에 따라 좌우된다. 발표 형식이 다르면 그 연결도 달라진다.

발표나 연설 스타일은 매우 중요하다. 청중의 신뢰를 획득하면서도 발표자의 정보에 독특한 맛을 더하기 위해서 적절한 스타일을 이용할 수 있다. 한편으로, 서툰 스타일은 청중을 지루하게 하고, 짜증나게 하며, 심지어 발표자에게 반감을 가지게 할 수 있다.

적절한 발표 스타일을 생성하는 많은 방식들이 있지만, 기술 의사소통 발표에 적합한 4 가지 기법이 있다. 이 기법들은 개별 발표에서 특별한 음색(음성, 연기를) 강조하여 청중에 호소하는데 도움을 줄 것이다.

① 외워서 하는 발표

외워서 하는 발표는 발표자가 한 줄 한 줄들을 암기하고 모든 것을 기억해 내기에 몰두하느라 청중들과 교감하기 어렵다. 이 유형의 발표는 준비하는데 오랜 시간이 걸리고, 발표하는 동안 개정을 위한 기회를 제공하지 못하며, 만약 발표자가 내용의 어떤 부분을 놓친다면, 발표가 엉망이 된다. 이유여하를 막론하고, 이 유형의 발표는 하지 않는 것이 좋다.

② 즉석 발표

즉석 발표는, 발표자가 주제에 대해 잘 알고, 청중에 대해 편안함을 느끼며, 비공식적인 담화 상황일 때에만 가능한 방식이다. 발표 주제에 관해서 아무리 잘 알고 있다 하더라도, 복잡한 정보에 대한 즉석 발표는 피한다.

계획되지 않은, 자발적인 발표가 엉망이 될 수 있다. 공격적이거나 엉뚱한 것들을 말할지도 모르고; 두서없어 보일 수 있으며; 사리에 맞지 않게 될 위험도 있다. 만약 즉석 발표를 어쩔 수 없이 해야 하는 상황을 맞게 되면, "그것은 내가 다 아는 내용이야" 라고 자만하지 않는다. 계획을 종이에 미리 적는 것이 좋다. 사전 통지를 받지 못 했다면, 적어도, 말할 것에 대해 노트 몇 줄이라도 적어 둔다.

③ 대본 발표

복잡한 주제에 대해 발표하기 위해서, 회의(학회) 논문, 또는 공식 연설을 위해서, 주제를 줄여 쓴 대본을 읽는다. 만약 설명해야할 세부 사항들이 많고, 말하기를 좋아하고, 또는 엄격한 시간제한이 있거나 (즉, 학회 발표), 청중이 발표자를 긴장하게 한다면, 대본 발표가 적절하다. 발표의 내용, 조직 및 스타일이 최대한 완벽하기를 바란다면, 대본 발표가 좋다.

비록 대본 발표가 주제를 제어하는 데는 도움이 되지만, 청중과 상호작용을 할 기회가 거의 없어서 지루한 발표가 될 수 있다.

만약 큰 소리로 읽으려 한다면, 굉장히 오랜 시간 동안 준비를 해야 한다. 발표문 한 줄 한 줄과 단락들 사이에 많은 빈 공간을 남겨둔다. 읽는 곳을 잃지 않고, 주기적으로 대본을 힐끗 볼 수 있게 되기까지 리허설을 한다. 한 줄 건너 한 줄 씩 쓴 원고에 대해, 쪽 마다 대략 2분을 계획한다.

④ 준비된 발표

이 방식은 주의 깊게 계획하고, 연습해서, 제대로 진행되도록, 보조 노트들을 이용한다. 청중에게 연설하는 것 같은 자연스런 방식으로, 제재를 곁눈질로 봐 가면서 대화하는 스타일로 말한다. 이 발표는 흔히 Microsoft 파워포인트와 같은 발표 소프트웨어를 이용해서 생성한 슬라이더들을 스크린에 비추고 그것으로 발표자와 청중이 상호작용할 수 있는 방식이다.

이 방식으로 발표하다보면 제재의 진로를 잃거나, 중요한 무엇인가를 빠트리거나, 무엇인가를 불분명하게 말하거나 또는 시간을 초과할 위험이 있다. 이런 것들은 조심해야 한다.

준비된 발표를 하자면, 발표자가 발표하려는 내용을 훤히 꿰고 있어야 한다. 사람들이 일상적인 대화를 할 때, 보통, 말하기 전에 깊이 생각을 하지 않더라도 이야기를 주고받을 수 있는 것처럼, 내용을 완전히 알고 있다면, 굳이 메모를 곁눈질할 필요가 없다. 모든 발표를 이런 수준에서 하기는 힘들더라도, 이런 수준에서 발표할 거라는 다짐을 하고, 발표 준비를 해야 한다.

결국 좋은 스타일이란 선택 사항이다. 어떤 발표는 그냥 스타일이 좋고 다른 발표는 그렇지 못하다고 생각할 수 있다. 그렇지만 그렇지가 않다. 실제로, 발표 스타일이 좋은 사람들은 그들이 연출하려는 스타일을 알고 있다.

5-6 발표용 시각자료

요즈음 같은 시각적 시대에, 시각자료 없이 정보를 제시하려고 덤빈다면 정말로 위험을 자초하는 것이다. 사람들은 시각자료들을 원할 뿐만 아니라, 그들이 아이디어들을 충분히 이해하는데 그것들이 필요하다.

■ 시각자료 디자인

시각(보조)자료들을 디자인하는 때 워드프로세싱 소프트웨어와 함께 제공되는 (파워포인트, Keynote, 또는 Presentations)발표용 소프트웨어를 이용하면 좋다. 이것들은 사용하기 쉽고, 발표용 시각자료들을 신속히 만드는 데 유용하다. 그것들은 또한 발표자가 만드는 슬라이더들을 청중이 일정한 거리에서 잘 볼 수 있게 한다.

디자인 원칙 5 가지(균형, 정렬, 그룹, 일관성 및 대비)들을 적용해서 발표용 시각자료들을 디자인해야 한다. 이 디자인 원칙들 외에, 시각자료들을 생성할 때 명심해야 할 포맷과 폰트 선정들에 관한 특별히 고려할 사항들이 있다.

문서 디자인은 컴퓨터의 이용으로 인해 그 어느 때 보다 더욱 중요하다. 오늘날 독자들은 종이 문서들이 매력적이고, 읽기 쉬우며, 이미지들과 색깔을 포함한 것이기를 바란다. 그런 반면에, 스크린에 바탕을 둔 문서들 (웹사이트들과 멀티미디어 텍스트들과 같은)은 고도로 시각적이어서 독자들은 인터페이스가 잘 디자인되기를 기대한다. 독자들이 디자인이 잘 돼 있다고 해서 문서들을 더 좋아 하는 것은 아니고, 그들은 디자인으로 인해 중요한 아이디어들과 개념들이 강조되기를 기대한다.

머리제목도 없고, 그래픽이나 목록들도 없는 대형 문서에 대해 청중이 어떻게 반응할지를 상상해 보아라. 누구라도 그런 문서를 읽으려 하지 않을 것이다. 독자들도 같은 방식으로 느낀다. 보통 사람들은 문서가 정보를 찾기 쉽고 이해하기 쉽게 디자인되기를 바란다.

■ 디자인의 5 가지 원칙

사람들은 기술 문서들을 좀 채 한 낱말씩, 한 문장 씩 읽지 않는다. 그들은 어떤 부분들은 건너뛰고, 다른 부분에 더 세밀한 주의를 기울이면서, 다양한 수준들로 훑어본다.

좋은 디자인은 질서가 정연한 분위기를 생성하고 독자가 읽기를 시작하는 때 그들이 필요한 정보가 어디 있는지 쉽게 찾을 수 있게 분명한 "접근 지점들"을 준다. 그런 디자인은 하루 만에 배울 수 있는 것이 아니다. 그러나 필자 또는 발표자의 문서가 어떤 모양이 되어야 하는지에 관한 더 나은 결정을 하는데 도움을 줄 몇 가지 기본적인 원칙들은 알 수 있다. 문서를 디자인 할 때 고려해야 할 5 가지 원칙들이 있다.

- 균형– 문서는, 눈으로 보아, 왼쪽에서 오른쪽으로 그리고 위에서 아래로 균형이 잡혀 있어야 한다.
- 정렬– 이미지들과 낱말, 말들은 문서의 구조 또는 상하계층을 보여주도록 정렬되어야 한다.
- 그룹– 연관된 이미지들과 말들은 서로 가까이에 놓여있어야 한다.
- 일관성– 디자인 특징들이 일관성 있게 적용되어, 문서가 균일하게 보여야 한다.
- 대비– 다른 항목들은 현저히 다르게 보여야 한다.

■ 포맷 선정

- 슬라이더의 제목은 행동 지향적인 머리글로 적는다.
- 슬라이더 한 장에는 5 개 이하의 항목들을 둔다. 만약 어떤 토픽에 대해 5 개 이상의 요점들이 있다면, 그 토픽을 슬라이더 두 개에 분할한다.
- 대부분의 경우에, 왼쪽 줄 맞추기를 한다. 가끔 텍스트를 중앙에 정렬할 수 있지만, 오른쪽 줄 정렬은 하지 않는다.
- 단락이나 문장 대신 목록들을 사용한다.
- 청중에게 신선함을 주기위해서 아이콘이나 그래픽들을 사용한다.

■ 폰트 선정

- 일정 거리에서 읽을 수 있는 단순한 글자체를 사용한다. 굴림체 보다는 바탕체 폰트들이 어떤 거리에서 더욱 잘 읽힐 수 있다.
- 머리 제목은 최소 36-포인트 폰트를, 본문 텍스트에 대해서는 최소 24-포인트 폰트를 사용한다.
- 색깔을 써서, 슬라이더에 관심을 끌고 청중의 시선을 잡아 둔다.
- 영어를 써야 하는 경우에, 모두를 대문자로 쓰면 일정 거리에서 읽기 힘들기 때문에, 그렇게 하지 않는다.

대체로, 슬라이더는 가능하면 단순하게 만드는 것이 좋다. 만약 슬라이더가 한 눈에 이해할 수 없을 정도로 복잡하다면, 청중은 결국 발표자의 말에 귀를 기울이지 못하게 될 것이다.

■ 시각자료 이용

발표자가 청중에게 무엇인가를 기술하려고 하는 때에 시각자료 혹은 그래픽들이 특별히 도움이 된다. 적절한 그래프, 차트, 다이어그램, 사진 또는 심지어 동영상이 발표자의 논증을 뒷받침하는데 도움을 줄 것이다.

발표에서 시각자료들을 이용하는 데 대한 몇 가지 지침이 있다.

- 그래픽에 있는 단어나 숫자들이 일정 거리에서 읽을 수 있을 정도로 충분히 큰지 확인한다.
- 개별 그래픽에는 제목을 붙인다.
- 그래픽들이 복잡하지 않고 단순한 요점들이 드러나게 만든다.
- 표는 작고 단순하게 만든다. 데이터로 꽉 찬 큰 표는 청중이 읽을 수 없을 것이기 때문에 시각자료로 적당하지 않고 – 청중이 그것을 원하지도 않을 것이다.
- 슬라이더에 생동감을 주기 위해서 클립아트나 사진들을 사용한다.

클립아트와 사진들을 포함하는, 그래픽들은 그저 슬라이더들을 장식하기 위한 것들이 아니다. 그것들은 발표의 내용, 구성 및 스타일을 강화하기 위해 사용되어야 한다.

■ 피해야 할 슬라이더

누구라도 비효과적인 슬라이더들로 발표하는 연사를 본 적이 있을 것이다. 그런 발표자는 디자인이라고는 거의 없고 텍스트를 12-포인트로 적은 투명 필름을 Over Head Projector에 올려 둔다. 또 어떤 발표자는 폰트가 너무 작거나 그래픽이 너무 복잡해서 완전히 해독할 수 없는 표나 그래픽을 보여주기도 한다.

이런 슬라이더들을 보는 것은 고통이다. 그런 슬라이더를 보는 청중은 발표자가 그것들을—가능하면 속히—내다 버리는 게 낫다고 생각한다. 우리는 시각적 문화에서 살고 있다. 사람들은 나쁜 디자인에 민감하다. 그래서 발표자는, 청중들이 자리를 뜨고 싶지 않도록, 공을 들여, 발표의 품질을 높이기에 적절한 슬라이더들을 생성해야 한다.

5-7 발표 실행

담화 내용이 종이에 인쇄 돼 있는데도 불구하고, 왜 굳이 사람들이 발표장에서 발표를 들으려 하겠는가?

사람들은 발표자가 발표하는 것을 보려고 발표장에 온다. 그들은 발표자가 어떻게 행동하고 그들과 어떻게 상호작용 하는지를 알려고 한다. 그들은 발표 내용에 발표자를 반영하고 싶어 한다. 이런 이유로, 발표자가 잘 준비를 해서 발표를 해야, 비로소 청중은 발표에 만족한다.

보통 하는 충고는, 발표를 할 때 발표자는 "발표자 바로 그 사람이어야" 한다. 물론, 만약 여러분이 발표를 편안하게 여긴다면, 그 말은 충고이다. 더 나은 충고는 "청중이 기대하는 사람이 되어라" 이다. 다른 말로하면, 발표자는 연기자처럼, 발표 주제와 청중과 어울리는 역할을 하는 사람이어야 한다.

발표 의사소통 내용의 60%는 신체 언어로 전달된다. 생각과 느낌은 언어만으로 표현하는 것이 아니다. 우리가 의사소통할 때는 얼굴 표정, 몸동작, 눈 맞춤 등 언어 외적 표현이나, 어조, 속도, 고저, 음색, 장단, 강약 등 언어에 부수되는 표현을 활용하여 전달 효과를 높이기도 한다.

1. 언어 외적 표현 = 비언어적(非言語的) 표현

(1) 언어적 의미와 관련된 몸짓, 표정, 눈 맞춤 등의 의사 표현 행위를 말한다. 음성 언어에 직접 부가되는 표현이 아니므로 '비(非)언어적 표현' 이라고도 한다.

(2) 비언어적 표현의 종류

① 몸짓 : 말과 함께 행동으로 표현하여 전달하려는 내용을 보완.

② 표정: 즐거움, 슬픔, 노여움 등 화자의 심리가 얼굴에 드러나.

③ 눈 맞춤: 화자가 청자에게 주목해 줄 것을 요청.

2. 언어에 부수되는 표현 = 반어적(半語的) 표현

(1) 음성 언어에 동반되는 어조, 속도, 고조, 강약 등의 표현 방식을 말한다. 실제 발성과 함께 이루어지는 표현이므로 '반(半)언어적 표현'이라고도 한다.

(2) 반어적 표현의 종류

① 어조: 말을 끝낼 때 끝을 올리면 의문이 되고 끝을 내리면 사실을 나타내는 등 그 의미가 달라진다.

② 속도: 현재의 상황이나 전달 내용의 중요도가 말의 빠르기에 따라 드러난다. 중요한 것은 천천히, 급박한 것은 빠르게 말한다.

③ 고저: 긴장하고 흥분할 때는 말소리가 높아지고 위엄이나 안정감, 확신을 표현할 때는 말소리가 낮아진다.

④ 강약: 특정한 어구를 강조할 필요가 있을 때 그 부분에 강세를 주어 말한다.

3. 장면에 따른 표현 방식

(1) 장면: 화자와 청자 둘 사이에 주고받는 정보 등과 함께, 담화를 구성하는 요소로서, 언어 행위를 둘러싼 세계를 장면이라고 한다.

(2) 종류

① 지시 표현: 화자와 청자 사이의 거리에 따라 '이, 그, 저' 등을 이용한 지시

표현이 달라

② 심리적 태도 표현: 동일한 사건도 화자의 심리에 따라 표현이 달라

③ 높임 표현: 화자와 청자의 나이나 친밀도, 사회적 지위에 따라 표현이 달라

■ **몸놀림**

청중은 발표자의 몸놀림에 민감하다. 그래서 담화의 내용을 반영하고 강조하기 위해서 발표자는 신체를 이용한다.

면접 때 코를 만지지 말라는 충고가 있다. 이는 거짓말하고 있다는 표시이기 때문이다. 마찬가지로 입을 막는 것도 자신이 거짓말하고 있다는 표현이다. 눈을 만지기도 한다. 귀를 만질 때는 상대의 이야기를 듣고 싶지 않다는 뜻이다. 대화중에 몸의 여러 곳을 긁거나 만진다는 것은 집중하고 있지 않다거나, 상대의 이야기를 정확히 이해하고 있지 못하고 있다는 뜻이다.

대화하면서 손바닥을 위로 향하면 '나는 너를 받아들인다, 환영한다'는 것을 의미하기 때문에 상대도 보다 편한 마음으로 다가오게 된다. 손바닥을 위로 펴서 앞으로 뻗으면 상대는 호감을 느끼고 집중도 더 잘하게 된다.

손바닥을 아래로 향하는 것은 윗사람이 아랫사람을 향해 단정과 강조를 뜻하는 동작이다. 아이들은 거짓말하거나 사실을 숨길 때 손바닥을 등 뒤로 감추곤 한다. 어른들은 대신 손을 호주머니에 넣거나 팔짱을 껴 손바닥을 숨긴다. 물에 빠진 사람이 한 손을 들어 흔드는 손짓을 하면 아무도 와서 구해주지 않는다. 그것은 그저 지나가는 배나 행인에 대해 보내는 인사에 불과하기 때문이다. 두 손을 들어 교차하면서 흔들어야 비로소 '조난 시호'가 만들어진다.

이처럼 내가 어떻게 표현하느냐에 따라 상대로 하여금 내가 원하는 반응을 제대로 끌어낼 수 있다.

손짓언어는 나라마다 다르다.

■ **적절한 복장**

발표자는, 발표의 내용과 중요성을 반영하여, 복장을 갖추어야 한다. 대략의 기준은,

발표자는 청중이 기대하는 이상의 수준으로 복장을 갖추어야 한다는 것이다. 예를 들어, 만약 청중이 평상복 차림일 것이라면, 약간 더 공식적으로 차려 입어라. 여성 연사는 블라우스와 정장 바지 또는 단정한 스커트를 입어야 할 것이다. 남자는 정장 저고리와 바지를 입고, 넥타이를 하면 될 것이다. 만약 청중이 정장 저고리, 조끼, 바지와 "power" 드레스를 입을 것이라면, 연사는 그보다 더 나은 정장 또는 더 말쑥한 power 드레스를 입어야 할 것이다.

■ **똑바로 서서**

긴장하면, 사람들은 구부정한 걸음걸이, 기대서거나 앞뒤로 흔들거리는 경향을 보인다. 연설할 때 이 문제들을 피하기 위해서, 다리를 곧게 펴서 똑바로 서고, 무릎을 약간 굽혀서, 어깨를 뒤로 제치고 머리는 꼿꼿이 한다.

■ **어깨에 힘을 빼고**

스트레스를 받으면, 사람들은 힘을 주어 어깨를 치켜드는 경향을 보인다. 어깨를 치켜들면 호흡의 공기 흐름을 제한하고 목소리의 음률이 높아진다. 어깨에 힘을 빼고, 호흡이 편하게 하고 음성을 낮추어라. 낮은 목소리가 더욱 권위 있게 들린다.

■ **팔과 손을 편 몸짓**

대부분의 청중들에게, 손을 펴고 팔을 움직이는 몸짓이 믿음과 신뢰를 준다. 팔짱을 끼거나, 팔을 허리에 붙여두거나 또는 두 손을 주머니에 넣고 있는 것은 청중들을 신뢰하지 않는 방어적인 자세로 비춰진다.

■ **눈 마주치기**

청중 각자는 자신이 발표를 듣는 동안에 적어도 한 번은 발표자와 눈을 마주쳐야 한다고 믿는다. 발표할 때에, 발표자는 방의 모든 곳곳을 적어도 한번은 바라보아야 한다. 만약 청중과 눈 맞춤하기가 어렵다면, 대신 청중들의 이마를 보아라. 그들은 연사가 그들의 눈을 보고 있다고 생각할 것이다.

■ 단상 위를 이리저리 움직여

가능하다면, 중요한 요점들을 제시할 때, 청중을 향해 걸어라. 한 토픽으로부터 다음 것으로 전환할 때, 단상에서 왼쪽으로나 오른쪽으로 움직여라. 단상에서 발표자가 이리저리로 이동하는 것은 전환을 강조할 것이다.

■ 손을 적절한 곳에

긴장한 연사들은 흔히 양손을 포개서 신체의 특정 부분을(아마도 어느 부분인지 추측할 수 있다.) 가리고 방어적인 자세를 취한다. 손을 그런 곳에 두지 말라.

■ 목소리, 리듬 및 음색

목소리, 리듬 및 음색에 관한 대략의 기준은 '그렇게 해야 한다고 생각하는 것 보다 더 낮은 목소리로 더 천천히 말한다.'이다.

왜 더 낮게, 더 천천히 인가? 발표를 할 때, 사람들은 정상보다 더 큰 목소리로 말해야 한다. 발표 음량이 올라감에 따라 음률의 높이가 올라갈 것이다. 그래서 목소리는 청중에게 자연스럽지 않게 크게(심지어 날카로운 소리를 내는 듯) 들리게 된다. 의식적으로 목소리를 낮춤으로써, 청중이 알아들을 정도의 소리를 내어야 한다.

그러면서도 긴장해서, 보통 보다 더 빨리 말하면 안 된다. 의식적으로 천천히 늦춤으로써, 더욱 편안하고 더욱 자신에 찬 소리를 낼 수 있다.

■ 요점을 강조하기 위해서 잠시 멈춰

요점을 제시할 때 짧게 멈추어라. 잠시 멈추는 것은 청중에게 이제 곧 요점이 제시될 것이라는 신호를 보낸다.

■ 둔사(遁辭)를 쓰지 않기 위해서 잠시 멈춰

"음," "아", "저..", "자...", "그" 및 "내가 한 말을 이해하는지요?"와 같은 둔사(tic: 잦은, 연설에서 보통 무의식적으로 하는 모호한 말씨, 둔사(遁辭): 빠져나가려고 꾸며대는 말)들은 생각 사이의 간극을 메우려고 긴장한 탓에 생기는 것들이다. 만약 여러분이 특정 둔사들을 자주 쓰는 버릇이 있다면(없는 사람이 드물다), 그런 것들을 쓰고 싶을 때, 잠시 말을 멈추는 훈련을 한다. 그렇게 하다보면, 얼마가지 않아서, 발표에서 그런 둔사들을 쓰지 않게 될 것이다.

■ 노트 없이 하는 좋은 발표

종이나 색인 카드들에 적은 노트들은 괜찮지만, 계속 그것들을 살피지 않도록 주의한다. 긴장하면 청중을 바라보는 대신 노트를 계속 훔쳐보게 되기가 쉽다. 어떤 연사들은 노트를 보느라 말이 막혀서, 심지어 청중을 바라보지 못하게 되기도 한다. 노트를 보려고 고개를 숙이면 청중이 발표자가 하는 말을 듣기가 어렵게 된다. 머리를 늘 곧게 들고 청중을 향해 말해야 한다.

다음은 노트를 만들고 이용하기 위한 몇 가지 지침들이다.

• 슬라이더를 기억 도구로 이용

발표자는 물론 발표 주제를 완전히 모두 알아야 한다. 그러면 노트들이 전혀 필요하지 않을 지도 모른다. 슬라이더들만 가지고 발표 리허설을 연습한다. 마침내 노트들 없이도 발표를 할 수 있고, 말하는 동안 시각자료들을 보지 않고서도 말을 이어갈 수 있게 될 것이다.

• 청중을 향해 향하지 말고, 청중을 향해 말한다

항상 청중을 바라보고 말해야 한다. 말하는 동안에 노트를 바라보고 싶은 유혹이 가끔 생길 것이다. 또는, 발표자들이 시종 스크린을 향해 말하는 어색한 때도 있다. 노트나 스크린을 봐야 한다면, 그것들을 잽싸게 훔쳐본다. 대신 청중을 바라본다.

• 노트는 큰 글씨로 만들어

만약 노트를 사용해야 한다면, 그것들을 종이 윗부분에 큰 글씨체로 인쇄한다. 그렇게 해야 크게 애 쓰지 않고도 필요한 정보를 신속히 찾아 볼 수 있다. 노트들을 종이 윗부분에 적어 두라는 것은, 종이 아랫부분을 보느라 고개를 숙이게 되면, 숨쉬기가 제한되고 눈이 청중으로부터 멀어지게 되므로, 그것을 막기 위한 조치이다.

• 발표용 소프트웨어에 있는 기능들을 이용

발표 소프트웨어는 보통 슬라이더의 아랫부분 또는 가장자리에 노트를 적어 넣을 수 있는 기능을 포함한다. 이 노트들은 도움이 될 수 있지만, 그것들에 너무 의존하지 않아야 한다. 첫째로 그것들을 보려면 발표자가 종이 아래 부분을 억지로 바라봐야 하는데, 그러면 호흡이 방해될 수 있다. 두 번째로 긴장하게 되면, 발표자는 노트에 집중하게 되어 그것들을 청중에게 읽어주는 일이 벌어질 지도 모른다.

• 돌발사태가 생기더라도, 계속 나아가

만약 빔 프로젝터가 고장 나거나, 컴퓨터가 멈추거나, 노트를 떨어트려 바닥에 흩어졌다 하더라도, 상황을 수습하려고 당황하거나 허둥대지 말고, 발표를 멈추지 말고 계속한다. 단지 어떤 상황이 벌어졌는지 만 인지하면 된다. "호사다마(好事多魔)라고, 어떤 심술쟁이가 내 발표에 훼방을 놓고 싶은가 봅니다. 그렇다고 발표를 그만둘 수 는 없지요." 라고 말하고, 하던 발표를 계속한다.

■ 연습과 리허설

발표 능력을 향상하기 위한 통상적인 충고는 "연습, 연습, 또 연습한다"이다. 이것이 좋은 충고이기는 하지만 그것이 모두는 아니다. 그래서 "리허설, 리허설, 또 리허설"해야 한다.

• 연습, 연습, 연습

발표 연습을 하는 것은 (목과 등의 근육의)경련을 풀고 발표 자료들을 고쳐 쓰기 위한 좋은 방식이다. 연습하는 동안

- 발표의 내용 구성 및 스타일의 문제들을 살핀다
- 시각자료들과 유인물들을 편집하고 교정한다
- 몸놀림과 목소리에 주의해서 정보를 어떻게 배송할 것인지를 결정한다.

연습은 보통 강의실이나 사무실에서 앉아서 하면 된다. 연습은 발표를 하는 동안의 말하기와 관련 문제들을 발견해서 고치기 위한 것이다.

- 리허설, 리허설, 리허설

발표하는 동안 떨거나 부자연스러움에서 벗어났다면, 리허설하고, 리허설하고, 리허설 할 때가 된 것이다. 연습과는 다르게, 리허설은 멈추지 않고 처음부터 끝까지 발표를 하는 것을 의미한다. 연습하는 동안에는 발표를 수정하거나 변화를 주기 위해서 멈출 수 있지만, 리허설 할 때는, 비록 실수를 한다 하더라도 그냥 계속 나아가라. 청중 앞에 섰을 때는 변화나 수정할 시간이 없으므로 리허설을 이용해서 발표 중의 약점들을 극복하는 연습을 한다. 실제 발표 상황을 더 세밀하게 복제한다면, 더 나은 리허설을 할 수 있다.

리허설을 하는 때, 발표가 가지는 더 작은 문제들을 알아차릴 것이다. 그것들을 고치려고 멈추지 않는다. 리허설을 마치고 나서 그것들을 고친다. 청중 앞에 섰다면, 작은 문제들을 고치려고 멈출 수 없는 것이다.

일부 발표들을 위해서는 연습 청중 앞에서 리허설을 해야 할지도 모른다. 직장이나 학교에서는 발표 리허설에 와 달라고 사람들을 끌어 모을 수 있다. 이 연습 청중들이 더 나은 발표를 위한 충고를 해 줄 수 있을 것이다. 그럼에도 불구하고, 그렇지 않다고 하더라도, 그 사람들은 발표자가 발표 내용에 대한 청중의 반응들을 기대하는데 도움을 줄 것이다.

리허설을 많이 할수록 발표자는 발표 내용과 청중에 대해 더욱 편안해 진다. 연습은 발표의 오류들을 발견하는데 도움을 주지만, 리허설은 발표 전체가 효과적인 것이 되게 도움을 준다.

CHAPTER 06

시각 의사소통

시각 의사소통은 기술 의사소통의 핵심적인 요소라서, 기술 문서나 발표에 도식적 요소들이 없다면 그것들이 온전하다 할 수 없다. 많은 경우에, '백문이 불여일견(百聞不如一見, a picture is worth a thousand words)'이 통한다. 레오나르도 다빈치의 '모나리자'와 같은 그림을 묘사하자면 얼마나 많은 말을 해야 할까? 그렇지만 그 그림을 보기만 하면 될 일이다.

기술 의사소통 특성의 관점에서 글은 분명하고 간결해야 하므로, 시각자료(그래프, 표, 다이어그램, 사진 등)를 이용해서 글의 분량을 굉장히 줄일 수 있고, 타당하다면, 그것들을 포함한다.

시각자료들을 기술 의사소통에서 이용되어야 하는 또 다른 이유는, 엔지니어들이, 훈련에 의해서, 하나 같이 도식적으로 지향돼 있다는 것이다. 엔지니어들은 흔히 손으로 그린 스케치들을 통해 서로 비공식적으로 의사소통한다. 그들은 흔히 점심때 종이 냅킨에나 봉투 뒷면에 스케치를 한다. 엔지니어들이 다른 사람들보다 더 도식적으로 지향돼 있기 때문에, 시각자료들을 분별 있게 사용하면 다른 엔지니어들과 효과적으로 의사소통할 수 있다(Sorby 2006: 158).

도식적 의사소통을 위해서는 의사소통하려는 정보뿐만 아니라 청중의 유형도 고려되어야 한다. 정성적 정보는, 그림그래프, 막대그래프, 파이차트 등을 이용하고, 정량적 정보는, 선 그래프를 이용하여 도식적으로 분석된다.

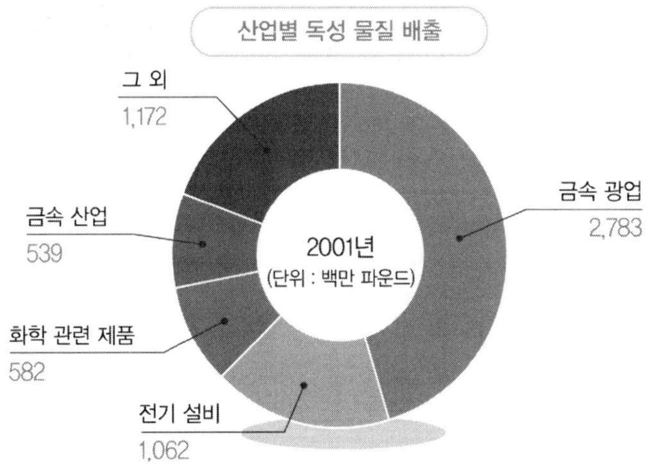

그림 6-1 큰 그림(big picture)을 보여주는 시각자료

시각자료는 개념을 명백히 하고, 특별한 의미를 강조하여 요점을 예증하거나 아이디어나 데이터를 분석하기 위해서 사용되는, 눈으로 보아 쉽게 알 수 있는, 그림 6-1과 같은, 그림으로 나타내는 설명이다. 시각자료들은 지면을 차지하는 공간과 글말을 줄일 수 있는 외에, 사람들이 정보를 처리하고, 이해하며 기억하는데 도움을 준다. 시각자료들이 데이터를 바라보는 강력한 방식들을 제공하기 때문에, 그것들은 그렇지 않으면 사실들과 그것들의 목록들에 묻혀 있게 될 경향, 문제 및 가능성들을 드러낸다. 시각자료들은 또한 대부분의 구두 의사소통에도 요긴한 것들이다.

시각자료들은 인쇄나 온라인 문서들에서 그리고 구두 발표나 멀티미디어 프로그램들에서, 오늘날 의사소통의 주요 산물이다. 예를 들어, 1980년대 말이나 1990년대 초에 발행된 교과서나 신문들을 최근 발간된 본들과 비교해 보아라. 최근 발간된 책들에는 그림이나 사진과 같은 시각자료들이 다양한 색깔들로 그려져 있다.

그래픽스 소프트웨어, 컬러 프린터, 디지털 카메라, 그리고 비디오 조작 도구들로, 아무나 차트, 그래프, 다이어그램 및 디지털 방식으로 변경된 사진들을 생성할 수 있다. 사람들은 수시로 인터넷으로부터 클립아트를 내려 받고, 그들 자신의 웹 페이지들을 생성하며, 또는 비즈니스 회의들에서 시각적 발표를 한다. 이것은 입말 메시지가 진부하다는 의미가 아니다. 대신, 글말은, 여러 모양의 도형들과 이미지 영상들을 통합해서, 디자인 전문가 Robert Horn이 시각 언어라고 부르는 것을 생성한다:

> 세상이 점점 더 복잡해지고, 비즈니스와 사회 문제들을 더 빨리 풀어야 하며, 문제 관련 상세함의 여러 수준들뿐만 아니라 "큰 그림(big picture)"에 즉각적으로 접근하는 것이 점점 긴요해짐에 따라, 시각 언어(visual language)는 우리들의 삶에서 더욱 더 유행하게 될 것이다.

의사소통이 세계적이고 즉각적이며, 사람들이—흔히 세계 곳곳에 흩어져서—팀으로 일하고, 그리고 복잡하고도 많은 정보를 효과적으로 이용하는 것이 성공에 중요한 요소라는 사실에 의해, 직장은 시각자료들에 의존하지 않을 수 없다.

궁극적으로, 청중들이 시각자료들을 기대하기 때문에 우리는 그것들에 의존하지 않을 수 없다. 정보가 너무도 많기 때문에, 사람들은 필요한 것을 신속히 그리고 쉽게 찾기를 원하고, 또 그것들이 이해할 수 있는 것이기를 바란다. 사람들은 자신이 유식하다는 자부심을 느끼고 싶으며 메시지를 한 눈에 이해하고 싶어 한다. 시각자료들은 사용자들이 정보를 처리하는 동안 생기는 여러 질문들에 대한 답을 찾는데 도움을 준다.

시각 디자인은 잘못 하면 일을 망칠 수 있는 까다로운 기교이다. 아무리 많은 시각기술도 청중, 의사소통의 목적, 및 필자가 이용할 수 있는 디자인 옵션들에 관한 신중한 결정들을 대체할 수는 없다.

사람들은, 보통 말보다 영상 이미지들을 더욱 잘 받아들이기 때문에, 지루하게 이어지는 글말 텍스트를 달갑지 않게 여긴다. 시각자료는 여러 방식으로 이 저항을 해소하는데 도움이 된다. 시각자료들은

- 추상적인 개념을 구체적이고, 기하학적 도형들로 드러내 보여줌으로서 이해를 증진한다. "어떻게 미터 단위계가 작동하는가?" "레이저는 어떻게 작동하는가?"
- 의미 있는 비교를 할 수 있게 한다. "환경으로 배출되는 유독 화학물질의 양은 산업계별로 어떻게 비교되나?"
- 관계를 기술한다. "계절 변화는 우리 지역 건설 경기에 어떻게 영향을 미치나?" "섭씨와 화씨온도 사이에 무슨 관계가 있나?"
- 보편적 언어 구실을 한다. 주의 깊게 디자인된 시각자료들은 문화적 그리고 언어 차이의 한계를 넘을 수 있어서, 세계적 기업의 직장들에서 국제적 의사소통을 활성화 할 수 있다.

어떤 전문가가 지적한 바대로, "텍스트의 시각자료들은 독자들이 글말과 상호작용하는 방식에 영향을 준다." 시각자료는 자료를 새로운 방식이나 다른 관점에서 보게 한다.

일반적으로, 글말 텍스트에 의해서보다 요점을 더욱 분명하게 만들 때는 언제라도 시각자료들을 이용하는 것이 좋다. 다음 상황들에서처럼, 청중의 집중을 유도하거나 그들이 어떤 것을 기억하는데 도움을 주기 위해서 시각자료들을 이용한다:

- 지시하거나 설득할 때
- 중요한 것에 즉각적으로 주의를 끌려고 할 때

- 문서가 원래 내용 순서를 따라 (즉, 메모나 편지처럼) 읽혀 지지 않고, 무작위로 또는 선택적으로 (즉, 매뉴얼이나 다른 참고 서적을 볼 때처럼) 이곳저곳 필요한 부분만을 찾아서 읽혀질 것으로 예상될 때
- 청중의 교육 수준이 비교적 낮고, 동기부여가 덜 되었거나 또는 토픽에 낯선 것으로 여겨질 때
- 청중이 산만할 것이 우려될 때

시각자료들을 이용하는 때 조직과 업무의 특성이 반영될 수 있다. 예를 들어, 일부 회사에서 연간 보고서에는 항상 차트나 그래프들이 포함된다. 재정 · 금융 업계에서는 (일간 다우존스지수 그래프와 같은)그래프와 차트들이 일상적으로 사용된다.

시각자료는, 문서를 치장하기 위해서가 아니라, 논의를 분명히 하고 증진하기 위해서 이용된다.

- 필요한 경우에만 사용하고, 글이나 말로 설명할 수 있는 경우에는 시각자료를 사용하지 않는다. 시각자료를 이용해서 명확하게 필자의 의도와 관점을 전달할 수 있다.
- 시각자료에 번호와 제목을 붙인다. 제목은 독자가 무엇을 보게 될 지를 예측할 수 있도록 제목을 붙인다.
- 의사소통 목적에 맞는 시각자료를 선택한다. 시각자료는 보통 단락에서 소주제를 뒷받침하는 용도로 이용된다. 그 자료가 소주제를 뒷받침하는 의미를 설명하는 문장을 그 자료의 이름과 번호 (예를 들어, '그림 5')를 이용해서 쓴다. 뒷받침 의미에 해당하는 것들이 자료에 모두 포함되어 있어야 한다.
- 독자 수준에 적합한 시각자료를 이용한다.
- 시각자료에 너무 많은 자료를 넣지 않아야 한다. 선, 막대, 숫자, 색이나 무늬가 너무 많으면 독자가 그것을 가려 보기 어렵다. 복잡한 한 개보다 보기 쉽게 나눈 여러 자료가 낫다.
- 색깔은 가려서 이용한다. 녹색은 안전, 붉은 색은 위험을 나타내면, 진한 색은

연한 색보다 강조돼 보여 독자의 주의를 끌기 쉽다. 어두운 색의 도형이 밝은 색의 도형 보다 더 크게 보인다.

- 쪽의 적절한 곳에 자료를 배치한다. 시각자료들을 보고서 끝에 몰아서 두면 안 된다. 해당 본문 가장 가까이에 시각자료를 둔다. 일부 독자들에게만 관심이 될 만한 자료들은 부록에 넣는다.
- 독자 눈에 띄지 않는 시각자료를 본문에서 언급하면 안 된다. 혹 필요하면 같은 자료를 다른 곳에 다시 넣어도 된다.
- 시각자료는 본문 중에 반드시 적어도 한 번은 언급한다. 그 번호를 지칭하여, 즉, '그림 4,' 혹은 '표 7,'과 같이 언급하고 그 자료에 대해 설명한다. 시각자료가 독자에게 의미를 전달하지는 않으므로, 독자가 그 자료의 의미를 해석하도록 두어서는 안 된다.
- 좁은 지면에 자료들을 몰아 배치하지 말고, 시각자료 주위에 공간을 충분히 두어서 독자가 시각적으로 균형감 있게 보기 쉽게 배치한다.

다른 유형의 시각자료들은 다른 기능을 한다. 일반적으로 시각자료들은 4 가지 부류로 나뉜다. ① 표, ② 그래프, ③ 차트 및 ④ 그래픽 도해. 이런 다양한 시각자료들 중, 표를 제외한 다른 것들은 모두 그림으로 부르기도 한다(Gerson, 2006: 279).

시각자료들의 유형과 용도는 다음과 같다.

① 표

표는 쉽게 비교할 수 있도록 자료를 행과 열로 조직해서 보여준다.

숫자표	정확한 수치 값들을 제시
문자표	말로 하는 묘사, 설명 또는 지침을 구성

표는 데이터를 수평이 아닌, 수직으로 읽도록 만든다. 즉, 독자의 눈은, 행을 따라 옆으로 아니라, 열을 따라 아래로 이동하며 데이터의 변화를 본다. 예를 들어, 만약 3 개 지역의 인구가 지난 3 년에 걸쳐 변화한 양상을 보여주기 위해 표를 생성한다면

(Markel, 1988: 247), 데이터가, 행이 아니라, 열(특정 연도의 인구 자료를 배치한)을 따라 위에서 아래 방향으로 제시된다. 독자들은, 이 구조에 의해, 특정 지역의 인구가 지난 3년 동안 감소하거나 증가했는지를 알 수 있다.

표를 이용하는 때, 다음 지침을 지킨다:

- 일반적으로 표의 번호와 제목(캡션)은 표 위에 붙인다.
- 표는 한 쪽(페이지)을 넘지 않는다. 그렇게 하지 못한다면, 첫 쪽 맨 아래에 "계속"이라고 쓰고 두 번째 쪽을 온전한 제목, "계속" 및 원래의 열 머리 제목으로 시작한다.
- 만약 표의 폭이 쪽에 비해 너무 넓다면, 표를 반시계방향으로 90도 돌려서, 표의 제목이 책을 제본한 선과 나란히 되도록 한다. 필요하면 데이터를 두 개의 표에 분할한다.
- 표에 대해서 언급하는 단락에서, 표는 그 번호로 지칭하고, 독자들이 주목해야 할 것들을 설명한다. 또는 표 제목을 상세히, 세 줄을 넘지 않는 정도로, 적어도 괜찮다.

② 그래프

그래프는 숫자를 도형, 음영 및 패턴들로 환언한다.

막대그래프	비교를 보여 줘
선 그래프	시간, 비용 또는 다른 변수들에 걸친 변화를 보여 줘

그래프는 숫자들을 모양, 색의 음영 및 패턴으로 환언한다. 그래프는 한눈에 금방 알아 볼 수 있게, 어림값, 그 값들이 의미하는 바, 그리고 강조되는 관계를 드러내 보인다. 그래프는 비교, 시간에 걸친 변화, 패턴 또는 경향들을 그려 보여주는데 유용하다.

막대그래프들은 연도별 또는 월별과 같은, 이산 비교들을 일반적으로 이해하기 쉽게 보여준다. 막대그래프(차트)는 일반적일뿐만 아니라 전문 주제에 관한 문헌에서 흔히 볼 수 있는 것이다. 사실, 전문 주제에 관한 텍스트 책들과 보고서들에서 뿐만 아니라 신문과 잡지들에서도 막대그래프들을 쉽게 볼 수 있다. 막대그래프들은 연속으로 발생하는 데이터 보다 시간에 따라 구별되는 간격들이나 점에서 발생되는 데이터의 유형들을 보여주는데 유용하다.

선 그래프는 이산 값들 보다 연속적인 범위에 걸쳐 발생하는 데이터를 보여준다. 선 그래프는 시간에 걸쳐 측정한 값들을 보여주는데 가장 적합하다. 선 그래프는 막대그래프보다 더 많은 데이터 점들(예를 들어, 매달 측정된 자료)을 수용한다. 선 그래프는 정확한 양들이 강조되지 않아도 되는 큰 덩치의 정보를 독자들이 합성할 수 있게 한다. 선 그래프는 제시하는 데이터의 경향들(증가하거나 감소하는)과 변화의 양상(선형적이거나 지수적인)을 보여주기 위해서 사용된다. 실제 데이터 점들이 전형적으로 그래프에 보여 질 뿐만 아니라, 그 데이터들을 가장 잘 나타내는 이상화된 곡선(또는 직선)도 보여 지기 때문에, 선 그래프는 또한 실험 데이터가 이상화된 조건들에 얼마나 잘 맞는지를 보여주기 위해 사용될 수 있다. 선 그래프들은 하나의 그래프 위에 여러 데이터 세트들을 보여주려고 할 때 이용될 수 있어서, 데이터 세트들과 결과들이 비교될 수 있게 한다(Sheehan, 2010: 281).

그림으로 분류되는 그래프와 차트는 그 유형에 상관없이, 많은 특징들을 공유한다. 그림 시각자료들은 다음 규칙을 따라 이용한다[1]:

- 그래프나 차트의 수평축과 수직축 각각에 축 제목(꼬리표, label)을 붙이고 적절한 곳에 단위를 적어 넣는다. 수평축 아래쪽에 축 제목을 붙인다. 수직축에도 축 제목을 붙이되, 책을 시계방향으로 90도 회전했을 때 그 축 위쪽의 왼쪽에서 오른쪽으로 읽을 수 있게 제목을 쓴다. 수평과 수직축 둘 다의 tick mark에 수평하게 읽을 수 있게 수치 데이터를 적어 넣는다. 축의 최대 및 최소 데이터 값들은 실제 데이터 범위를 조금 넘어서는 값들로 정한다. 그런데 이런 일들은 보통 차트나 그래프를 그리는 소프트웨어에서 선택 사항들로 처리할 수 있다.
- 그림(그래프나 차트) 아래 부분에 수평으로 그 자료의 번호와 함께 제목을 붙인다. 제목은 단순히 자료의 수평이나 수직축 제목을 반복한 것이어서는 안 된다. 예를 들어 "응력 대 스트레인"은 그 자료를 지칭하는 적절한 제목이 아니다.

1) Sorby, 2006: 161.

("A36 강철에 대한 인장 시험 응력-변형률 결과"는 적절한 제목이다.)

- 하나 이상의 데이터 세트를 그림 자료에 나타낸다면, 그래프를 보는 사람이 어느 곡선, 막대 또는 부분이 개별 데이터 세트에 상응하는지를 이해할 수 있도록 범례를 포함한다. 범례는 그것이 그래프에 나타난 데이터를 가리지 않는 곳에 배치한다. 범례는 보통 그래프의 오른쪽 또는 제목 바로 아래에 배치된다. 그래프를 생성하는데 사용된 것과 동일한 빗금, 색깔, 선 유형 또는 데이터 점 표지를 범례에 사용한다.
- 대부분의 경우에, 데이터 점들을 그래프에 넣는다. 그래야 그래프를 보는 사람이 그래프로부터 값들을 분간할 수 있다. 그렇지만, 만약 데이터 점 상징기호들이 자료를 이해하기 어려운 정도로 어수선하게 한다면, 그것들은 넣지 않는다.
- 응용 소프트웨어 도구들이 그래프와 차트들을 생성하는데 도움을 준다. 개별 데이터 세트에 대해 다른 색깔을 쓴다. 칼라 인쇄기나 사진 인화기를 갖고 있지 않거나 이용할 수 없는데, 그래프에 한 개 이상의 데이터 세트를 넣어야 한다면, 다른 빗금이나 흑백의 채도가 구별되는 색들을 이용한다.

파이 차트	전체에 대한 부분들이나 백분율들을 연관시켜
흐름 차트	절차의 단계들(또는 결성들) 또는 과정의 단계들을 추적
간트 차트	프로젝트의 국면들이 서로 어떻게 연관 되는지를 드러내
그림 차트	아이콘들을 매개로 하여 드러내 보이거나 측정된 항목들을 상징화

③ 차트

차트는 도형, 화살, 선 및 다른 디자인 요소들을 이용해서 관계들을 표현한다.

차트는 그래프와 달리 좌표 시스템(x와 y 축)에서 그려 나타낼 수 없는 관계들(정량적인 또는 인과관계)을 드러내 보인다. 파이 차트는 전체에 대한 백분율이나 부분들의 관계를 드러내 보여준다. 흐름 차트는 절차나 과정의 처음부터 끝까지를 추적한다. 흐름 차트는 사건, 활동, 단계들 또는 의사결정들의 순차를 그려서 표현한다. 간트 차트는 어떤 아이디어나 개념의 부분들이 서로 어떻게 연관되는지를 그림으로 표현한다. 일련의 막대들이나 (시간을 나타내는)선들이 프로젝트에서 개별 국면이나 과제에 대한 시작과 마무리 날짜들을 가리킨다. 간트 차트들은 (제안에서처럼)프로젝트를 계획하고, 그리고 (진도보고에서처럼) 그것을 좇아가는데 유용하다.

④ 그래픽 도해

그래픽 도해들은 데이터나 말보다는 그림들에 의존한다.

설명 다이어그램	보통, 핵심 부분들에 설명 꼬리표들을 붙여서, 현실감이 있지만 간략화 된 조망을 제시
분해 다이어그램	항목이 어떻게 짜 맞추어지는지 또는 사용자가 어떻게 제품을 조립해야 하는지를 설명
절단 다이어그램	장비 내부에 무엇이 있는지 보여주기 위해서 또는 장비가 어떻게 작동하는지를 설명하는 일을 도와
개략 다이어그램	외양보다는 기능을 그림으로 표현하기 위해 원리, 과정 또는 시스템의 개념적 요소들을 제시
지도	독자들이 구체적인 장소를 눈으로 찾거나 지리적 영역에 관한 데이터를 알아차리는데 도움을 줘
사진	무엇이 어떻게 생겼는지를 정확히 드러내
심벌과 아이콘	국제적인 청중, 어린이들 또는 읽기가 미숙한 사람들을 포함하는 넓은 범위의 청중들이 개념들을 이해할 수 있도록

사진이나 그림들은, 그것들이 보기 좋아서가 아니라, 의미를 전달하는 그것들의 역량과 문서에 대한 그것들의 독특한 중대성 때문에 의사소통을 위한 중요한 도구이다. 사진은 무엇이 어떻게 생겼는지 또는 무엇이 어떻게 행해지는지를 정확히 보여주는데 유용하다. 그러나 사진은 만약 그것이 쓸데없이 자세한 것들을 포함하거나 중요한 제재를 확인해내거나 강조하지 못한다면 해석하기 어렵다. 그래픽 디자인 전문가들은 기술 문서들에서 사진을 사용하는데 있어서 다음 사항들에 주의한다:

- 물건의 정체를 확인해내거나 조망을 하는데 있어서, 또는 지침이나 절차를 시행하는데 있어서, 독자들이 물건을 볼 때 취할 것 같은 시각을 유지한다.
- 쓸모없이 세세하지 않도록, 사진의 필요 없는 부분은 잘라낸다.

- 복잡한 기구나 절차의 선정된 특징들을 강조하기 위해서, 사진 대신, 보충 시각자료로, 다이어그램들을 고려한다.
- 독자들이 그 정체를 확인해 내는데 필요한 모든 부분들에 이름표를 붙인다.
- 독자들이 낯설어 할 영상에 대해서, 비교할 만한 사람, 눈금자, 또는 어떤 익숙한 물건(손과 같은)을 사진에 포함해서 크기를 비교하는데 쓸 감각을 제공한다.
- 만약 문서가 출판될 것이라면, 사진에 등장하는 사람들의 서명동의를 받아야 하고 저작권자의 서면 허락을 받아야 한다. 사진 아래에, 사진가와 저작권자를 인용한다.
- 본문에서 사진은 그것에 붙은 그림 번호로 지칭하고, 독자들이 살펴야할 것을 설명하는 제목을 붙인다.

시각자료를 선정하는데 있어서 다음 사항들을 고려한다:

- 독자들이 단지 사실과 숫자들을 알기를 원한다면 표가 충분하겠지만, 그들이 데이터들에 관해서 특별한 판단을 하려면, 막대그래프, 선 그래프 또는 파이 차트가 더 나을 수 있다.
- 어떤 기구의 동작 부분들을 그려서 표현하려고 하면, 분해 또는 절단 다이어그램이 사진보다 더 나을지도 모른다.
- 전문가 독자들은 숫자표, 흐름 차트, 개략 차트, 그리고 복잡한 그래프들이나 그들 스스로 분석할 수 있는 다이어그램들을 더 좋아하는 경향이 있다.
- 일반 독자들은 기본적인 표, 그래프, 다이어그램 및 그들의 초점을 이끌어 주고 그 데이터로부터 추출되는 요점들을 해석해 주는 시각자료들을 더 좋아하는 경향을 보인다.

비록 몇 가지 대안들이 가능할 테지만, 보통, 한 가지 특별한 유형의 시각자료(또는 조합)가 가장 적합하다. 그렇지만, 가장 좋다고 여겨지는 옵션을 필자들이 항상 이용할 수 있지는 않다. 또 특별한 청중이나 조직이 그들이 선호하는 것을 요구할 지도 모른다.

또는 필자가 선택한 것들이 장비의 결여(소프트웨어, 스캐너, digitizers), 부족한 인력(그래픽 디자이너, 전문 도해가들), 또는 비용 부족에 의해 제약될 수도 있다. 어느 경우에도 필자는 독자가 시각자료를 올바르게 이해할 수 있게 해야 한다.

CHAPTER 07

팀

> 에디슨의 성공에서 빼놓을 수 없는 또 하나의 요인은 멘로파크에서 그가 결성한 연구팀이었다. 그 연구팀은 기억하기 쉽게 '패거리muckers'로 불렸다. 전문 지식에서나 국적에서나 무척 다양한 사람들로 구성된 패거리였다. 영국인 기계 기술자 찰스 배철리, 스위스인 기계제작자 존 크루에시, 물리학자이자 수학자였던 미국인 프랜시스 업턴, 이 외에도 10여명의 화학자와 금속 기술자가 있었다. 에디슨의 전구는 어떤 천재 혼자 이뤄낸 발명이 아니라 작은 개선의 집합체였다. 이런 점에서도 다양한 인재로 구성된 팀이 에디슨에게 큰 이점으로 작용했음이 입증됐다(스티븐 존슨, 강주헌 옮김, 2015: 250).

공학설계는 팀이 한다. 엔지니어링은 보통 팀 단위로 하는 일이다. 가끔 엔지니어 두세 명이 한 팀이 되기도 하지만, 큰 회사에서는, 단 하나의 프로젝트(예를 들어, 항공기 설계와 제작)를 위해 심지어 수백 명이 팀이 되어 일한다.

팀은 구체적인 목표를 성취하기 위해서 과제에 대해 상호작용하고 조정하는 두 명 이상의 그룹이다(Beer, 2005). 학생들이 일반 과목들과 관련하여 에세이를 쓰거나 발표하고 보고하는 일은 보통 개인 일이다. 그러나 직장인들은 거의 대부분 팀으로 일한다. 팀원들은 서로 도우면서 서로에게서 배운다. 팀은 프로젝트를 성공적으로 완수하기 위해서 팀워크를 통해 의사소통 통로를 개발한다(Gerson, 2014). 전문 분야에서 일하는 사람들은 연구, 설계, 개발, 및 시험을 위해 팀으로 일하고, 그와 관련한 많은 기술 문서들도 팀으로 작성한다(Beer, 2005).

공학설계는 진정한 팀 스포츠이다. 보고서를 쓰고 발표를 할 때뿐만 아니라, 설계 과정의 각 단계에서 팀워크에 바탕을 둔 의사소통이 원활해야 한다. 설계 과제의 성공을 바라는 다른 부서의 사람들이나 고객들은 팀 외부의 중요한 의사소통 상대이다. 팀원들과 의사소통 외에, 설계 팀원은 팀 입장에 바탕을 두어, 팀 외부의 전문가들이나 고객들과도 의사소통한다. 따라서 설계 엔지니어는 의사소통을 위한 강력한 대인 기량을 갖추어야 한다.

엔지니어링은 수학, 경험적 증거와 과학, 경제, 사회적이고, 실제적인 지식을 응용하여 구조물, 기계, 공구, 시스템, 구성품, 재료 및 공정들을 발명하고, 설계하고, 만들고, 유지하고, 연구하며, 개량하는 일이다. 이런 일을 하는 사람들이 엔지니어들이다.

표 7-1은 엔지니어링 팀 혹은 기술팀을 구성하는 7 부류의 사람들의 기능과 그들의 배경을 요약한 것이다(Red, 1983: 51). 이 표에서 보는 바처럼, 수학자나 과학자 쪽의

일들은 상당히 추상적이고 이론적인데 비해, 기술자나 기능공 쪽의 일들은 전문화된 수작업과 관련이 깊다. 엔지니어링 설계를 주로 하는 엔지니어들은 의사소통, 계획, 설계, 제작 및 시험 등을 맡는다.

표 7-1 엔지니어링 팀원들의 기능

부류	기능
수학자	양, 크기, 및 형태들을 조사하고 그 속성들을 숫자와 기호에 연관지어
과학자	관찰, 연구, 및 실험을 바탕으로 원리와 방법들을 개발하여 자연과 우주에 대한 이해를 추구
엔지니어	수학과 과학 지식들을 적용한 엔지니어링 원리와 방법들을 써서 창의적이고 경제적인 문제 해결책 개발
매니저	새로운 기술, 제품, 공정을 설계하거나 개발하는데 필요한 인력과 자원들을 감독하고 통제
기술자	기술 개발 과정 중에 발생하는 현장의 여러 실제 문제들을 해결하여, 생산, 건설, 및 운영을 위해 과학자와 엔지니어들의 아이디어들을 발전시키고 설계를 구현하는 일을 맡아
숙련공	과학자, 엔지니어, 기술자들이 그들의 계획과 설계를 구현하는데 필요한, 조립, 운전, 설비 유지, 준비, 도면 작성, 비용 추산 등, 전문화된, 덜 개념적인 기량들을 지원
기능공	도로, 플랜트, 및 건물과 같은 대형 구조물들을 건설하거나 공산품들을 생산하는 데 필요한 섬세한 물리적 작업, 도면 그리기, 모형 제작 등 전문화된 수작업 기량 적용

일반적인 엔지니어링 센터에는 4 부류(기술자, (인턴) 엔지니어, 팀장, 매니저)의 사람들이 일한다. 표 7-1의 구성원들 중에서, 기술자, 기능공 및 숙련공들은 기술자를 통칭하는 것으로 볼 수 있다.

먼저, 기능공들이나 숙련공들은 부품들을 만드는데 필요한 여러 물품들의 공급을 관리하는데, 그들 중 일부는 부품을 실제로 만들며, 그 부품들을 시험한다. 이를 위해 그들은 엔지니어들이 작성한 작업지시서를 갖고, 엔지니어나 기술자들과 협의한다.

엔지니어는 기술자들이 제출한, 예를 들어, 시험보고서의 데이터를 분석하고, 또 다른 이는 새로운 제품을 설계하고, 또 누구는 설계된 부품의 구조를 해석한다. 이런 일들을 위해서 엔지니어들은 기술자들과 작업지시서 및 시험보고서와 같은 문서들로 자료와 정보에 대해 의사소통한다. 엔지니어들은 자신들의 과제를 수행하는데 필요한 자금을 확보하기 위해 그들 스스로 생성하는 지식을 근거로 매니저들을 설득한다. 엔지니어들은 품질 수준이 상당히 높은 제품을 설계하려고 노력한다. 그렇지만 회사 경영의 관점에서, 매니저는 이익을 확보할 수 있는 정도의 수준으로 제품이 설계 · 생산 · 판매될 수 있기를 바란다.

팀장은 엔지니어들을 지휘한다. 팀장들은 엔지니어들이 작성한 기술보고서들의 정보를 수합하여 매니저에게 보낼, 예를 들어, 진도보고서를 작성한다. 어떤 팀장은 독자적인 엔지니어링 과제를 혼자 수행하기도 하고, 어떤 팀장은 기능공과 엔지니어들 5~6명으로 구성된 팀을 꾸려간다.

매니저들은 e-메일 등으로 전해져 오는 각종 텍스트들을 읽는다. 매니저들은 회사가 이익을 창출할 수 있도록 예산, 일정 및 기록으로 남은 문서[1]를 이용해서 엔지니어들을 지휘한다. 매니저는 직위를 이용해서 엔지니어들이 지식을 생성하도록 독려한다. 매니저들은 목표 달성을 위해 엔지니어링 센터를 어떻게 운영할 것인지를 결정한다.

선임 매니저들은 그런 텍스트의 정보를 바탕으로 여러 종류의 자원들, 예를 들어, 인력(어떤 사람을 고용할 것인가? 직원을 어떻게 평가할 것인가? 어느 엔지니어를 어느 그룹에 소속시킬 것인가?)과 예산에 책정되어 있는 시간과 자금을 배분한다. 어떤 선임 매니저는 엔지니어링 센터의 책임자이고, 또 다른 선임 매니저는 수백 명쯤 되는 부서를 맡고 있기도 하다. 이 매니저들은, 회사 경영 조직의 하급 관리로서, 그들이 한 일을 경영 임원들이 정밀하게 조사할 수 있도록 자신들이 하는 일을 문서로 교부(고증)해야 한다.

엔지니어링 팀은 위계(位階[2]: 기술자→엔지니어→팀 리더→매니저) 구조를 바탕으로 운영된다. 매니저들은, 본래 정답이 없는 엔지니어링 문제를 회사 경영 관점에서 정의하여, 팀장 엔지니어들에게 보낸다. 팀장은 문제가 해결될 수 있도록 몇 가지로 구체화하여 각각을 엔지니어들에게 맡긴다. 엔지니어들은 기술자들이 여러 데이터들을 생산하고 수집하도록 지시한다.

이런 위계 구조는 엔지니어들의 문제 해결을 위한 사고방식과 글쓰기 방식에 영향을 미친다.[3] 예를 들어, 엔지니어들은 그들의 지식 생성 권위(權威(어떤 분야에서 능히

---

1) 고증(documentation)에 대해서는 2-1.2 절과 4-3 절 참고.

2) 예를 들어, 인턴-대리-과장-차장-부장-팀장-이사-부사장-사장-대표의 위계 구조가 있다(Chosun.com, 2015-09-12: B4).

3) 모든 직원들이 e-메일 메시지로 서로 쉽게 소통할 수 있게 되어서, 일부 조직들의 위계 구조가 더 평평해지고 있다(Burnett, 2001: 75)

반면에, 1986년 1월 28일, 미국의 우주 왕복선 Challenger가 발사 73초 만에 폭발한 사고를 조사한 보고에 의하면, NASA에는 엔지니어들이 결함을 효과적으로 비판하거나 경고할 수 없는 조직 문화가 있었다(Karsnitz, 2009: 26). 또 우리나라 조선(造船)업계가 경영 어려움에 처한 배경이 되는 이유 중

남이 신뢰할 만한 뛰어난 지식이나 기술 또는 실력), capital)를 이용하여 조직의 윗사람인 매니저들의 사회적 권위를 상대할 수 있고, 그런 과정에서, 텍스트를 도구로 매니저들을 설득할 수 있어야 한다. 또 엔지니어가 기술자들이 제출한, 예를 들어, 시험보고서를 이용하여 지식을 생산한다는 것은, 위계에 따라 엔지니어가 기술자들의 노동을 통제하고 그 결과를 축적하는 것이다.

팀워크가 좋으면 엔지니어링 설계과정이 더욱 효율적이고 생산성이 높아진다. 팀은, 학생들이 장차 소속되어 일하게 될, 모든 직업에서 날로 더 많이 이용되고 있다. 다음 두 가지 인자들이 팀워크의 중요성을 설명한다(Yarnoff, 2010: 115-8).

(1) 팀은 엔지니어링 설계 과정의 효율성과 생산성을 높인다.
- 팀원들의 다양한 전문 식견과 경험이 팀이 다양한 시각으로 문제에 접근하게 하고, 그래서 아주 다양하고 유망한 해결책들이 생산된다.
- 팀은 팀원 각자의 지식과 기량들을 가장 잘 활용하도록 과제를 분담할 수 있다.
- 공유된 목표들을 향해 서로 독립적으로 일하기 때문에, 팀원들은 서로에게 가장 높은 수준에서 일하도록 의욕을 북돋운다.

(2) 팀워크는 그 무슨 직업 전문적인 일을 하더라도 가치 있는 것이다
팀은 조직들의 근본적인 특성이 되었다. 공장에서, 회사 사무실에서, 연구 실험실들에서, 대학교에서, 병원에서, 법률 사무소에서, 정부 기관들에서, 그리고 다른 장소들에서 이제 사람들은 으레 팀으로 일한다. 팀워크에 대한 권위자인, Harvey Robbins과 Michael Finley (1995)는 "세상이 팀들로 넘쳐난다."고 말한다.

만약 우리가 축구, 토론회, 장기나 바둑, 혹은 다른 활동의 팀원이라면, 성공하는 팀은 그냥 생겨나지 않는다는 것을 알 수 있다. 팀은 함께 일하는 개인들의 그룹이다. 팀이 어떻게 발전되는지, 무엇이 그들이 성공하게 하는 지, 그리고 왜 그들은 실패하는지에 대해 살펴보자.

의 하나로, 조선 엔지니어링 현장의 엄격한 상명하복(上命下服)의 위계질서가 지적되기도 한다(뉴스 TALK, Chosun.com, 2015-12-23).

팀은 함께 일하는 사람들의 그룹 이상의 것이다. 진정한 팀은 공유된 목적과 목표에 도달하기 위해서 애쓰지만, 공통의 목표에 대한 통일된 헌신 없이, 팀의 목표 보다 그들 개인의 목표들을 우선시하는 그런 사람들의 그룹인 '유사팀'(Katzenbach & Smith, 1993)과는, 구별되게 다르다. 진정한 팀은 팀원들의 일을 조정하는 사람이 필요하지만, 공통의 목표를 공유하지 않거나 협력의 필요가 없는 그런 사람들의 그룹인 'a working group'과도 다르다.

진정한 팀은 구체적이고 공통되는 목표에 대한 헌신을 깨닫고 공유하며, 그 목표를 성취하기 위해 그들의 노력에 협력하는 두 명 이상으로 구성된다.

팀은 어떻게 성장하나? 진정한 팀들은 시간을 두고 꾸준히 발전해 간다. 팀이 성장하는 경로가 있다. 여러 국면들이 발생하는 것을 알고, 앞으로 나아가는데 필요한 것들을 할 준비가 되면, 팀으로 일하는 데 수반되는 일부 고뇌가 경감된다. 누구라도 팀원은 편하지 않은 영역에서 일한다고 느끼게 되는 것이 정상이고, 그런 것이 당연하니, 피하려고 하지 말아야 한다. 그림 7-1(Yarnoff, 2010: 117)는 팀이 성장하는 네 국면(형성, 요동, 안정 회복, 성과 내기)을 묘사한다.

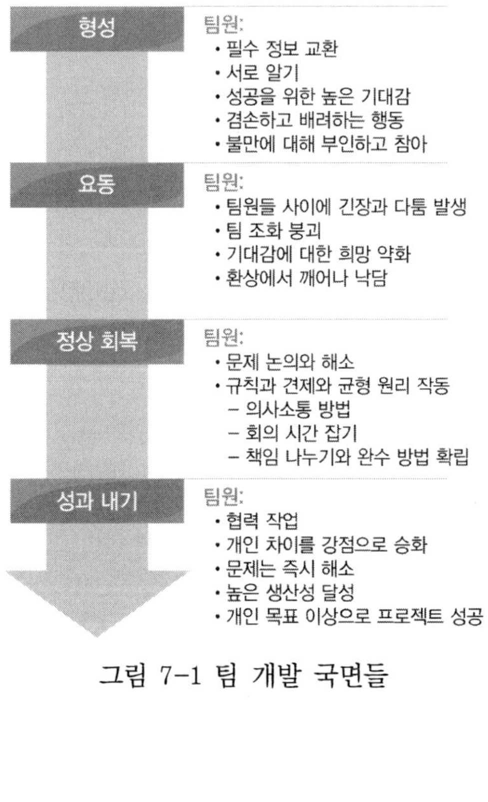

그림 7-1 팀 개발 국면들

표 7-2는 창의적으로 문제를 해결하기 위한 팀 이용의 장점과 단점을 비교한 표이다(박강 외, 2010: 37-38).

표 7-2 팀 이용의 장점과 단점

장점	단점
서로 다른 전문성과 사고능력을 갖춘 팀 구성원들로부터 문제해결을 위해 더 많은 종류의 지식을 활용할 수 있다.	문제 해결뿐만 아니라 팀 개발을 위한 노력과 전체 팀원의 참여 시간이 필요하기 때문에 막대한 비용이 든다.
구성원들이 서로 긴밀히 협조하게 하여 더욱 창의적이고 더 나은 해결책에 도달하도록 한다.	일반적으로, 팀에 의한 처리방식은 많은 아이디어를 창출하기는 하지만, 그것들 중 몇 개만이 정말로 좋은 해결책이므로 비효율적이다.
어느 특별한 문제의 최선의 해결책이 있다면, 팀을 통해 그 해결책을 발견할 가능성이 높다. 팀은 기회포착과 더 큰 모험을 감행하는 장점이 있다 (따라서 혁신을 일으킬 가능성을 증가시킨다.)	그룹이나 팀을 형성하는 구성원이 다른 구성원과 잘 어울리지 못할 수 도 있다. 해결되지 않는 분쟁, 부정적 감정 등으로 인해 팀 구성원들이 다양성에 대한 가치를 인정하지 않거나 창의적인 win-win 결과를 개발하지 않는 한, 팀의 창의적 아이디어를 감소시킬 수 있다.
일반적으로 문제해결과 결정과정에 참여한 구성원들의 해결책은 어느 개인에 의해 개발된 해결책 보다 구성원에 의해 흔쾌히 받아들여진다.	팀은 "집단사고" 현상에 빠질 수 있다. 팀은 극도의 동질감을 보이거나 동료 간에 압박감을 느낄 수 있다. 독립적인 아이디어가 용납되지 않고, 팀 구성원들은 리더나 지시자들을 두려워하게 된다.

팀이 성공하려면 다음과 같은 8 가지 인자들이 필요하다(Yarnoff, 2010: 119-122).

1. 분명하고, 도전적이며, 당면한 목표
2. 결과에 의해 구동되는 팀 구조
3. 유능한 팀원

   프로젝트를 잘 하려면, 팀원들은 주제에 대한 전문적 기량들과 지식을 가져야 한다. 그들은 또한 다른 사람들과 어떻게 일 하는지를 알아야 하고 그리고 문제들이 발생하는 때 그것들을 확인하고, 마주치며 그리고 해소할 수 있어야 한다.
4. 팀과 그 목표에 대한 통일된 헌신
5. 협력하는 분위기

   함께 일하기 위해서, 팀원들은 역할, 책임 분담, 및 의사소통의 분명한 선을 정의해 두어야 한다. 팀원들은 서로 신뢰해야 한다. 팀원들이

- 정직하고(비밀이나 파벌이 없고)
- 개방적이어서(아이디어를 공유하고 제안을 수용하는 의지)
- 일관성이 있고(행동이 예측 가능하고 신뢰할 수 있으며)
- 서로를 존중해야, 팀의 신뢰가 자란다.

6. 우수함을 위한 분명한 표준

   가능하다면 언제라도 표준들이 측정되어야 한다. 예를 들어, 참여가 개인의 팀에 대한 헌신을 재는 척도라면, 팀은 팀원 개인의 회의 참석, 의사소통 빈도, 및 회의 기한에 맞추기 등의 참여도를 점검한다.
7. 외부의 지원
8. 원칙을 지키는 리더십

팀 실패 요인은 다음과 같다(Yarnoff, 2010: 122).

- 통일된 헌신의 결여
- 협동의 결여
- 서툰 시간 관리
- 서로를 알게 되는데 실패

표 7-3 8 가지 팀 기술

기술	어떻게 발휘되고 어떠한 형태로 표출되나?	
	개인	팀
1 적극적 활동성	팀 성공에 대해 나도 개인적으로 책임을 진다	무조건 우리는 하나다
2 신뢰성	일은 끝까지 해 낸다	다른 팀원을 신뢰한다
3 참여도	토의에 적극적으로 기여하고 팀의 일을 리더와 나누어 맡는다	정해진 시간에 회의에 참석하고 또 회의에 기여한다
4 능동적 의견 청취	먼저 남을 이해한 다음 그가 나를 이해해주기를 바란다	다른 팀원들이 나를 이해하는 느낌을 갖게 되고 다른 관점을 이해한다
5 지도력	다른 팀원들의 개성과 장점을 인정하며 팀의 이익을 위하여 그들의 장점을 잘 발휘하도록 격려한다	팀원들은 자신의 가치를 느끼게 되며 팀을 위하여 최선을 다한다

6 의사소통	개인적으로나 공개 발표에서나 명확하고 효과적으로 의사소통한다	개인 간의 의사소통은 효율적이 되고 오해하는 것을 피한다
7 유용한 피드백	팀원들의 공헌도에서 미흡한 점이나 팀워크를 해치는 행동에 대하여 존중하는 마음으로 재치 있게 충고한다	인정받을 만한 행동에 대해 서로에게 유용한 피드백을 한다
8 피드백 수용과 책임감	다른 팀원의 기분과 관찰사항을 수용 존중하며 주의 깊게 고려하여 태도를 바꾼다	팀원들은 피드백을 들을 수 있고 이해할 수 있으며 그들이 배우고 성장할 수 있는 환경에서 피드백을 이용한다

팀 효율을 극대화하려면 팀원들은 기본적으로 8 가지 팀 기량(표 7-3)(박강 외, 2010: 40)을 습득한다.

창의적인 팀은 표 7-4(박강 외, 2010: 40)와 같은 특징들을 나타낸다.

표 7-4 창의적인 팀의 특성

지성, 높은 지적 수준	위험을 감수할 의지, 실패를 두려워하지 않음
새로운 생각에 대한 열린 자세	자기 훈련, 강한 직업윤리, 헌신, 판단을 늦출 수 있는 여유
배우고자 하는 열정	참을성과 집중력, 호기심, 상상력, 창의력, 비상한 재치, 연구력, 비전
문제 및 관련 분야에 대한 전문성	소비자 및 동료들과의 대화 능력과 솔직한 토론 능력
문제 관련 분야 이외의 다양한 경험, 아이디어를 창출하는 능력	유머 및 충동성
독창성, 임기응변	미적 관심, 정교함에 대한 이해
다양한 관심, 다중전공, 모호함에 대한 인내력	자신감과 자부심, 동기 유발
탄력적 사고	다양한 접근 방식을 고려하고자 하는 의지와 명확한 것을 추구하는 열정과 에너지
가정을 확인하려는 의지	

7-1 팀 구성

설계 과제가 주어지면, 가장 먼저 팀이 구성된다.

사람들이 문제 해결 목표를 향해 같이 일하는 때에, 그들은 혁신적인 해결책들을 생성할 수 있다. 목표를 함께 성취하기 위한 방식들을 탐구하기 위해 사람들이 의사소통하고 서로를 경청하는 때에 '시너지'라는 특별한 에너지가 작용한다. 좋은 팀워크와 의사소통 기량이 시너지를 생성하고, 그리고 그 시너지가 창의성을 증진한다. 팀워크, 시너지, 및 창의성, 이 모두는 새로운 디자인을 생성하고 생산하기 위해서 필요한 것들이다(Karsnitz, 2009: 62).

기초설계 과목을 배우는 동안, 학생들은 팀원이다.

학생들이 저희들끼리 알아서 팀을 구성하거나, 다른 방식으로 팀 구성할 수도 있다. 팀을 구성하는 여러 방식들이 있다. 예를 들어, 학생 개개인의 팀 성향을 조사(박강 외, 2010: 216-8)하여, 그 조사 결과에 따라 교수가 팀을 구성해 줄 수 도 있다.

기초설계에서는 창의성 개발이 주요한 학습 성과 중의 하나이므로, 창의성을 개발할 수 있는 팀 구성을 생각한다면, 여러 성향의, 발산적 혹은 수렴적 사고 성향의 학생들이 골고루 섞여 팀이 구성되는 것이 좋다.

■ 팀 헌장

팀 규범은 팀원들이 지켜야 하는 가치관 항목들로서 지켜야 하는 행동 수칙이다. 규범은 공지되어야 하고 팀원들은 그것들을 지켜야 한다. 예를 들어, '회의 시간에 늦지 않기'는 널리 확립된 규범이다. 팀 규범을 만들기 위해서 팀은 매우 구체적인 단계들을 따라야 한다. 팀의 임무를 정한 다음, 팀은 팀 가치를 정하고, 규범을 만든다(Karsnitz, 2009: 76).

단계 1. 팀의 임무 확인

단계 2. 팀 가치 확립

단계 3. 규범 확립

단계 4. 팀원들의 강점과 약점 파악

성공하는 팀들은 규범을 대충 정하지 않는다. 성공하는 팀들은 분명하고, 팀원들의 행동을 확립하는 규범들을 적어 둔다. 그 문서가 팀 헌장이다.

팀 규범을 확립하기 위해서 팀원들은 다음 사항들을 숙지해야 한다.

- 브레인스토밍을 해서 규범 목록을 만든다. "멍청한" 규범이란 없다
- 각 규범을 살펴서 그것이 팀과 팀 행동에 미치는 영향에 대해 토의한다
- 모두가 동의하는 핵심 규범들을 골라낸다. 이 목록은 상대적으로 짧은 것이 좋다. 규범들이 지켜지지 않으면 부과될 조치를 확립한다. 사람들은 세상 일이 공정하기를 바라고, 공정하게 일 하기를 바란다.
- 이 과정은 시간이 좀 걸린다. 팀원들이 아이디어들을 제시하고 확인된 규범들에 대해서 생각할 시간을 준 다음, 최종 규범을 정한다.
- 팀원 누군가가 반대 의사를 나타낸다면, 그가 과정에 온전히 수긍하려면 무엇을 어떻게 바꾸어야 하는지를 알아내어라. 필요하면 규범을 조정한다.

이제 팀은 팀원들의 강점과 약점들을 확인한다. 팀원들 사이에 역할과 책임이 할당되고 분배된다. 이것이 팀이 한 단위로 일 하게 만든다. 팀은 그룹의 약점을 균형 잡고 강점들을 찾아내어 협력한다.

팀원 각자는 그 자신의 재능, 기량, 및 제약 사항들을 제시한다. 이렇게 하면 팀에 부족한 것이 무엇인지, 과제와 책임을 어떻게 할당할지, 누가 어떤 훈련이 더 필요한지를 확인하는데 도움을 주고, 무엇보다도, 팀원들이 팀의 강점과 약점을 알아차리게 된다.

팀원 각자의 강점은 모든 팀원들의 약점을 위한 보조 시스템이 된다. "전체가 부분들의 합 보다 더 강하다."라는 시너지가 작동한다.

이견이 발생하고 팀워크를 해칠 문제들은 의사소통 스타일, 개인의 조직 생활과 업무 습관, 프로젝트에 대한 개인의 지식과 훈련 수준, 및 팀원 각자가 다른 팀원들을 존중하는지 등이다. 차이를 강점으로 전환하기 위해서, 팀은 그 차이를 알아내고 나서, 그것을 팀 목표를 성취하는데 도움이 되고 강점들을 생성하는데 어떻게 이용할 것인지에 대해 논의한다.

7-2 팀 회의

팀을 구성하여, 설계를 시작하는 단계에서, 학생들은 팀 회의를 어떻게 진행하는 지에 대해 공부해야 한다. 팀 회의는 공과대학 2학년 학생들의 학업에서뿐만 아니라 나중 직장인의 업무에서도 중요한 일이다. 평균 15년 이상의 경험을 가진 100명 이상의 엔지니어들을 대상으로 설문한 연구에 의하면 "회의와 비공식적 대인 상황에서 상당한 양의 엔지니어링 일이 처리되고, 그런 상황이, 일상적인 업무 관행에서, 생산성을 생성하고 지속하기 위한 맥락을 제공하는 곳들"이다(Yarnoff 2010: 133).

수업 기간이 프로젝트를 마무리하기에 충분하지 않기 때문에, 팀은 과제 추진 계획을 짜고, 정보를 분석하며, 보고서를 쓰고, 발표 연습을 위해서 수업 외의 시간에 강의실이 아닌 곳에서 여러 번 회의를 해야 할 것이다. 게다가 팀이 진도를 논의하기 위해서 교수와 회의도 해야 할 것이다.

아래 이유들 때문에, 수업 시간 외의 강의실 아닌 곳에서 팀이 회의를 하게 된다.

- 팀원 각자의 기량, 관심, 및 사회 활동에 관해서 말할 수 있어서, 가장 현실적이고 생산적인 방식으로 일이 분배될 수 있다.
- 팀 회의에서 팀원 각자가 맡은 바에 관해 보고해야 하므로, 회의는 팀원이 모두 각자의 일을 마무리하게 되는 동기를 부여한다.
- 회의는, "우리의 목적은 무엇이어야 하는가?" 그리고 "우리는 어떤 종류의 사용자 시험을 해야 하는가?"와 같은 어려운 질문들에 대한 답을 알아내는데 도움을 준다.
- 회의는 팀 목표를 명백히 하고, 의사결정을 위한 합의에 이르게 하며, 팀 활동에 걸림돌이 될 지도 모르는 숨은 문제들을 드러내어서 해소하도록 돕는다.
- 회의는 팀원들이 서로에게 아이디어들을 주고받으며 새로운 아이디어가 생겨나게 창의성에 불을 붙인다.

의안 작성, 회의 진행, 회의록 관리, 및 지도교수와 회의 방법에 대해서는 부록 5 회의를 참고한다.

■ 회의록

주요 논의 요점들과 도달한 결정들에 대해 팀원 아무도 기록하지 않는다면, 논의의 기억은 곧 사라지고, 회의 내용이 잊혀 질 것이다. 회의를 하는 동안이나 회의를 마치자마자 즉시 오고간 아이디어, 이름, 및 동의한 내용들은 기록되어야 한다. 회의가 비공식적인 것이라면, 팀원 각자가 개인 노트북에 기록한다. 회의가 공식적인 것이면, 의장이 노트를 하고, 회의록을 나중에 작성할 팀원을 지명한다(Paradis, 2002: 20).

신중한 그룹의 회의 내용은 보통 회의록 혹은—특히 입법 기관들에서—저널(journal)에 기록된다. 회의록은 회의에서 발생하는 논의와 결정들을 기록한 것으로, 공식 (가끔 심지어 법적) 기록이 된다. 공식적 문서의 기능을 넘어, 회의 참석자들과 불참자들은 회의록으로 회의 내용을 간편하게 점검할 수 있다(Burnett, 2001: 616).

회의록을 작성하는 때, 구성과 오랜 세월 동안 확립된 규약들에 대해 주의해야 한다. 회의용 의안은 필자가 정보를 구성할 수 있는 바탕이 된다. 회의 내용이 녹음되었다면, 필자는 녹음테이프를 들으며 혹 빠졌을 지도 모르는 자세한 것들을 회의록에 채워 넣을 수 있다.

출판되지 않을 것이라면, 회의록에는, 참석자들이 한 말이 아니라, 회의에서 한 일들이 기록되어야 한다. 또 회의록에는, 호의적이거나 아니거나, 오고 간 말이나 행해진 것들 아무 것에 대한 서기의 의견이 반영되어서는 안 된다.

회의록은 회의에 참석했던 팀원들이나 다른 부서 사람들에게도 배포된다. 회의록은 행정 지원부서 사람들이 작성하기도 하지만, 다른 때에는, 직업 전문가들이나 기술 의사소통가들이 작성하기도 한다(Markel, 2014: 486).

회의록을 작성하는데 있어서, 분명해야 하고, 포괄적이어야 하며, 객관적이어야 하고, 또한 외교적이어야 한다. 발생한 것을 해석하지 않고, 그것을 보고하기 위해서만 기록한다. 회의가 의안을 완벽하게 따를 수 없기 때문에, 회의를 정확히 기록하는 것이 쉽지 않다. 필요하다면, 서기는, 토의에 끼어들어 기록할 내용이 분명한지 확인한다.

참석자들 사이의 감정적 언행들은 기록되지 않아야 한다. 회의록은 회의의 공식적 기록이기 때문에, 그 내용이 참석자들과 그 조직에 대해 긍정적이어야 한다.

회의록은 논의된 주요 요점들과 결정 사항들을 요약해야 한다. 때때로 간결한 말이 필요하지만, 혹 오고간 세세한 말들이 중요하다면, 회의록은, 정상적으로, 줄여 쓴 기록이 아니고, 녹음테이프 기록이 적절하다. 한 시간 회의의 회의록은, 예를 들어, 한 쪽이나 한 쪽 반 이상으로 길어지지는 않을 것이다. 회의록은 나중에 참석자들의 승인을 받아야 한다.

팀 회의 진행에 대해서는 부록 5를 참고한다.

7-3 팀 글쓰기

팀 글쓰기[4]가 공대생들이 배우는 설계 과목들에서 문제정의문서와 성취명세서, 진도보고서 및 설계보고서와 같은 문서들을 생산하는데 인기를 얻고 있다. 편지, 메모, 및 간략한 보고서들과 같은 문서들은 개인이 작성한다. 그렇지만 더욱 복잡한 내용의 긴 문서를 개인 한 사람이 생산하는 것은 무리이다. 그리고 글을 쓰는 때에 일반적으로 어떤 형태로든지 남들의 도움을 받는다. 오늘날 대부분의 직장에서 작성하는 대형 문서들은 여러 사람이 협동한 결과물이다(Markel, 2012: 57).

팀 글쓰기는 문서를 생산하기 위해서 두 명 이상이 협동하는, 즉 두 명 이상이 글쓰기 과정의 적어도 한 단계 이상에 참여하는 글쓰기(Markel, 2012)이다. 이 방식으로 업무담당자, 전문 필자, 편집자 및 문서 디자이너가 함께 공동체의 목적과 목표들을 충족하는 문서를 생산[5]한다(Pfeiffer, 2010: 24).

팀 글쓰기는, 글쓰기 학습의 관점에서, 협동학습을 통해 문제를 해결하는 과정으로서 글을 쓰는 것이다(성숙자, 2003). 즉, 팀 글쓰기는 협동학습을 통해 학습자가 글쓰기의 본질과 원리를 이해하고, 글쓰기의 기능을 체계적으로 습득하여, 글쓰기 교육의 목표를 성취하고자 하는(오택환, 2007) 글쓰기 교육 방법이기도 하다. 따라서 팀 글쓰기에서 학생들은 목표 지향적 태도와 일련의 전략을 가지고 문제를 발견하고 해결할 수 있는 글쓰기 기법을 배운다(박영목, 2002).

---

4) team writing(Beer, 2005: 38)을 collaborative writing, 협동적 쓰기(이재기, 1997: 297), 협동 작문(오택환, 2007: 232), 협력적 작문(이상수, 2002: 197), 혹은 writing in teams(Pfeiffer, 2010: 24)로 부르기도 한다.

5) 협동해서 글을 쓰는 이유는, 프로젝트의 주제(일부 주제는 한 사람 이상의 전문가를 필요), 결과적인 과정(다양한 관점과 피드백을 제공하는 협동 과정), 협동자들이 생성하는 결과물(매뉴얼이나 뉴스 기사들과 같은 것들은 협동해서 쓸 때 품질이 더 낫다), 대인 관계 장점(직업 전문가들은 개별 과제보다 협동 과제에 더 열의를 보인다) 등이다(Burnett, 2001: 131).

글쓰기는 때때로 고독한 일처럼 보일 수 있다. 학교에서, 땀 흘려 연구하고, 개요를 짜며, 초벌을 쓰려고 애 쓰던, 여러분의 경험이 고독한 필자의 이미지를 강화할 것이다. 사실, 대학 바깥의 직장 세계에서 하는 대부분의 글쓰기 일은 이런 모습이 아니다. 많은 직장과 조직들에서, 팀 글쓰기는, 예외이기 보다, 오히려 규칙이다.

팀이 협동해서 글을 쓰기 위해서는, 팀원 각자가 글쓰기 과정에 대해 이해하고 있어야 한다. 팀 글쓰기는, 예를 들어, 보고서의 여러 부분을, 더 구체적으로는, 보고서 본론의 여러 부분을 글쓰기 과정에 대해 이해하는 팀원이 하나 씩 나누어 맡아서 쓰는 것이다. 글쓰기 과정에 대해서는 4-2 절을 참고한다.

■ **팀 글쓰기 지침**(Pfeiffer, 2010: 25-8)

다음은 팀 글쓰기를 위한 6 가지 지침이다. 이것들은 대인 의사소통뿐만 아니라 글쓰기 과정에 대해서도 적용된다.

- 지침 1: 팀에 대해 알아라

  대부분의 사람들은 자신이 쓴 글을 낯선 사람들이 평가하는 데 대해 예민하다. 그래서 팀 글쓰기를 하기 전에, 함께 일할 사람들에 관해 최대한 많이 알아야 한다. 첫 회의 전에 그들과 만나보고, 글쓰기 과정을 시작하기 전 팀이 공식적으로 만나야 한다. 다른 말로하면, 팀원들 사이에 모두 개인적 관계가 먼저 확립되어야 한다. 이 친숙함은 활발한 대화, 그룹 비평 및 팀 글쓰기를 위한 발판을 마련하는 데 도움이 된다.

- 지침 2: 분명한 목표와 행동 원칙 설정

  팀원 각자는 팀의 목적과 팀 글쓰기 절차에 대해 공통으로 이해해야 한다. 첫 미팅 전이나 첫 미팅을 하는 동안, 다음 질문들에 답해야 한다:

  1. 팀의 주된 목적은 무엇인가?
  2. 누가 팀 리더가 될 것인가?
  3. 그룹에서 리더의 역할은 무엇인가?

4. 팀 활동은 어떻게 기록될 것인가?
5. 임무들은 어떻게 배분될 것인가?
6. 다툼은 어떻게 해소될 것인가?
7. 일정은 어떻게 될 것인가?
8. 쓰기 전, 초벌쓰기 및 고쳐 쓰기 절차들은 무엇인가?

아래 지침들은 이 질문들에 답하기 위한 제안들이다.

- 지침 3: 계획 수립을 위한 브레인스토밍[6]

브레인스토밍은 비평 없이 아이디어들을 쏟아내 모으는 방식이다. 이 단계에서, 참여자들은 그룹 동료들에 대해 비평하지 않으면서 아이디어들을 자유로이 제안해야 한다. 이 비평 않는 방식의 접근은 대부분의 사람들에게 자연스럽지 않아서, 리더는 팀이 브레인스토밍을 시작하기 전에 그에 대한 수칙을 설정해야 한다.

브레인스토밍 결과들은 글쓰기 과제를 위해 '쓰기 전' 국면에서 쓴 자유글이나 논리지도와 아주 흡사해질지도 모른다. 둘의 목표는 최대한 많은 아이디어들을 생성하는 것이고; 그것들은 나중에 분류되어 구성될 수 있다.

팀 글쓰기의 다음 단계로 나아가기 전에, 팀은 실제로, 예를 들어, 보고서에 담을 내용을 생산하기 위해서, 열심히 설계 활동을 해야 한다. 그런 팀 설계 활동이 원활해야 팀은 팀 글쓰기로 좋은 보고서를 쓸 수 있게 된다. 그렇지 않고서는 팀원 각자의 글쓰기 능력이나 팀워크가 아무리 좋다 해도 좋은 보고서가 생산될 수 없다. 예를 들어, 진도보고서를 브레인스토밍만으로는 쓸 수 없다. 필요하다면, 4장 내용을 복습한다.

- 지침 4: 초벌쓰기를 위한 이야기판[7] 만들기

이야기판은 참여자들이 브레인스토밍 단계로부터 첫 초벌쓰기로 나아가도록 돕는

6) 2장 개념 설계 첫 단계에서 설명된 내용 참고
7) (storyboard) (텔레비전) 영화의 주요 장면을 간단히 묘사하는 그림 몇 장을 나란히 붙인 패널. 주요 장면을 그림이나 사진 등으로 정리한 계획표, 스토리 내용을 보는 사람이 이해할 수 있도록 그림으로 그려 정리한 판이라는 뜻.

매개물이다. 그것은 또한 시각자료들을 문서의 총체적인 부분으로 만든다. 할리우드에서 하는 시나리오 교환에 발생 근거를 둔, 이야기판 만들기 과정은 직업과 개별 조직에 따라, 그 형식이 다양하다. 가장 단순하게 만들어진 이야기판은 (1) (초벌 수준의) 대충 그린 도해(시각자료), (2) 토픽(글의 주제를 드러내는 소주제)에 관한 (뒷받침)문장 몇 개를 적은 종이 한 장일 수 있다. 이 기법을, 기술문 쓰기에 적용하자면, 아래 여섯 단계들을 따른다.

1. 팀이나 팀 리더는 브레인스토밍에서 나온 아이디어들[8]을 종합하고 분류해서 개요를 짠다.
2. 팀원 모두에게 이야기판 형식으로 개발해야 하는 하나 이상의 토픽(소주제)들이 분배된다.
3. 팀원 각자는 자신이 맡은 토픽에 대한 도해 하나와 일련의 하부 토픽(소주제를 뒷받침하는 소주제)들을 생성한 이야기판을 독립적으로 만든다(그림 4-3 참조).
4. 팀원들은 다시 회의를 해서 완성된 이야기판들을 점검하고, 필요하다면 그것들을 수정하고, 핵심 문장들에 대한 의견을 수렴한다.
5. 팀원 각자는 자신의 이야기판을 바탕으로 하는 초벌과 관련 시각자료들을 개발한다.
6. 팀원 모두가 혹은 팀 리더가 팀원들이 만든 이야기판들을 바탕으로 초벌을 쓴다.

• 지침 5: 고쳐 쓰기 과정에 대해 동의

초벌쓰기를 한 것처럼, 모든 팀원들이 고쳐 쓰기에 참여한다. 고쳐 쓰기에서, 팀원들이 스타일과 관련한 것들에 대해서 합의하기가 어려울 수 있다. 다음은 고쳐 쓰기를 위한 지침이다:

– 개인 취향에 따라 고쳐 쓰려고 하지 않는다.
– 이견을 나타내는 부분 대신, 팀원들이 동의하는 영역들을 탐색한다.

---

8) 예를 들어 진도보고서를 쓴다면, 개념 설계나 구체화 설계 국면에서 한 여러 활동들을 기록해둔 개인 설계부 및 팀 설계부나 회의록 등에 기록된 자료들

- 스타일, 문법, 어문규정 규칙들에 의해서 뒷받침 될 수 있는 것들만을 고쳐 쓴다.
- 최종 교정은 어문 규정에 가장 밝은 팀원에게 맡긴다.

이렇게 점검하면, 얼마나 많은 사람들이 고쳐 쓰기에 매달렸든지 간에, 균질한 문서를 생산하는데 도움이 될 것이다.

- 지침 6: 의사소통을 위해 컴퓨터 혹은 스마트폰 이용

팀원들이 다른 여러 장소에 있을 때, 스마트폰이나 컴퓨터 기기를 이용해서 일부 혹은 전체 프로젝트를 마무리할 수 있다. 팀원들은, 정보를 온라인으로 보내고 받기 위해서, 네트워크에 연결할 수 있는 개인 pc와 소프트웨어를 가져야 한다. 스마트폰 외에, e-메일, 컴퓨터 화상 회의, 그룹웨어는 팀원들 사이의 의사소통을 증진할 수 있는 요소들이다.

팀 글쓰기 능력은 엔지니어의 경력에 중요하다. 팀원 각자가 컴퓨터 기술에 기반을 둔 여러 통신 기기들을 이용할 수 있다면, 팀은 최고 품질의 문서를 생산하기 위해 각자의 강점들을 발휘할 수 있다.

- **통신**(Pfeiffer, 2010: 454)

면대면 회의가 팀이 순조롭게 작동하게 하는 최선의 방식이다. 그렇지만, 오늘날, 많은 팀들이 다른 부서와 심지어 다른 나라에 흩어져 있어서, 그 회의를 항상 할 수 있지는 않다. 그러나 프로젝트의 시작 시점에서 그리고 프로젝트의 끝에서 팀원들이 한 번은 만나는 것이 좋다.

여러 곳에 흩어져 있는 필자와 편집자들이 컴퓨터를 이용해서 많은 장애를 극복할 수 있다. 스마트폰이나 무선 이동 통신은 여기 제시되는 모든 지침들을 완수하는데 도움이 된다. 구체적으로, (1) e-메일은 서로를 알기 위해 팀원들이 이용할 수 있다; (2) e-메일 혹은 컴퓨터 화상 회의는 목표와 행동 원칙을 정하는데 이용될 수 있다; (3) 동시, 혹은 실시간, 그룹웨어는 프로젝트에 접근하는 방식에 관해 팀 브레인스토밍을 하는데 (그리고 사실은, 면대면 브레인스토밍보다 더 개방적인 분위기를 조성하는 데) 도움을 줄 수 있다; (4) 그룹웨어와 통합된 컴퓨터 화상회

의는 이야기판 만들기(팀 지침 4) 과정과 흡사할 수 있다; 그리고 (5) 동시 혹은 비 동시적인 그룹웨어는 실제와 흡사한 편집 과정을 조성할 수 있다.

■ 모듈 글쓰기

과거에, 협동 글쓰기 프로젝트의 팀원들은 문서의 최종본이 나오기 전에, 전체 문서를 점검할 기회를 가질 수 있기를 희망할 수 있었다. 그러나 오늘날, 직장에서 글쓰기 과정은 변하고 있다. 문서들이 작은 부분들로 쪼개지고, 여러 사람들이 부분들을 맡아 글을 쓴다(Pfeiffer, 2010: 455-6).

모듈 글쓰기: 대형 문서들을 더 작은 요소들로 쪼개어서, 여러 사람들이 개별 요소에 대해 책임을 지는 과정. 작은 요소들은 보통 (컴퓨터에)전자적으로 저장되어서 필요하다면 그것들이 복구되고 편집되거나 조립되어 더 큰 문서, help 파일, 혹은 웹페이지로 될 수 있다.

예를 들어, 정비 유지 설비를 위한 이용자 매뉴얼 여러 권을 생산하는 어떤 회사에서, 여러 사람들이 동시에 문서 작성에 대한 책임을 질 것이다. 누구는 기술 묘사를 책임지고 다른 사람은 지시서 작성을 맡을 것이다. 한 엔지니어가 기술 명세들을 맡고, 그래픽 전문가는 개략 내용과 도해들을 맡을 것이다. 개인은, 문서 생산에 참여하는 아무라도 접속할 수 있는, 서버에 자신이 한 일을 보관한다. 고객에게 장비를 판매하기 위해, 제안서를 쓰는 누군가는 기술 묘사와 명세들을 이용할 것이다. 사용자 매뉴얼은 그 장비와 사용자 필요에 구체적인 요소들을 합성하여 완성될 수 있다. 만약 회사가 그 제품들을 해외에 판매한다면, 다른 나라에 있는 번역가들이, 번역이 시작되기 전에, 전체 문서를 받아 보기 전에, 부분 부분들이 서버에 보관되자마자 사용자 매뉴얼의 절들에 대해 일을 시작할 수 있다. 조직의 역사에 관한 정보는 브로슈어, 제안서, 연간 보고서 및 회사 웹 사이트에서 이용된다.

모듈 글쓰기를 하자면 계획을 잘 짜야 한다. 글쓰기 팀은 최종 프로젝트에서 필요한 모든 요소들을 파악해야 하고, 그 요소들은 여러 필자들에게 적절히 배정된다. 개별 필자들은 완성된 문서의 초벌을 못 볼 수 도 있다. 개별 요소들로부터 생성된 문서의 일관성을 보장하기 위해서, 책임 편집자가 있을 테지만, 글쓰기 팀은 스타일 지침을 철저히 지켜야 한다.

비록 모듈 글쓰기를 이용하는 팀들이 여러 어려움을 겪을 지라도, 그것은 그 만한 가치가 있다. 만약 제품이 개선된다면, 그로 인해 영향을 받을 요소들이 쉽게 갱신될 수 있다. 그러고 나면 그 제품에 관한 아무 고증 문서에는 정확한 정보가 자동적으로 포함된다. 모든 갱신 내용이 한 파일에 보관되기 때문에, 누군가가 어떤 중요한 수정 사항을 빠트려 유발되는 문제는 생기지 않는다.

7-4 RAM 차트와 간트 차트

RAM 차트[9]는 팀이 해야 하는 여러 일 각각에 대한 주책임자와 부책임자를 보여주기 때문에 프로젝트-계획 짜기의 좋은 도구이다. 또한 그것이 담당교수, 부서장, 및 다른 사람들이 팀원 중 누가 무엇을 했는지 (혹은 할 것인지)를 아는데 도움을 주기 때문에 좋은 기록-보관 유지 도구이다.

RAM 차트는 복잡한 과제들과 중요 결과물들을 하부 과제들로 분할한다. 예를 들어, 모형을 시험하는 일은 목업(목업)을 만드는데 필요한 소재들을 구하는 일, 그것을 만드는 일, 이용자 인터뷰 지침을 작성하는 일, 목업을 시험하는 일, 및 결과들에 대해 문서를 작성하는 일 등으로 분할될 수 있다. 일부 RAM 차트들은(예 7-1, 7-2 참고) 누가 어떤 일을 책임지며 언제 그 일을 완수하는 지를 밝혀 둔다. 이것은 팀원들이 실제로 그들이 맡은 일을 하고 그것을 언제 하는 지의 기록을 간직하는데 도움을 준다.

RAM 차트 수직축에는 해야 할 일이 수평축에는 책임 팀원들과 그 기한이 열거된다 (예 7-1). X 또는 1 표시는 그 열의 그 사람이 그 일의 제 1 책임자임을 의미한다. O, 또는 2 표시는 그 외의 어느 팀원이 그 일을 하고 있는 지를 보여준다. 빈칸은 해당 팀원이 그 일에 상관없음을 의미한다. RAM 차트를 작성하자면, 과제 모두 혹은 대부분을 모든 팀원들에게 1차 책임을 지우기보다는, 여러 일거리들을 팀원들 사이에 균등하게 배분하는 것이 좋다.

---

9) Yarnoff, 2010 Edition: 149-155

아래 표(예 7-1)는 잘못 된 RAM 차트의 예이다: 과제들이 충분히 분할되어 있지 않아서, 팀원 모두가 과제 거의 모두에 대해 책임을 진다. 팀원 모두가 적어도 한 과제를 맡는다 하더라도, 그 과제에 대한 1차 책임자가 있어야 한다.

예 7-1: 비효과적으로 일을 분담한 RAM 차트 (주책임: ×, 부책임: ○)

RAM 차트 (3/14 - 3/31)						
과업	**기한**	**김**	**이**	**박**	**최**	**과업 완성자**
목업	3/14	×	×	×	×	
의뢰인과 회의 요약 작성 #2	3/17			○	×	
설계 재검토	3/21	×	×	×	×	
제안서 초안	3/24	×	×	×	×	
진도보고서#3 작성	3/28	○	×	○	○	
팀 회의#3 의안 작성	3/31				×	

개정된 RAM 차트(예 5-2)에는 과제들이 세부 일거리들로 충분히 분할되어 있어서, 팀원 각자가 해야 하는 것과 그 기한이 분명하다.

RAM 차트는 팀이 만들어야 한다. 그래야 문제 해결에 모든 팀원의 지식이 동원될 수 있고, 팀원 모두가 과제 수행에 책임을 느끼게 된다. 팀이 필요한 과제들을 확인하고, 그것들을 팀원 개인들의 기량과 관심에 따라 분배하고, 현실성 있는 기한을 정한 후, 어느 팀원이 차트를 만들어, 팀이 그것을 확인한 후, 팀 설계부에 넣어 둔다.

무슨 일을 누가 해야 하는지를 몇 주 전에 미리 알기가 어렵기 때문에, 한 주에 한두 번 정도는, 다가오는 주에는 누가 무슨 일을 해야 하는지를 자세하게 열거하는, 세부 RAM 차트를 만드는 것이 좋다. 보고서와 함께 RAM 차트를 제출해야 하고, 팀워크 점검을 위해 팀 설계부에 모든 차트들을 넣어 둔다.

예 7-2 효과적으로 과제들을 분담한 RAM 차트 (주책임: ×, 부책임: ○)

RAM 차트 (3/12 - 3/28)						
과업	기한	김	이	박	최	과업 완성자
대안 매트릭스 준비	3/12	×	○	○	○	
외주 가공 공장장과 일정 약속	3/12		×	○		
목업 계획 용지 준비	3/14			×	○	
목업용 소재 주문	3/15	×	○			
목업 제작	3/19	○	×			
고객 회의#2 요약 작성	3/19			×	○	
목업 실험실 시험	3/20	×	○			
시험 결과 분석	3/22			×	○	
설계 점검을 위한 합성 정보	3/23	○	×			
설계 점검 슬라이더 제작	3/23			○	×	
설계 점검 질문지 작성	3/23	×	○			
첫 제안 초안 작성	3/26			×	○	
진도보고서 #3 작성	3/26	○	×	○	○	
팀 회의 #3 의안 작성	3/28				×	

팀은 프로젝트를 위한 월별 계획을 세울 수 있다. 팀이 스스로 과제의 기한을 정하는 경우는 드물다. 팀 프로젝트에는 보통 정해진 기한이 있어서, 프로젝트의 일정을 기한으로부터 거꾸로 일자를 따지면서 일의 계획을 짜는 것이 도움이 된다. 예를 들어, 프로젝트 기한이 6월 15일이면, 팀장이 문서를 개정, 편집 및 교정하는데 걸릴 시간이 얼마일 지를 따져 본다. 그 일에 3일이 걸릴 것이라면, 최종 개정을 위해 초벌이 준비되어야 하는 시점은 기한 3일 전, 즉 6월 12일이 된다. 팀이 확인한 여러 시점들을 일자를 거슬러 가면서, 팀장은 나머지 일정 계획을 짠다(Pfeiffer, 2010: 451).

간트 차트는, 경영 이론가 Henry Gantt, 그 발명자의 이름이 붙은 것으로, 기한 일자들에 따라 팀 과제의 일정을 짜는 방법으로 가장 널리 사용된다. 간트 차트의 수직축에 과제들을 나열하고 수평축에는 기일(주 또는 월 단위로)을 열거한다. 이웃 서너 열에 걸쳐 있는 수평막대는 각 과제의 진행 기간을 가리킨다. 이 막대들은 또한 어느 과제들이 겹치고, 서로 독립적이거나 동시에 진행되는 지를 가리킨다.

간트 차트들은 부서장이나 의뢰인에게 제출해야 하는 진도보고서를 작성하기 위한 내부 팀 계획 수립을 위해, 혹은 외부에 보고해야 하는 프로젝트 제안서를 작성하는 때 이용된다. 모든 프로젝트에 대한 고증처럼, 간트 차트는 팀이 프로젝트 과제들의 부분들을 마무리하고 더 잘 이해하기 위해서 지속적으로 개정되어야 한다. 그래서 과제가 진행되는 동안 꾸준히 일정이 수정되고 차트도 개정되어야 한다.

일반적인 워드프로세서에 내장되어 있는 표 만드는 기능을 이용해서 간트 차트를 만드는 때 다음 설명을 참고한다.(예 7-3 참고.)

- 맨 위에 프로젝트 제목, 팀 이름 (혹은 번호), 및 차트를 마지막으로 수정한 날짜를 적는다.
- 왼쪽 수직 열을 따라 중요 과제와 부차적 과제들을 적는다. (차트에 과제들의 구체적 이름을 붙인다. 예를 들어, 첫 번째 중요 과제 이름을 "예비 연구"라고 적고 하부 과제들을 "고객 인터뷰," "경쟁/모델 제품 분석," 그리고 "이용자 관찰" 이라고 적는다.) 과제 이름은 행동 동사 서술어를 이용해서 붙이고, 개인적 과제(개인 진도보고서 작성 등)가 아닌, 팀의 설계 진척에 연관된 과제들만을 포함한다.
- 진한 배경 색은 과제가 마무리되었음을 의미한다. 배경 색이 없거나 연한 색 막대는 미완성 과제들을 가리킨다. 어느 과제들이 동시에 진행되고 있으며 어느 것이 다른 과제가 시작되기 전에 완수되어야 하는 지가 드러나도록 막대들을 그린다.
- 별표(★)들은 프로젝트 이정표(里程標)를 가리킨다. 이 표는 프로젝트 목표들을 충족하기 위해서 특별한 시기에 발생되어야 하는 일을 가리킨다. 두 가지 유형의 이정표를 고려하는 것이 좋다. 첫 번 것은, 과목 수업 일정에 의해 정해져 있는, 보고서 제출과 발표 기한들과 같은 것들이다. 두 번째 유형은, 팀이 최종 설계 방향 선택과 높은 품질의 시작품을 만드는데 충분한 시간을 확보하기 위해 '이용자 시험'이 마무리되어야 하는 일자와 같은, 팀의 목표에 맞추어 정해 둔 것들이다.

예 5-3: 일반적인 간트 차트

Project ABC
Team 2
Updated 1/31/2016

주

	1	2	3	4	5	6	7	8	9	10	11	12	13	14
과제														
과제 A														
하부 과제 A1														
하부 과제 A2														
하부 과제 A3														
하부 과제 A4														
과제 B														
하부 과제 B1														
하부 과제 B2														
하부 과제 B3						★								
과제 C														
하부 과제 C1														
하부 과제 C2														
하부 과제 C3														
하부 과제 C4									★					
과제 D														
...														
...														
...														

다음은 간트 차트를 생성하는 일반적인 지침이다.

1. 프로젝트를 완료하는데 필요한 모든 과제들을 브레인스토밍한다.
2. 그 과제들을 중요 과제와 부수 과제들로 구별하여, 카테고리 별로 그룹을 만든다.
3. 맨 왼쪽 수직 축을 따라 위에서 아래로 과제들을 열거하는데,
   - 맨 위에서부터 시작해서 해결해야 하는 차례대로 과제들을 나열한다.
   - 중요 과제들과 부수 과제들을 구별하기 위해 층을 지우고, 목록이 너무 길면

세세한 과제들은 빼버린다.

- 맨 마지막 과제는 최종 결과물이다.

4. 수평 축을 열들로 분할하고 주 단위로 순서 번호를 적는다.
5. 각 과제의 시작과 끝을 수평 막대로 표시한다.
6. 진도를 점검하기 위해 간트 차트를 매주 점검한다. 프로젝트 계획에 새로운 과제들을 부가하는 때에 차트를 수정한다.
7. 진도보고서와 함께, 팀 설계부에 수정된 간트 차트들을 넣어 둔다.

참고문헌

강명구, 김지현(2010), "한국 대학의 학사구조 변화와 기초교양교육의 정체성 확립의 과제," *아시아교육연구*, 11(2), 327-361.

경북대학교 글쓰기교과연구회(2010), *과학기술 글쓰기*, 경북대학교출판부.

권성규(2010), "공대생 글쓰기 과목에서 가르칠 내용," *공학교육연구*, 13(1), 한국공학교육학회, 3-16.

권성규(2013), "의사소통과 기술문 쓰기," *교양교육연구*, 7(3), 한국교양교육학회, 421-459.

권성규(2014), "공학설계에서 팀 글쓰기 가르치기," *공학교육연구*, 17(1), 한국공학교육학회, 26-41.

권성규(2015), "공학글쓰기 이해," *교양교육연구*, 한국교양교육학회, 9(2), 269-308.

김관명(2013), "산업디자인-공학설계 융합 교육의 현황," *기계저널*, 53(3), 대한기계학회, 61-66.

김민정(2007), "이공계생을 위한 '글쓰기' 교육의 방법론과 운영에 대한 연구," *한국문학이론과 비평*, 34, 한국문학이론과 비평학회, 221-245.

김태훈(2005), "공학설계능력의 평가 요소 규명, *공학교육연구*," 8(3), 공학교육학회, 49-56.

도애경(2006), "대학 작문 교육의 전략적 접근," *한국언어문학*, 57, 한국언어문학회, 329-355.

박강, 박용원, 김병재, 장혁수, 김영욱(2010), *공학 문제 해결의 길라잡이 창의 공학*, 2판, 인피니티북스, 71.

박영목(2002), "協商을 통한 意味 構成과 協同 作文," *국어교육*, 107, 한국어교육학회, 101-133.

서영성, 박문식, 곽문규, 권오붕, 김영진, 김용환, 김헌수, 김현, 이구형, 이태희, 이화조, 장동영, 조수용(1998), *창의적 공학설계(1)*, 피어슨에듀케이션코리아.

서울대학교 공과대학(2015), *축적의 시간*, 지식노마드.

서울대학교 대학국어편찬위원회(2010), *대학국어: 글읽기와 글쓰기*, 서울대학교출판문화원.

서정수(2001), *문장력 향상의 길잡이*, 동광출판사.

성숙자(2003), 협동 작문의 유형과 개선점, *우리말연구*, 13, 우리말학회, 161-182.

손정락(2016), "감정이입의 '떼루와'가 필요하다," *교수신문*, 2016-09-26.

송동익(2010), *입문설계교재*, 경북대학교 공학교육혁신거점센터.

송동주 외 7인(2014), *공학입문설계* 2판, 가디언 북.

스티븐 존슨 (2014), *How We Get To Now*, (강주헌 옮김 (2015), *우리는 어떻게 여기까지 왔을까*, 프런티어.

신선경(2010), "실용문 제목 달기," *공학교육연구*, 17(3), 13-15.

오택환(2007), "협동 작문의 단계와 절차 탐색," *국어교육학연구*, 29, 229-253.

유발 하라리(2011), (조현욱 옮김, 이태욱 감수), *사피엔스*, 김영사.

이상구(2013), "장르 중심 국어 교육의 전망과 과제," *청람어문교육*, 48, 191-224.

이상수, 박지영(2002), "전통적 학습환경과 웹기반 학습 환경에서의 개인학습과 협력학습이 영어 작문에 미치는 영향," *교육공학연구*, 18(1), 한국교육공학회, 193-214.

이오덕(1993), *글쓰기 어떻게 가르칠까*, 보리.

이재기(1997), "소집단 협동적 작문활동에 관한 고찰," *청람어문학*, 17, 청람어문학회, 263-312.

이정동(2017), *축적의 길*, 지식노마드.

이태식 외(2009), "공과대학 캡스톤 디자인(창의적 공학 설계) 교육과정 운영실태 및 학습 만족도 조사," *공학교육연구*, 12(2), 한국공학교육학회, 36-50.

이희원 외(2010). "캡스톤디자인 교과목 기반의 프로그램 학습성과 평가 연구," *공학교육연구*, 13(6), 공학교육학회, 143-151.

정희모(2006), "대학 글쓰기 교육과 과정 중심 방법의 적용," *현대문학의 연구*, 29, 483-513.

정희모(2014), "대학 글쓰기 교육에서 학습 전이의 문제와 교수 전략," *국어교육*, 146, 199-223.

주종남, 박민수(2006), "서울대학교 창의공학설계 교육 현황," *대한기계학회 2006년도 춘계학술대회 강연 및 논문 초록집*, 3214-3218.

페트로스키 지음, 문은실 옮김 (2005), *디자인이 만든 세상*, 생각의 나무.

페트로스키 지음, 박중서 옮김 (2017), *공학을 생각한다*, 반니.

한국교원대학교부설 한국어문교육연구소 편(1995), *문장의 이론과 논문작성*, 한국문화사.

ABEEK(2012), *제5회 공학설계교육 워크숍 교재*, 한국공학교육인증원.

ABEEK(2014), *공학교육인증(EAC/CAC) 2014년 2차 평가자 교육 워크숍*, 2014년 1월 18일, 계명대학교, 52.

Altmann, Edward J. and Hallesky, George J.(2011), *Technical Writing That Works*, Fourth Edition, Authorhouse.

Beaufort, Anne(2007), *College Writing and Beyond: A New Framework for University Writing Instruction*, Utah State University Press.

Beer, David and McMurrey, David(2005), *A Guide to Writing as an Engineer*, Second Edition, John Wiley & Sons, Inc.

Bruce, Ian(2008), *Academic Writing and Genre*, Continuum International Publishing Group.

Bucciarelli, L. L. (2002), "Between thought and object in engineering design," Design Studies, 23(3), 219-231.

Burnett, Rebecca E.(2001), *Technical Communication*, 5th Edition, Harcourt College Publishers.

Dean, D. (2008), *Genre Theory: Teaching, Writing, and Being*, National Council of Teachers of English.

Dieter, George E. and Schmidt, Linda C.(2013), *Engineering Design*, Fifth Edition, McGraw Hill.

Dixon, John R.(1966), *Design Engineering: Inventiveness, Analysis, and Decision Making*, McGraw-Hill Book Company.

Douglas, D. M., Johnston, C. R. Caswell, D. J. and Eggermont, M. (2011), "Writing in the Engineering Lab: Integrating Communication Skills into the Engineering Curriculum," Queen's University, Library.queensu.ca/ojs/

Dym, Clive L., Agogino, Alice M., Eris, O., Frey, Daniel D., and Leifer, Larry J.(2005), "Engineering Design Thinking, Teaching, and Learning," *Journal of Engineering Education*, January 2015, 103-120.

Eggermont, M., Brennan, R. and Freihet, T. (2010), "Improving A Capstone Design Course Through Mindmapping," *Advances in Engineering Education*, ASEE, 2(1), 1-26.

Eris, Ozgur (2004), *Effective Inquiry for Innovative Engineering Design*, Springer -Science+Business Media, LLC.

Gerson, Sharon J. and Gerson, Steven M.(1997), *Technical Writing: Process and Product*, 2nd Edition, Pearson Prentice Hall.

Gerson, Sharon J. and Gerson, Steven M.(2014), *Technical Communication: Process and Product*, Eighth Edition, Pearson.

Hackman, S. and Sokol, J. and Zhou, C. (2013), "An Effective Approach to Integrated Learning in Capstone Design," *Informs: Transactions on Education*, 13(2), 68-82.

Hadjiyanni, T. and Zollinger, S.(2013), "Writing in Design Thinking – Deconstructing the Question of *Being*," *International Journal of Architectural Research*, 7(1), 116-127.

Hanson, James H. and Williams, Julia M.(2008), "Using Writing Assignments to Improve Self-Assessment and Communication Skills in an Engineering Statics Course," *Journal of Engineering Education*, 97(4), 515-529.

Harris, Jeanette and Moselley, Ann(2000), *Strategies for College Writing, Sentences, Paragraphs, Essays*, Allyn and Bacon.

Herrington, Anne J.(1981), "Writing to Learn: Writing across the Disciplines," *College English*, 43(4), 379-387.

Jayaraman, S.(1991), *Computer-Aided Problem Solving for Scientists and Engineers*, McGraw-Hill, INC.

Karsnitz, John R., O'Brien, Stephen and Hutchinson, John P.(2009), *Engineering Design: An Introduction*, Delmar Cengage Learning.

Kimbell, Lucy (2011), "Rethinking Design Thinking: Part I," *The Journal of the Design Studies Forum*, 3(3), 285-306.

Kirszner, Laurie G. and Mandell, Stephen R.(2010), *Patterns for College Writing A Rhetorical Reader and Guide*, 11th Edition, Bedford/St. Martin's.

Lannon, John M.(2008), *Technical Communication*, 11th Edition, Pearson Longman.

Leverenz, Carrie S. (2014), "Design Thinking and the Wicked Problem of Teaching Writing," *Computer and Composition*, 33, 1-12.

Lewis, Barbara (2000), "Talking to Texts and Sketches: The Function of Written and Graphic Mediation in Engineering Design," *Business Communication Quarterly*, 63(2), 110-116.

Markel, Mike(2012), *Technical Communication*, 10th Edition, Bedford/St. Martin's.

Murray, Donald M.(1982), *Learning by Teaching: Selected Articles on Writing and Teaching*, Boynton/Cook Publishers.

Murray, Donald M.(2002), *Write To Learn*, Seventh Edition, Thompson Heinle.

Murray, Donald M.(2004), *A Writer Teaches Writing*, Revised Second Edition, HEINLE Cengage Learning.

Norton, Robert L.(2013), *Kinematics and Dynamics of Machinery*, Second Edition in SI Units, McGraw-Hill Higher Education.

Paradis, James G. and Zimmerman Muriel L.(2002), *The MIT Guide to Science and Engineering Communication*, Second Edition, The MIT Press.

Paretti, Marie C.(2008), "Teaching Communication in Capstone Design: The Role of the Instructor in Situated Learning," *Journal of Engineering Education*, 97(4), 491-503.

Pfeiffer, William S. and Adkins, Kaye E.(2010), *Technical Communication: A Practical Approach*. 7th Edition, Pearson Prentice-Hall.

Red, W. Edward and Mooring, Benjamin(1983), *Engineering Fundamentals of Problem Solving*, Brooks/Cole Engineering Division.

Riddell, W. T., Courtney, J., Eric Constant, K. D., Harvety, R., and Lockette, P. V.(2010), "Making Communication Matter: Integrating Instruction, Projects and Assignments to Teach Writing and Design," *Advances in Engineering Education*, 2(2): 1-31.

Sheehan, Richard J.(2010), *Technical Communication Today*, 3rd Edition, Pearson.

Shigley, Joseph Edward and Mitchell, Larry D.(1983), *Mechanical Engineering Design*, McGraw-Hill Book Company.

Sorby, Sheryl A. and William M. Bulleit (2006), *An Engineer's Guide to Technical Communication*, Pearson Prentice Hall.

Spuzic, S., Narayanan, R., Abhary, K., Adriansen, H. K., Pignata, S. and Uznovic, F., (2016), "The synergy of creativity and critical thinking in engineering design: The role of interdisciplinary augmentation and the fine arts," *Technology in Society*, 45, 1-7.

Strunk, Jr., William and White, E. B., (1972), *The Elements of Style*, Second Edition, The Macmillan Company.

Thompson, M. K. (2010), "Green Design in Cornerstone Courses at KAIST: Theory and

Practice," *International Journal of Engineering Education*, 26(2), 359-365.

Winsor, Dorothy A.(1996), *Writing Like an Engineer: A Rhetorical Education*, Lawrence Erlbaum Associates, Publishers.

Winsor, Dorothy A. (1999), "Genre and Activity Systems: The Role of Documentation in Maintaining and Changing Engineering Activity Systems," *Written Communication*, 16(2), 200-24.

Winsor, Dorothy A.(2003), *Writing Power: Communication in an Engineering Center*, State University of New York Press. Woolever, Kristin R.(2008), *Writing for the Technical Professions*, 4th Edition, Pearson Longman.

Yarnoff Charles, et. al.(2010), *Engineering Design and Communication: Principles and Practice*, 2010 Edition, Northwestern University.

CHAPTER

부록

부록 1 프로젝트 정의[1)]

1. 임무

임무는 해결해야 하는 문제를 간명하게 요약할 뿐만 아니라, 방향을 제공하고, 다른 사람들이 팀이 무엇을 성취하려고 애쓰는지를 알게 한다.

1. 임무 진술문을 해결책-독립적인 방식의 말로 써라.
2. 목표를 성취했는지를 팀이 판단할 수 있게 측정할 수 있는 목표들을 강조한다.

'휠체어를 탄 사람들이 건물 안으로 들어갈 수 있게 하는 통로 설비를 개발'하는 프로젝트의 문제 정의를 개발하는 예를 살펴보자. '휠체어 접근 팀'의 설계 의뢰인은, 어린이집도 입주해 있는, YMCA 빌딩에서 공연하는 Northshore Opera Company이다. 현재, 회사는 휠체어를 탄 사람들이 뒷마당 주차장에서부터 강당 1 층까지 휠체어를 타고 올 수 있도록, 전자식 승강기를 사용하고 있는데, 사람들이 그 설비가 불편하고, 불안해하며 혹은 불안전하다고 불평한다. 더 나은 시스템을 개발하는 책임을 맡은 팀은 해결책-독립적이고 안전성과 설계의 편안함을 측정할 수 있는 내용을 포함하는 임무문을 작성했다.

〈예 1〉 휠체어 접근성 프로젝트의 임무

주차장에서 차에서 내려 휠체어를 탄 Northshore Opera Company 관객들이 McGaw YMCA Child Care 건물 1 층 까지 이동하는 때 안전하고 편안하게 이용할 수 있는 접근 설비를 개발하라.

2. 제약 사항

거의 모든 프로젝트들에는, 보통 의뢰인이 제시하는, 범주, 비용, 및 규제 승인들과 연관되는, 제약 사항들이 있다. 제약 사항들은 변화될 수 없는 것들이어서 팀이 탐구하

1) 성취 명세들을 포함하도록 프로젝트를 정의하는 일을 말한다(Yarnoff, 2010: 49-64).

는 설계 공간을 제한한다. 예를 들어, 의뢰인이 설계 인공물은 의뢰인 공장에 있는 설비를 이용해서 제조되어야 한다거나 또는 개별 단위를 만드는데 1,000불미만의 비용이 들어야 한다는 등의 조건들을 부과할 것이다. 제약 사항들은 또한 산업 표준과 규제 기관들 (예를 들어, 노동청, 국토부 등)에 의해서도 부과될 것이다.

만약 의뢰인이 제약 사항들을 부과한다면, 왜 그 사항들이 핵심적인 지를 이해하기 위해서, 그것들을 주의 깊게 점검한다. 설명 근거가 분명하지 않다면, 그 제약 사항을 없애기 전에 의뢰인과 상의한다. 예를 들어, 의뢰인이 처음에 '바람이 많이 부는 날, 땅에 문제없이 서 있을 해변 파라솔을 원한다'고 말했다 하자. 설계 팀이 그에게 최종 설계가 우산(canopy나 텐트가 아니라)이어야 하는 지를 물었다. 다른 말로 하면, 그들은 혹 "우산"이 문제 해결에 작용하는 제약 사항인지를 알기를 원했던 것이다. 의뢰인이 그렇지 않다고 한다면, 팀은 다른 가능성들을 고려할 수 있다. 그렇지만, 의뢰인이 그것이 우산이어야 한다고 말했다면, 아마도 그가 해변 파라솔을 제작했을 것이고 자신의 공장 설비를 이용하기를 바랐을 것이기 때문에, 일은 다른 방식으로 나아갔을 것이다.

이 프로젝트의 의뢰인은 두 가지 제약 사항들을 명시했는데, 팀이 그것을 프로젝트 정의에 부가했다:

〈예 2〉 휠체어 접근성 프로젝트의 제약 사항

제약 사항

- 1,000불 이상의 비용이 들면 안 된다.
- 미국 장애자 강령의 모든 관련 요구 조건들에 부합해야 한다.

제약 사항과 사용자 요구 조건들이 혼동되기 쉽다. 제품이 안전해야 한다면, 그것은 요구 조건인데 안전성을 보장하기 위한 많은 방식들이 있기 때문이다. 노동청이나 보건복지부의 구체적인 표준들은 준수해야 하므로, 그것들은 제약 사항이다.

3. 사용자와 이해 당사자

제품의 성공이나 실패에 의해 영향을 받을, 사용자와 이해 당사자들은 다음 범주들에 속한다.

1차 사용자: 최종 사용자, 의뢰인, 및 구입, 이용, 혹은 제품 정비 보수에 관해 중요한 의사를 결정하는 그 외의 사람

2차 사용자: 의뢰인의 다양한 부서 (제작 운전, 서비스, 마케팅, 등)에 고용된 사람들 다른 이해 당사자들: 규제 기관, 지역단체, 어떤 형태로든지 설계에 의해 영향을 받거나 그 기능에 관심을 갖는 그 외의 사람들

〈예 3〉 휠체어 접근 프로젝트의 사용자와 이해 당사자

사용자와 이해 당사자

- 휠체어를 탄 관객들
- Northshore Opera Company
- 그 외의 관객들
- 접근 설비의 정비 담당 대원
- YMCA Childcare Center 행정 직원, 선생님들, 부모, 및 아이들
- Evanston 소방서
- Evanston 빌딩 관리 회사

4. 요구 조건

팀이 어떻게 사용자들과 이해 당사자 요구 조건들을 밝혀내는지를 살피기 위해, 휠체어 접근 팀이 이용한 과정을 살펴보자. 2-1.1 절의 수요 확인 방법들을 따라 연구하는 것이 좋다.

■ 의뢰인 요구 조건 확인

면대면 회의에서 의뢰인 요구 조건들을 확인하는 것이 좋다. (비록 일부 의뢰인들이 팀에게 성취 명세들을 건네줄지도 모르지만) 개별 요구 조건에 대한 이유를 의뢰인에게 물어보면 그들의 생각을 이해하는데 도움이 된다.

오페라 회사 감독에게 왜 접이식 램프(ramp)를 원하는 지를 물어서, 휠체어 접근 팀은 회사가 공연이 없을 때는 설비를 치워서 보관해 둘 수 있는 접근 설비를 바라는 것을 알게 되었다. 이로 인해 팀은, 접이식 좌석과 발받침을 갖춘 계단식 승강기와 같은, 다른 잠정적 접근 설비들에 대해서 브레인스토밍을 하게 되었는데, 그것은 램프보다 덜 거추장스러운 설비이다. 팀은 의뢰인과의 첫 인터뷰에서 다음 요구 조건들을 밝혀내었다:

- 안전하고
- 조립하고, 해체하며, 운전하는데 3 명 이상의 요원들을 요구하지 않고
- 요원에 의해서 쉽게 조립되고 해체될 수 있고
- 강당 뒤편이나 창고에 보관될 수 있으며
- 전동이나 비전동 휠체어를 수용

■ 1차 이용자들의 요구 조건 확인

관찰, 인터뷰, 경쟁 제품들의 분석, 온라인 자료와 인쇄물, 및 사용자 프로파일과 시나리오 등을 통해서 1차 이용자들의 요구 조건들을 확인할 수 있다.

(1) 관찰

관찰은 이용자들이 경쟁 제품과 상호작용하는 행태를 연구하는 일이다.

팀은 휠체어를 탄 이용자들이 YMCA 빌딩에 들어가기 위해, 현재의 방법인, 모터로 구동되는 휠체어 승강기를 이용하는 모습을 볼 기회가 없었다. 그래서 팀원 몇 명이 설비 관리자들이 그것을 운전하는 때에 그 승강기에 타보고 다른 팀원들이 그 상황을 관찰했다. 승강기를 타 본 팀원들은 그들이 휠체어를 탄 채로 땅 바닥에서 들여 올려 승강기에 태워지는 때에, 5분 동안, 불안정하게 공중에 뜬 것 같은 느낌을 받았다고

보고했다. 이 관찰의 결과로, 팀은 2 가지 이용자 요구 조건들을 밝혀내었다.

- 바닥이 이용자들에게 안정적이어야
- 현재 작동 시간, 5분 보다 더 짧은 시간에 이용자들이 계단을 오르고 내릴 수 있어야

(2) 인터뷰

팀은 휠체어를 이용하는 Northshore Opera Company 후원자들과 두 차례 인터뷰를 했다. 이 인터뷰로 팀원들이 승강기를 이용해 본 경험 내용을 확인했을 뿐만 아니라 다른 중요한 요구 조건들이 드러났다.

- 이용자들은 주차장에서 도움 없이 1층까지 올라가고 원래의 위치로 내려갈 수 있어야

(3) 경쟁 제품 분석

온라인 검색으로, 일부 계단 승강기들은 그 좌석 위치들을 조정할 수 있다는 사실을 알게 되었는데, 그로 인해 팀은 문제 해결책이 키나 체중이 다른 사람들을 수용할 수 있어야 한다는 것도 알게 되었다. 그들은 또한 일부 계단 승강기들이 배터리로 작동되고 일부 설비는 110 볼트 전원에 연결되어 작동한다는 것을 알게 되었다. 배터리로 구동되는 모델은 정전 시에도 설비가 작동되는 이점을 가진다. 온라인 검색의 결과로, 팀은 요구 조건 2 가지를 더했다.

- 키와 몸무게가 다른 이용자들을 수용
- 화재나 정전과 같은 비상시에도 이용될 수 있어야

(4) 온라인 및 인쇄물

위에서 본 바처럼, 온라인 정보 검색을 하면 경쟁 제품과 모델 제품들에 관해 그리고 그것들이 어떻게 문제를 해결했는지를 알 수 있다.

(5) 이용자 프로파일과 시나리오

팀은 이용자가 건물 바깥 입구에 도달해서 1층에 도달하는 때까지 심리 상태와 주변 환경을 상상할 수 있었다. 이용자는 밤에 접근 설비를 잘 볼 수 없어 작동하지 못하지 않을까, 혹은 궂은 날씨에 설비를 작동하는데 시간이 더 걸려서 오페라가 시작되고 나서 입장을 못하게 될까 걱정할 수도 있을 것이다. 팀은 이런 시나리오들에 바탕을 두어, 요구 조건 3 가지를 더했다.

- 이용자는 접근 설비의 구성품들을 쉽게 알아 볼 수 있어야 한다
- 휠체어는 눈이나 비로 인해 미끄러지지 않아야 한다
- 접근 설비는 작동하기 쉬워야 한다

■ 2차 사용자들의 요구 조건 확인

팀은 그들의 설계 인공물을 설치하고 정비할 사람들과 시설 관리자, 선생님, 및 YMCA 어린이 집 아이들과 그들의 부모들을 인터뷰했다. 이 인터뷰로 인해 팀은 부가적인 요구 조건들을 확인해 내었다.

- 공연이 있는 날 신속히 설치될 수 있어야
- 공연이 끝난 후 신속히 접근로에서 치워질 수 있어야
- 계단들을 가로 막아서 일상 보행자들을 방해하지 않아야
- 건물 후문을 막아서 아이들을 차에서 내려놓는 일이 지체되지 않게 해야
- 주차장으로 오고 가는 차에 장애가 되지 않아야

아래 예 4는 휠체어 접근 팀이 정리한 요구 조건들의 목록이다. 요구 조건들을 범주별로 구분해 두면, 여러 조건들을 다루기 쉽다.

〈예 4〉 휠체어 접근 프로젝트를 위한 요구 조건

안전성

- 사용자들이 접근 설비를 이용하는 동안 쉽게 알아 볼 수 있어야 해
- 화재나 정전과 같은 비상시에 사용될 수 있어야 해
- 휠체어 운행 시 비나 눈으로 인해 미끄러지지 않아야
- 화재 시에 빌딩을 빠져나올 방안 제공

편안함

- 이용자들을 위해 바닥이 안정돼 있어야

쉬운 운전 조작

- 특별한 훈련 없이 쉽게 장비를 조작할 수 있어야

사용 편의

- 이용자들은 다른 사람 도움 없이 1 층을 오르고 내릴 수 있어야
- 현재 방법보다 더 빨라야

휠체어 사용자 수용

- 전동식이나 수동식 휠체어 수용
- 체중과 신장이 다른 사용자 수용

다른 사용자 (휠체어를 타지 않은 사람) 수용

- 계단들을 막으면, 일상 보행자들을 방해하게 돼
- 주차장에 출입하는 자동차의 운행을 방해하지 않아야
- 뒷문을 막으면 차에서 내리는 아이들을 방해하게 돼

정비 유지

- 공연이 있는 날 신속히 설치될 수 있어야
- 공연이 끝나면 신속히 걷어치워질 수 있어야
- 조립, 해체 혹은 운전을 위해서 대원 3 명 이상을 요구하지 않아야

보관

- 강당 뒤편이나 창고에 보관될 수 있어야

5. 성취 명세

사용자와 이해 당사자들의 요구 조건들을 확인하고 나서, 엔지니어들은 그들의 설계가 그것들을 충족하는지를 평가하기 위해 요구 조건들을 간결하고 측정할 수 있는 성취 명세들로 전환해야 한다.

예를 들어, 어떤 설계팀이 초등학교 주차장에서 아이들을 차에 태우고 내리는 부모들을 위한 교통 흐름 계획을 개발해야 한다. 팀은 "부모들이 아이들을 신속히 그리고 효율적으로 차에서 내리게 할 수 있어야 한다."를 구체적으로 규명할 수 없었다. 그들은 "신속히 그리고 효율적으로"를 구체적인 자동차 대수, 소요 시간, 및 구체적인 환경들에 적용해야 했다. 며칠 동안, 아침에 주차장 상황을 관찰한 후, 팀은 부모들이 아이들을 차에서 내려놓는 시간에 대해 다음 것들을 알게 되었다.

- 아침 7:55에서 8:15 사이에 주차해 놓고 아이들을 내려놓는 차가 75대
- 아침 7:55에서 8:15 사이에 아이들을 차에서 내려놓고 주차하지 않고 그냥 가는 차 50 대를 위해서 급행차로 (차 한 대당 2분미만)가 필요해
- 그 50대 차들은 8:10에서 8:15 사이에 주차장을 안전하게 빠져 나가야 해
- 249명의 아이들이 7:55에서 8:15 사이에 학교로 들어가
- 35명의 유치원 아이들은 8:25에서 8:35 사이에 차에서 내려

이 명세들로 팀은 해결책들의 실행 가능성을 측정하고, 사용자 요구 조건들을 충족하도록 그들의 대안들을 개정하며, 최종 설계의 성공 여부를 시험할 수 있게 되었다. 최종 설계를 의뢰인에게 제시하는 때, 팀은 자신들이 설계한 교통 흐름 패턴이 학생들이 차에서 내리는 20분 동안 75대의 주차된 차와 50대의 이동하는 차들을 어떻게 감당할 수 있는 지를 입증해야 한다.

측정법들은 정량적으로 표현하기 어려운 요구 조건들에 대해서도 사용된다. 유아용 높은 의자 발받침 프로젝트를 위해, 팀은 아이들이 발 받침대에 음식물을 떨어뜨려서 발로 밟아 문지를 수 있기 때문에 그것을 청소하기 쉬워야 한다는 것을 사용자 인터뷰들로부터 결정했다. "청소하기 쉬워야"는 자명한 듯 들리고 충분한 것 같지만, 그 말도 측정 가능한 구체적 명세로 규정되어야 한다. 발 받침대를 청소하는데 부모와 보모들이

얼마나 많은 시간을 쓸 수 있을까? 연결부가 얼마나 좁으면 부스러기를 청소하기 어려울까? 해결책이 무엇이든지 간에, 엔지니어들은 문제 해결 개념들의 가능성과 그 성공 여부를 간결하게 평가하기 위한 측정법이 필요하다.

팀은 프로젝트를 처음 정의할 때, 필요한 정보가 모자라서 정량적인 성취 명세들을 개발하지 못했다. 더 연구를 해서, 팀은 측정법을 부가하거나 앞으로 더 측정을 해야 하는 항목들은 (XX의 형태로) 빈자리로 표시해 두기로 했다.

〈예 5〉 휠체어 접근 프로젝트를 위해, 성취 명세를 공학적 특성들로 표현

안전성

- 구조는 다음 조건들 아래에서 다음 중량들을 지탱해야
  - 램프(ramp)는 1,500 파운드
  - 승강기는 최대 1,000 파운드
- 휠체어가 비나 눈으로 인해 미끄러지지 않아야 해
  - 휠체어가 이동하는 표면은 최소 마찰계수가 0.XX
- 사용자들은 접근 방법을 사용하는 동안 설비를 10 피트 앞에서 미리 볼 수 있어야
- 설비는 화재나 정전과 같은 비상시에 탈출 방법 제공
  - 접근 방법은 건물의 전원에 의존하지 않아야
  - 설비가 고장 났을 때의 대안 강구

편안함

- 모터로 작동하는 승강기를 이용한다면, 사용자의 등이 지면에 대해 90도여야 해

쉬운 운전 조작

- 특별한 운전 훈련을 요구하지 않아야

사용 편의

- 사용자가 지금 (5분미만)보다 더 짧은 시간에 계단들을 오르거나 내리도록 해야
- 다른 사람들의 도움 없이 설비를 이용해서 1 층을 오르내릴 수 있어야
  - 경사로 램프는 1:12 경사와 손잡이 레일을 갖출 것
  - 승강기들은 사용자들이 다른 사람들의 도움 없이 휠체어에 타고 내릴 수 있게 해야

휠체어 사용자 수용

- 모터 구동이건 그렇지 않은 것이든 최대 700 파운드가 되는 휠체어들을 수용
- 체중 최대 300 파운드
- 신장 최대 XX 인치

휠체어를 타지 않은 사용자들의 수용

- 접근 설비를 쓰지 않을 때, 현재 계단의 폭과 길이가 그대로 사용될 수 있어야 해
  - 계단 폭 6 피트
  - 계단 길이 9 피트 8 인치
- 접근 설비가 뒤 출입문을 막지 않아야, 아이들이 차에서 내리는 시간이 지체되지 않아
- 주차장으로 자동차가 접근하는데 방해가 되지 않아야 해
  - 주차 접근로로부터 외부 입구는 폭이 14 피트 4 인치

정비 유지

- 조립하거나, 해체하거나, 운전하기 위해서 3명 이상의 요원들을 요구하지 않아야
- 접근 설비는 공연 하는 날 1 시간미만의 작업으로 설치될 수 있어야 해
- 접근 설비는 공연이 끝난 뒤 1 시간 이내에 길 밖으로 이동될 수 있어야 해
- 접근 설비를 설치하거나 길 밖으로 치우기 위해서 특별한 훈련을 요구하지 않아야

- 지침서가 제공 되어야
- 모든 부품들에는 이름표를 붙여야

보관

- 보관해야 한다면, 장비가 강당 뒤편에 혹은 창고에 들어갈 수 있어야 해
  - 강당 뒤편 공간은 36 피트 × 4 피트
  - 창고는 20 피트 × 20 피트

이 정량적 성취 명세들은, 추측이 아니라, 연구 활동으로 생성된 것들이다. 팀은 보관 영역, 계단, 강당 뒤편 공간을 실측했다. 팀원들은 승강기를 이용하는 때 가장 편하게 앉는 각도에 관해서 이용자들을 인터뷰했다.

명세에 관한 최종 노트: 대부분의 요구 조건들은 성취 명세에 대응되어야 한다. 일부 요구 조건들은, 그렇지만, 단순히 2원적인 것－설계가 그것들을 충족하는지 그렇지 않은지－이다. 주차장 교통 흐름 문제 팀은 현 시점에서 주차장으로 들어오고 나가는 차량 흐름을 그들의 설계에 사용한다는 조건을 명시했다. 이것은 더 이상의 명세를 요구하지 않는다. 유아용 높은 의자 설계팀은 발받침이 한 손으로 조정될 수 있는 것이어야 한다고 결정했는데, 성인들이 한 팔로 아이를 안고 있을 수 있기 때문이다. 설계가 이 요구 조건을 충족하는 지를 평가하기 위한 구체적인 성취 명세가 없을 수 도 있다. 그런 경우에는 단순히 관찰로 평가할 것이다.

6. 프로젝트 정의 문서 포맷

학생들은, 나중에 졸업반이 되어 캡스톤디자인을 하거나 엔지니어가 되어 다양한 현장 환경에서 일을 할 때, 문제를 정의하는 문서의 다양한 포맷들을 보게 될 것이다. 기초설계에서 우리가 사용하는 포맷은 두 가지 장점을 가지는데, (1) 설계가 발전해 감에 따라 프로젝트 정의를 개정하기 쉽고, (2) 표로 만들었기 때문에, 설계자들이 요구 조건들과 성취 명세들 사이의 관계를 보기 쉽다. 예 6은 휠체어 접근 프로젝트를 위한 프로젝트 정의의 개정본 # 2이다.

〈예 6〉 휠체어 접근 프로젝트를 위한 프로젝트 정의

프로젝트 이름: 오페라 휠체어 접근

의뢰인: 설계 과제를 의뢰한 고객, Northshore Opera Company의 감독, Sonia Winslow

팀원: 김정두, 박계명, 최기호, 이정두

날짜: 2015년 3월 4일

개정본: # 2

임무문: 오페라를 보기 위해 휠체어를 타고 온 관객들이 주차장 길에서부터 YMCA 아동 센터의 1 층까지 안전하고 편안하게 이동할 수 있는 접근 설비를 개발하라

제약 사항

- 1,000불 이상의 비용이 들면 안 돼
- 미국 장애자 보호법(ADA)의 모든 관련 요구 조건들에 부합해야

사용자와 이해 당사자

- 휠체어 이용 관객들
- 다른 관객들
- Northshore Opera Company
- 접근 설비의 정비 요원
- YMCA 아동 센터 직원, 선생님, 부모, 및 아이들
- Evanston 빌딩 관리 위원

요구 조건	명세
안전성 • 사용자/휠체어가 접근용 장비를 파손하지 않아야 해 • 휠체어가 눈과 비에 미끄러지지 않아야 • 사용자들이 자신들이 이동하는 주변을 살펴 볼 수 있어야 • 사용자가 비상시에 빠져 나올 수 있어야	• 다음 조건 하에서 무게를 지탱해야 – 경사로 램프: 1,500 파운드 – 처리 무게: 1,000 파운드 • 표면의 최소 마찰계수 0,XX를 가져 • 적어도 10 피트 시야 거리 확보 • 화재나 정전 시에도 작동해야 하고 대피로 제공
편안함 • 사용자가 안정감을 느껴야	• 접근 방법이 승강기이면, 사용자의 등은 지면에 대해서 90 도 각도를 유지해야 • 경사로에는, 손잡이 레일이 설치되어야 하고 경사는 1:12
편리성 • 사용자가 극장에 신속히 들어가고 나올 수 있어야 해 • 사용자가 독립적으로 극장에 들어갈 수 있어야 해	• 사용자가 5 분 이내에 계단을 오르고 내려가게 할 수 있게 • 승강기라면, 사용자는 다른 도움 없이 승강기에 오르고 내릴 수 있게
쉬운 사용법	사용 방법을 직감적으로 혹은 단순하고도 명시적으로 이해할 수 있게 해야
휠체어 사용자 수용 • 사용자들과 모든 크기의 휠체어들이 접근 방법을 사용할 수 있어야	• 최대 무게가 700 파운드가 되는 휠체어들을 수용 • 체중이 최대 300 파운드인 사용자들을 감당 • 키가 XX 와 YY 사이의 사용자들을 수용
정상 (휠체어를 타지 않은) 사용자 수용 • 정상인 사용자들은 주중 아무 날 아무 때에 자동차 운행 길과 계단을 이용할 수 있어야	• 후문에서 아이들을 내려주는데 방해가 되지 않아야 • 주차장에 자동차 접근을 방해하지 않아야 – 차 운행 길은 폭이 14 피트 4 인치 – 접근 장치를 사용하지 않을 때 계단의 전체 폭과 길이가 사용될 수 있어야 해 – 계단의 폭: 6 피트 – 계단의 길이: 9 피트 8 인치
유지 정비 • 요원들이 접근 장치를 신속히 그리고 쉽게 조립하고 해체할 수 있어야	• 조립, 해체 및 운전하는데 3 명 이상이 필요하지 않아야 • 한 시간 이내에 설치될 수 있어야 • 한 시간 이내에 해체되어 보관될 수 있게 • 특별한 훈련 지침을 요구하지 않아야 • 모든 부품들에 이름표를 붙여
보관 • 보관이 요구되면, 접근 방법은 강당 뒤 공간이나 보관 창고에 들어갈 수 있어야 해	• 강당 뒤 공간: 36 피트 × 4 피트 • 보관 창고: 20 피트 × 20 피트

이 표에서 "요구 조건" 열에는 하나의 머리제목 아래에 여러 요구 조건들이 그룹 지어져 있다. "명세" 열은 공학적 특성들로 적은 성취 명세들이다. "요구 조건" 열의 (방점 찍힌) 개별 요구 조건은 성취 명세들과 1대1 대응하지 않기도 한다. 예를 들어, 1 요구 조건에 대해 4 가지 명세들이 있을 수 있다. 역으로 1 가지 명세가 2 가지 다른 요구 조건들에 연관되기도 한다.

7. 프로젝트 정의 개발

팀은 프로젝트 정의 문서를 몇 번 개정할 것이고, 각각은 그 이전 본들보다 더욱 온전하고 더욱 상세할 것이다. 프로젝트의 초기 본에는 개략적인 임무 진술문, 의뢰인으로부터 알게 된 제약 사항들, 그리고 초기 자료들을 읽어서 모은 몇 가지 잠재적인 요구 조건들이 포함될 것이다.

연구와 시험이 발전해 감에 따라, 진술문은 더 다듬어지고, 제약 사항들은 바뀔 것이며, 요구 조건들의 목록은 확장되고 더욱 정교해져서, 대부분의 요구 조건들에 대응하는 (측정을 통해 알아낸 수치) 성취 명세들이 정해질 것이다. 팀이 설계 개념을 확정함에 따라, 명세들은 더욱 해결책-의존적이 된다. 예를 들어, 어떤 시점에 휠체어 접근 팀은 휠체어에 탄 1 명의 사용자를 수용할 플랫폼 승강기를 해결책으로 결정했다. 그러고 나서 팀은 명세 내용에서 램프 관련 참고문헌들을 제거했다. 게다가 팀은 명세들을 부가하고 다른 것들은 더욱 간결하고 해결책-의존적이 되게 만들었다. 예를 들어, 플랫폼 크기에 대한 명세가 새로 부가되었다: 폭이 31.5 인치이고 길이는 48 인치. 그들은 또한 비상 배터리가 24 볼트여야 한다고 규정했다.

팀이 내용을 다듬어감에 따라, 프로젝트 정의의 구성도 달라진다. 초기 본들에서는, 사용자와 다른 이해 당사자들에 의한 요구 조건들을, 그들이 제시하는 바에 따라, 구성하는 것이 편리한데, 그들로 인해 팀이 요구 조건들을 알게 되었기 때문이다. 그렇지만, 수요 확인 내용이 정교해 짐에 따라, 관련 있는 요구 조건들을 기능에 따라 그룹별로 나눔으로써 반복되는 것들을 제거할 수 있게 된다. 예를 들어, 휠체어 접근 팀의 프로젝트 정의 초기 본에는 요구 조건들을 의뢰인, 사용자, 및 지역 사회에 의한 것들로 열거했다. 나중 본에서 요구 조건들은 안전성, 편리성, 편안함 그리고 보관에 따라 조직된다. 프로젝트 정의가 개정되는 때마다 그 이전 것이 팀 설계부에 반드시 보관되어야 한다. 팀의 디자인 사고가 발전해 가는 자취인, 이 개정본들은, 만약 설계가 특허를 받을 가능성이 생기거나 혹은 설계를 새로운 팀에게 혹은 제품 개발자들에게 넘겨줄 것이라면, 반드시 작성되어야 한다. 예를 들어, 어떤 요구 조건에 대한 이론적 설명 근거를 이해하고 싶다면, 그들은 프로젝트 정의 개정 본들을 읽어서 그것의 발전 과정을 추적할 수 있을 것이다.

부록 2 성취명세서[2)]

Shot-Buddy의 성취명세서

제품의 정체

- 효과적인 연습 슈팅을 하도록 슈터에게 자동적으로 공을 되돌려 주는 농구공 회수기
- 일체가 구조물-장착되어서, 단독으로 설치되며, 표준 크기 골망
- 사용자 설치

특징

- 회수 목표 지점을 알게 하는 센서를 슈터가 입어
- 목표 지점은 3점 슛 거리

요구되는 사용자 훈련: 없어

프로젝트 핵심 기한

- 설계 종료까지 6 개월
- 연말 연휴 기간 시장 광고를 목표

핵심 성능 목표

- 골인된 공과 실패해서 골 망 주위 8-인치 내에 떨어진 공 모두를 회수
- 코트의 아무데나 있는 사용자에게 공을 정확하고 신속하게 되돌려줘
- 재충전할 수 있는 배터리로 구동

시장 확인

- 목표 시장: 중·고등학교 학생 나이 또래 사용자들
- 초기 출하: 볼티모어 시 - 워싱턴 DC 광역시 지역
- 초기 생산 2500 개
- 2-3 년: 시장 반응에 따라 4차 년도에 전국 시장으로 확대
- 경쟁 제품:
  - 현재 제품들은 단지 코트의 제한된 범위로 공을 되돌려줄 수 있어
  - 센서 기술을 적용한 제품은 없어
- 브랜드 이름: Shot-Buddy

재정 요구 조건

- 수명 기간 동안 가격 정책
  - 목표 제조 비용: $250
  - 추정 소매 가격: $500

2) Dieter, 2013: 114

- 보증 기간: 1년 완전 보증
- 기대되는 재정 성능 혹은 투자 회수 율: 미정
- 요구되는 자본 투자 수준: 미정

서비스 환경

- 실외: -20 ~ 120 $^{\circ}F$
- 실내: 50 ~ 80 $^{\circ}F$
- 습도 100% 까지

제조 명세

- 모든 프레임과 구조 지지 구성품들은 자체 제작될 것. 그 외의 것들은 기성품 이용
- 공급자: 미정

물리적인 기술

- 외부 치수
  - 공 수집 면적: 대략 6×4 평방 피트
  - 전체 부피: 대략 폭 2 피트, 길이 2 피트, 높이 10 인치
  - 회수 장비 넓이: 대략 2×2 평방 피트
- 소재: 미정
- 목표 무게
  - 공 포획 장비: 15 파운드 이하
  - 바닥 구성품: 15 파운드 이하

수명 사이클 목표

- 유효 수명 5년 이상
- 정비 일정: 센서와 제어 설비가 적절히 보관된다면 정비 불필요
- 신뢰성 (고장 발생 평균 기간): 5년
- 수명 기한 전략: 특별한 취급을 요구하지만, 배터리는 재활용될 수 있을 것

사회, 정치, 및 법적 요구 조건

- 안전성과 환경 규제들이 적용될 것
- 표준: 운동 장비에 대한 국가 규제 반영
- 안전성과 제품 제조물 배상 책임: 유일한 안전성 측면은 설치에 대한 것인데, 장비를 골 망 테두리와 골 망 뒷 판을 이용해서 설치하기 위해 사다리 필요
- 지적재산권: 특허 잠재성에 대해서 조사할 것

부록 3 진도보고서[3)]

메모[4)]

일자: 2011년 11월 7일

수신: 학생부총장, Jill Bremerton 박사
Central Montana State University

발신: KMU팀 팀장[5)] 홍설계
팀원 김이박
팀원 최진수
팀원 정성만

주제: CMSU에서 Clickers를 이용하는 학습을 위한 연구 진도보고[6)]

목적

이것은 CMSU에 clickers를 도입하는데 필요한, 교수진과 학생들의 태도 및 강의실 기반 설비를 포함하는, 기본 요구 조건들에 대해 연구한 진도보고서이다.[7)]

요약

CMSU에서 clickers를 도입하기 위한 기본 요구 조건을 연구하려는 우리의 계획을 학생부총장인 Jill Bremerton 박사가 2011년 10월 10일에 승인했다. 우리는 프로젝트의 첫 세 과제, 1. 대학교육에서 clickers들을 이용하는 데 대한 기본 이해, 1. 담당 instructor(교수, 강사)가 clickers 이용에 동의할 것인지, 3. 학생들도 clickers의 이

3) (Markel, 2012: 475-483). 대부분 기업이나 기관 조직에서 필자들은 그 기관이나 부서의 로고가 인쇄된 용지를 쓰지만, 학생들은 보통 용지에 보고서를 쓴다.
4) 진도보고서는 메모나 보고서 형식으로 제출될 수 있다.
5) 그들의 직위와 목표 독자의 직함을 쓴다. 그렇게 하면, 장래 독자들이 보고서의 독자와 필자들을 더 쉽게 알아 볼 수 있다.
6) 이 주제는 메모의 주제(CMSU에서 clickers 이용 연구)와 메모의 목적(진도 보고)을 나타낸다.
7) 메모는 목적을 분명히 제시하고 시작한다. 여기서 필자들은 문서의 목적을 한 문장으로 적었다.

용에 찬동할 것인지에 대한 연구를 마무리했다.8)

연구는 현재 일정대로 진행되고 있으며, 우리는, 2011년 10월 6일 제출한 제안서에 명기한대로, 2011년 12월 4일에 추천보고서를 제출할 수 있을 것 같다.9)

서론

Central Montana State University(CMSU)에서 clickers들을 이용하는데 대한 타당성 연구에 우리가 참여하도록 학생부총장인 Jill Bremerton 박사가 2011년 10월 10일에 승인했다.10)

현재, 교수학습지원부서는 Turning Technology 사의 100 명이 쓸 수 있는 clickers 세 세트를 갖고 있다. 이 clickers들은 간혹 담당 강사들이 이용하려고 할 때 대여해 주기 위한 것들이어서, 강사들이 가르치는 과목의 매 수업 시간 마다 이용될 수는 없다. 대학 사회의 동참이 늘어나는 추세에서 clickers들은 교실 학습 환경을 개선하고 대형 강의 과목의 학습을 개선할 수 있다. Bremerton 박사는 CMSU가 CMSU 강의자들이 이용할 수 있는 특정한 clickers 시스템을 선정해야 하고 그리고 clickers 이용에 필요한 기술을 지원하기 위한 정책과 학생들이 학교 어디에서나 clickers들을 이용할 수 있는 여건을 마련해야 하는 지에 대한 대형 타당성 연구를 위한 자원들을 할당했다. Bremerton 박사는 이 대규모 타당성 연구의 부분을 SAAC의 KMU팀이 수행하도록 요청했다.

Bremerton 박사는 학교가 clickers들을 도입하는 것에 대해, 그렇게 한다면, 강의실들의 시설 환경과 현재의 컴퓨터 환경이 타당성 연구의 방향에 어떻게 영향을 미치는 지에 대한 연구를 더 진행할 것인지에 대해 연구하고 그에 대해 추천하는 우리의 제안을 승인하였다.11)

---

8) 메모가 한 쪽 이상이 되면 요약을 포함한다.
9) 진도보고서의 독자들은 프로젝트가 계획된 일정대로 예산 범위 내에서 진행되고 있는지를 알고 싶어 한다.
10) 제안에 대한 간략한 맥락을 진술한다. 필자들은 자신들의 제안을 독자들이 승인했음을 확인한다.
11) Bremerton 박사가 위원회에 요청한 과제를 공식적으로 진술한다. 서론의 대부분의 정보는 제안서에 그대로 가져온 것이다. 이런 방식은 윤리적으로 문제가 없다.

연구 결과

이 진도보고에서, 우리는 과제 1,2, 3의 완료한 일을 제시한다. 그리고 나서 우리는 남은 과제 4, 5, 6에 대해 토의한다.[12)]

마무리된 일

과제 1[13)]. 대학교육에서 clicker 이용의 기본 이해 획득

강의실 응답 시스템, 학생 응답 시스템 혹은 청중 응답 시스템 이라고도 부르는, Clickers는 “수업 시간에 학생들이 질문에 답하기 위해 이용하는 무선 강의실 전자 투표 시스템” (Ohio State, 2005, 2쪽)이다. Clickers 시스템에서, 개별 학생은, TV 원격 제어기처럼 생긴, clicker라는 전자 장비를 가진다. 교수는, 보통, 질문을 미리 심어놓은 파워포인트 프리젠테이션에서, 질문을 제시하고 그 질문에 대해 학생들은 자신의 clickers들에 정보를 입력해서 응답한다. 교수 컴퓨터에 설치된 소프트웨어는 그 응답들을 막대그래프와 같은, 시각자료로 도표화하여, 강의실 스크린, 교수 컴퓨터 모니터, 그리고 (일부 시스템에서는) 학생 clicker의 모니터에 나타내 보여준다.

Clickers들은 학생들이 학습에 몰두하게, 퀴즈를 보거나, 출석을 부르는 용도로 이용되기도 한다.

Clickers들은 여러 방식들로 강의실 분위기를 개선하여 교수들에게 도움이 된다 (Vanderbilt University, 2010):

- 학생들의 강의 참여 증진
- 수업 중에 학생들 사이에서 토의와 협동 증진
- 수업 중 개별 학생의 참여 격려
- 수업 중에 학생의 수업 이해도 점검
- 학생들이 즉각적인 학습 수요에 적응하는 방식으로 가르칠 수 있어

12) 결과 절들의 구성에 대해 먼저 기술한다. 진도 보고를 위해서는 시간 순으로 내용을 전개하는 것이 좋다.

13) 과제를 제안할 당시의 과제 구조를 따른다.

Clicker 이용 경험담과 효용에 관한 연구 증거는 clicker가 능동 학습을 격려해서 수업의 역동성을 개선한다는 사실을 분명히 제시한다. 전통적 수업이 교수가 학생들에게 말하는 것으로, 피동적 경험일 수 있는 반면, clickers들은 학생과 교수 사이뿐만 아니라 학생들 사이의 상호작용을 격려한다(Draper & Brown, 2004). 전통적 강의에서, 학생들은 자주 그들이 그들의 동료들에게 수치심을 느끼거나 퇴짜를 당할 두려움 때문에 혹은 단순히 그들이 강의에 나서지 않도록 배워왔기 때문에 참여하기를 꺼린다(Caldwell, 2007). 전형적 강의에서, 학생 몇몇이 질문을 도맡아서 하고, 그래서 학생들이 수업 내용을 어떻게 받아들이는 지에 대한 부정확한 인상을 교수가 갖게 된다(Simpson & Oliver, 2006).

비록 더 능동적인 학습 환경이 더 나은 학습을 이끈다고 가정하는 것이 합리적이라 하더라도, 학습을 측정하는 것이 매우 어려운 일이어서, clickers들을 이용하는 것이 학습을 개선한다는 온전한 합의는 아직 없다.[14] 개선된 학습을 제시하는 일부 연구가 있기는 하다. 예를 들어, 대형 여러 분반 물리 과목 수업에 대한 한 연구(Ohio State, 2008)는 clickers 분반들의 학생들이 non-clicker 분반 학생들보다 기말시험에서 10점 차이로 성취도가 높았고, 그리고 여학생들이 clickers 분반의 남학생들만큼 잘 했다(그렇지만 non-clicker 분반들에서는 아니었어)는 것을 발견했다. 그리고 Fies and Marshall (2006)이 한 meta-분석은 26 개 중 11 개 정도의 연구가 복잡한 개념들에 대한 이해가 증진되었음에 대한 분명한 증거를 보여준다.

학자들의 많은 문헌들은, 그렇지만, 개선된 학생 학습에 대한 대단한 잠재성을 알아본 Beaty et al. (2006)과 일치한다. Caldwell (2007)이 그에 대해 다음과 같이 말한다.

"굉장히 많은 수렴적인 증거"가 clickers가 일반적으로 시험 점수나 합격률을 높이고, 수업 이해도 및 학습 성과를 개선하며 학습과 같은 학생 학업 성취를 낳고 학생들이 clickers를 좋아한다는 것을 제시한다는데 대해 대부분의 검토자들이 동의한다. 그렇지만, 문헌 자료들의 검토자들은 또한 현재까지 무엇이 그런 이점들을 초래하는 지에 대한 과학적 결론을 낼 정도로 체계적으로 충분하지는 않다는 데에도 많은 연구가 동의한다.(n.p.)

14) 자신들이 한 2차 연구를 기준에 대한 토의에 능숙하게 통합했다. 그렇게 함으로써, 그들의 신뢰도가 높아진다.

Knight and Wood (2005)가 주장하는 바처럼, 적어도, clickers들을 가진 학생들은 clickers들을 갖지 않은 학생들에 비해서 거의 항상 시험 성적이 더 나았다.

과제 2. Clickers 이용을 위한 공식적 정책에 대한 교수진의 행태 연구

학생 출석, 능동 수업 참여, 및 동참이 clickers들과 함께 증대하기 때문에, 많은 교수들이 clickers들을 좋아할 것이라는 것이 이해된다. Cadlwell (2007)에 보고된 경험담 증거는 교수들이 학생들의 개선된 능동 수업 참여를 반기고 있음을 제시하고 또 학생들이 clickers 과목들에서 더 효과적으로 배운다는 것을 인지한다.

그러나, 문헌(Vanderbilt, 2010)에 의하면 교수들은 clickers 이용에 대해 다음과 같은 문제들을 우려한다:

- 수업 중에 하드웨어나 소프트웨어 기술 문제들이 발생할 수 있다
- 수업 담당 교수가 시스템을 배워서 그것을 효과적으로 이용하는데 시간이 걸린다
- 수업 담당 교수가 clicker 질문들을 강의 자료(파워포인트 슬라이더와 같은)에 심는데 시간이 걸린다
- 수업 중에 clickers를 이용하는 것이 다른 수업 활동 시간을 빼앗는다
- 수업을 "한번 해 보지 뭐" 식으로 변경하는 일 혹은 clickers 응답들에 대해 반응해서 토의를 진행하는 일이 수업 흐름을 흩어 놓을 수 있다

우리는 이 사항들을 고려해서 CMSU 교수들에 대한 설문 조사를 개발했다. 우리는 두 가지 설문을 작성했고, 그러고 나서 그것들을 CMSU의 다른 단과대학 교수 3 명에게 현장 시험을 했다. 그 다음에, 우리는 그 설문조사를 Qualtrics에 탑재했고, e-메일을 담당 교수들에게 보냈으며, 그들에게 설문들에 적절히 응답하도록 요청했다.

적어도 두 학기 동안 clickers들로 수업을 했던 16 명의 교수들은 교수진 설문 1(부록 A, 9쪽에 예시된[15])에 응답하도록 요청했다. Clickers들을 한 번도 쓰지 않았지만(혹은 단 한 학기만 그것들을 이용했던) 100명 이상이 수강하는 과목을 정기적으로 가르친

15) 설문에 대한 참고 자료를 보고 싶어 하는 독자들이 정보를 신속하게 찾아 볼 수 있게 한다.

교수 56 명에게는 부록 B, 10쪽에 예시된, 교수진 설문 2에 응답하도록 요청했다. 두 설문은 2011년 11월 20일이 기한이었다.[16]

과제 3. Clicker 구입 요구 조건에 대한 학생 행태 연구

여러 연구 결과가 대부분의 학생들이 대부분의 지역과 다양한 강의 주제에 대해 clickers들을 이용하기를 좋아한다는 것을 제시한다. West Virginia University에서 시행한 한 연구(Caldwell, 2007)는 학생들의 약 88 %가 그들의 생물학 입문 과목에서 clickers들을 이용하는 것을 "자주" 혹은 "늘" 즐기고 있다는 것을 발견했다. 여러 연구들을 누적한다면, clickers를 항상 이용하는 것을 승인하는 학생들이 70%를 넘는다. 학생들은 clickers를 이용하는 교수들이 학생들이 바라는 바에 대해 더 잘 알고 있으며 그것들을 이용하지 않는 교수들에 비해 응답을 더 잘하는 방식으로 가르친다고 설명을 덧붙인다.

그렇지만, 학생들이 clickers 이용을 늘 승인하지는 않는다. 전국적으로 보고된(Caldwell, 2007)[17] 주된 불평은 다음 문제들과 연관된다.

- 일부 clickers들이 너무 비싸다
- 일부 교수들은 clickers들을 이용하는데 너무 많은 시간을 쓴다
- 일부 교수들은 clickers를 이용하는 목적을 설명하지 않는다
- 일부 교수들은 clickers를 이용해서 수업 내용을 몰고 간다
- 일부 학생들은 그들이 전자 장비를 어떻게 이용하는 지가 그들의 과목 성적에 어느 정도는 반영될 것에 대해 걱정을 한다

이런 우려들 중, clickers 비용과 연관된 하나를 제외한 모두는 교수들이 어떻게 clickers들을 과목 내용에 통합하는 가에 대한 것들이다. 많은 주석가들이 제시하는 바처럼, 학교들은 clickers와 연관 소프트웨어를 어떻게 작동하는가에 관한 기술적 질문들뿐만 아니라 과목을 가르치는데 그것들을 어떻게 효과적으로 이용하는 지에 관해

16) 두 가지 설문을 생성해서 배포했지만 아직 수집되지 않아서 설문 자료가 분석되지 않았다. 12월 4일 제출될 추천보고서에 그 자료들이 보고될 것이다.
17) 보고서 전체에서 그들이 인용한 자료들의 출처를 명시한다.

두루 챙겨주는 훈련을 담당 교수들에게 한다.

우리는 학생들이 구입 가격이 얼마 정도이면 좋다고 생각하는 지부터 알아야 한다고 결론지었다. Clickers 시스템 제작사 네 곳(Turning Technologies, eInstruction, iClicker, Quizdom)의 사이트들을 검토해 보니 값이, 판매상의 가격 정책에 따라, 변동할 수 있다는 것을 우리가 알게 되었다. 예를 들어, 일부 회사들은 (Turning Technologies와 같은), clickers에 매 학기 등록하는 데 대한 이용료 없이, 단 한번 값을 요구한다. 다른 회사들(eInstruction과 같은)은 clickers에 대해 한 번 요금을 받고 나서 학기 당 등록비도 받는다. 게다가, 중개자들(University of Wisconsin-Eau Claire, n.d.)은 일부 판매상들이 교과서 제작자들과 확립된 관계를 갖고 있어서 clickers들은 선정된 교과서와 묶음이 되어 있다고 지적한다. 끝으로, 일부 학교들은 그 학교 학생들에게 특별한 값을 매기는 clickers 판매상들과 계약을 맺었다. 그래서 비용에 대해 단순히 답하기는 불가능하다.

그래서 우리는 학생들이 clickers에 대해 합리적이라고 생각하는 단 한 번 내는 가격을 정하기로 결정했다.[18] 비록 CMSU가, 사실은, 학생들이 clickers 값을 단 한 번 내는 방식으로 계약을 할 수 있을지는 모르겠지만, 이 질문에 대한 답은 적어도 학교 당국에게 학생들이 바라는 가격에 대한 아이디어를 줄 것이다. 우리는 0(아무 값에라도 clickers를 사는데 대해 반대를 표시할 학생들에 대해)에서부터 대략 $60까지 범위의 값을 선정했다. (이 시점에서, Quizdom의 clickers는 대략 $66.55로 비싼 가격대에 속한다.)

우리는 학부 등록생 11,324 명에 대해 다음과 같은 질문 한 개에 대한 설문을 만들었다.

(생략)[19]

---

18) 필자들은 그들의 결정 논리를 설명한다. 그들은 자신들이 가장 중요하다고 여기는 것 'clickers에 대한 학생들의 가격 의견'에 집중하기로 결정했다. 교수들이 어떻게 clickers들을 이용할 지에 대해서는 Bremerton 박사가 주관하는 더 큰 연구에서 살펴질 것이다.

19) 기술 문서 어디에 정보를 제시할 것인 지를 결정해야 한다. 이 설문은, 교수진에 대한 두 가지 설문처럼, 부록에 수록될 수 도 있는 것이다. 그렇지만 그것이 상대적으로 간략해서, 필자들은 그것을 보고서 본론에 싣기로 결정했다.

우리는 현재 CMSU 학부생들 11,324 명 중에서, 단지 832명만이 clickers를 이용해 본 적이 없기 때문에, 이 설문을 모든 학부생들에 시행하려고 한다. 그 숫자가 단지 전체 학부생의 약 7%에 불과하기 때문에, 우리는 캠퍼스에서 clickers를 이용해본 적이 있는 학생들을 따로 분리해 내느라 수고할 필요가 없다고 느꼈다.

우리는 SAAC의 다른 3 명의 회원에게 현장 질문 조사를 했다. 다음으로, 우리는 Qualtrics에 설문 조사를 탑재했고, 학생들에게 e-메일을 보내어, 그들이 질문에 답하도록 권했다. 이 설문 조사의 기한은 11월 27일이다.

남은 일

우리는 이제 과제 4, 강의실의 물리적 특성에 대해 연구하고 있다.

과제 4. 강의실의 물리적 특성 연구

우리는 다음 질문에 답하려고 한다: "대형 강의실의 물리적 특성이 clickers를 도입하는데 또는 대학교가 clickers의 특별한 기술이나 브랜드를 결정하는데 제한적으로 영향을 미치는가?" 우리는 프로젝트에 대해 설명하고 우리가 궁금해 하는 질문 목록을 전달하기 위해 시설처장인 Marvin Nickerson와 11월 9일에 만날 일정을 잡아 두었다.

과제 5. 현재 강의실의 컴퓨터 환경 연구

우리는 다음 질문에 답 하려고 애 쓰고 있다: "대형 강의실에서 수업에 이용되는 컴퓨터 플랫폼이나 운영체제들이 clickers를 도입하는데 또는 대학교가 clickers의 특별한 기술이나 브랜드를 결정하는데 제한적으로 영향을 미치는가?" 우리는 프로젝트에 대해 설명하고 우리가 답을 해야 하는 질문 목록을 전달하기 위해 교수학습처장인 Arlene Matthews 박사와 2011년 11월 14일에 만날 일정을 잡아 두었다.

과제 6. 현재 데이터 분석과 추천보고서 준비

우리는 우리가 답 하려는 질문들, 우리의 연구 방법, 및 우리가 발견한 것들을 설명하는 추천보고서를 준비할 것이다

개정된 일정

진한 색 막대는 과제가 마무리되었음을 연한 색 막대들은 아직 마무리되지 않았음을 나타낸다.[20]

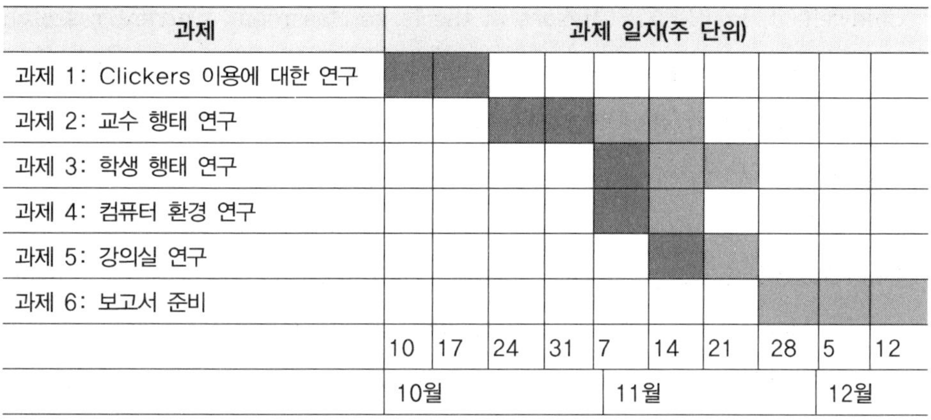

그림 1 프로젝트 과제 일정

결론

우리는 과제 1-3을 성공적으로 마무리 했고, 과제 4와 5는 시작했다.[21] 일정을 보아, 우리는 12월 14일 기한까지 과제 4-6을 마무리할 수 있을 것 같다. 우리는 clickers들이 대학교육에서 어떻게 이용되고 있는 지에 대해 이해하게 되었고 수업 담당 교수들과 학생들을 위한 설문을 진행 중이다. 우리는 강의실 기반 설비를 더 잘 이해하기 위해 현재 인터뷰들을 준비하고 있다. 12월 4일 제시할 보고서에, 우리는 이 배경 정보가 어떻게 CMSU에서 clickers 이용에 대한 더 큰 타당성 연구에 영향을 미치는 지에 대한 추천을 포함할 것이다.

질문이나 추천할 것이 있거나 이 프로젝트에 대해 더 논의하고 싶다면 *****@kmu.ac.kr 또는 ***-****-****로 권 교수에게 연락하기 바란다.[22]

20) 간트 차트는 과제 각각을 마무리하는 진척을 보여준다.
21) 결론은 프로젝트의 현황을 요약한다.
22) 부가적인 정보를 요청하면서 보고를 끝낸다.

참고문헌

Beaty, I. D., Gerace, W. J., Leonar W. J., & Dufresne, R. J. (2006). Designing effective questions for classroom response system teaching. *American Journal of Physics*, 74(1). 31–39.[23]

Caldwell, J. E. (2007). Clickers in the large classroom: Current research and best–practice tips. *CBE Life Science Education*, 6(1): 9–20. doi:10.1187/cbe.06–12–0205

Draper, S. W.…

Ohio State University. (2005). *Committee on classroom response system: Final report*, March 2, 2005. Retrieved September 2, 2011, from http://lt.osu.edu/assets/resources/clickers/ crsfinalreport.pdf

Ohio State University. (2008, July 18). Students who use "clickers" score better on physics tests. *ScienceDaily*. Retrieved September 2, 2011, from www.sciencedaily.com/release /2008/07/080717092033.htm

부록 A: 교수진 설문 1

이것은 적어도 두 학기 동안 clickers들을 이용해서 수업을 해본 적 있는 CMSU 교수나 강사들 16 명에게 우리가 배포한 설문이다.

CMSU에서 Clickers 사용에 대한 설문

지침: 귀하가 아는 바처럼, 학생부총장, Bremerton 박사는 CMSU에서 대형 강의 과목들에서 clickers를 이용하기 위한 공식 기구를 기관화할 것인지를 결정하기 위해 연구를 진행하고 있다. 우리는 귀하가 clickers를 이용해본 경험자이기 때문에 이 연구에 참여하도록 요청한다. 우리는 귀하가 다음 다섯 가지 질문에 답해 주는데 대해 매우 감사드린다.

23) 이 참고문헌 목록은 APA 스타일(4–3 절 참고)을 따른다.

1.

2.

3.

4.

5.

감사합니다.

부록 B: 교수진 설문 2

이것은 적어도 두 학기 동안 clickers들을 이용해서 수업을 한 적이 없는 CMSU 교수나 강사들 56 명에게 우리가 배포한 설문이다.

CMSU에서 Clickers 사용에 대한 설문

지침: 귀하가 아는 바처럼, 학생부총장, Bremerton 박사는 CMSU에서 대형 강의 과목들에서 clickers를 이용하기 위한 공식 기구를 기관화할 것인지를 결정하기 위해 연구를 진행하고 있다. 학생들은 교수가 게시한 여러 질문들에 응답하기 위해 clickers를 이용한다. 담당 교수들은 학생의 이해 정도를 산정하고, 토의를 진작하며, 퀴즈를 내주고, 그리고 출석을 점검하는 일들과 같은 것들을 위해 clickers를 이용한다.

우리는 귀하의 강의 과목들에서 clickers를 이용하는데 대한 귀하의 관심을 측정하기를 원하기 때문에 귀하에게 이 연구에 참여하기를 요청한다. 우리는 다음 다섯 가지 질문에 귀하가 답해 주는데 대해 매우 감사드린다.

1.

2.

3.

4.

5.

감사합니다.

부록 4 설계보고서

기초설계 과제에 대한 설계보고서에는 다음 요소들이 포함된다(Yarnoff, 2010: 215).

1. 표지와 제본
2. 제목 쪽
3. 앞부분: 내용 목차, 그림 목차, 표 목차
4. 요약
5. 몸통(보고 내용, 중요 절들로 분할)
6. 참고문헌
7. 부록

1. 표지와 제본

스프링 제본

2. 제목 쪽

1. 보고서의 온전한 제목
2. 팀원들의 이름(가나다 순서로), 팀 이름
3. 문서 작성일(최종 발표일)
4. 과제 이름, 지도교수 이름
5. 의뢰인과 조직 이름
6. 전문가가 작성한 것 같은 외모, 읽기 쉬운 글자와 크기

3. 앞부분

보고서의 "앞부분"은 표지 다음에 오는 부분으로, 이탤릭 글씨체(쪽 번호 매기기에 대한 노트 참고)로 쪽 번호가 매겨지는 것들이다. 여기에는 보통 내용 목차, 그림 목차, 및 표 목차들이 포함된다. 일부 조직들은 요약 대신 초록을 요구하기도 한다.

■ 쪽 번호 붙이기

공식 보고서들에서는 쪽 번호를 두 가지 종류로 매긴다. 앞부분에 속하는 것 – 내용 목차, 그림 목차, 표 목차 – 들은 쪽 번호를 로마 숫자 소문자들(ii, iii)로 매긴다. 제목 쪽에는 쪽 번호를 붙이지 않지만, 내용 목차의 쪽 번호는 보통 ii로 시작한다. 모든 쪽 번호는, 보통, 쪽의 아래 가운데에 붙인다.

앞부분이 끝난 다음부터는 아라비아 숫자로 쪽 번호를 매기는데, 보통 요약 쪽부터 붙인다.

부록의 쪽 번호들은 본문과 참고문헌에 이어서 붙인다.

■ 내용 목차

내용 목차가 제일 먼저이다. 내용 목차에는 본문의 머리제목들과 부 머리제목들과 그것들 각각이 시작되는 쪽 번호들이 붙는다. 부 머리제목들은 들여 쓰기를 해야 한다. 문서의 몸통에 있는 머리제목들과 부 머리제목들이 내용 목차에 있는 것들과 동일한지 확인해야 한다.

내용 목차 맨 마지막에 부록 목록이 포함된다. 부록은 시작 쪽 번호와 함께, 순서대로 따로 열거한다. 부록에는 그 번호와 제목을 붙인다(예, 부록 1: 설계명세서).

내용 목차 항목과 쪽 번호 사이를 잇기 위해서, 머리제목과 쪽 번호 사이에 'leader'라 부르는, 점들을(·········) 죽 찍는다. 쪽 번호들은 오른쪽 끝을 맞춰서 적는다.

예를 들어, '한글' 워드프로세서의 '도구', '차례/색인', '목차 만들기' 옵션을 이용해서 목차를 작성한다.

■ 그림 목차

문서에 그림이 5 개 이상 있으면, 내용 목차 다음에 그림 목차도 넣는다. 도해, 스케치, 사진, 그래프, 차트, 및 지도 등이 그림이다. 목차에는 그림 번호, 그림 제목, 및 그림이 있는 쪽 번호도 같이 적는다.

주의: 그림이 나열되는 순서는 아라비아 숫자로 번호를 붙여 표시한다. (그림 1, 그림 2).

■ 표 목차

문서에 표가 5 개 이상 있다면, 그림 목차 다음에 표 목차도 넣는다. 그림 목차가 없다면, 내용 목차 다음에 표 목차를 넣는다. 목차에는 표 번호, 표 제목, 및 표가 등장하는 쪽 번호도 같이 적는다.

주의: 표가 나열되는 순서는 아라비아 숫자로 번호를 붙여 표시한다. (표 1, 표 2).

4. 요약

요약은 독자들이 보고서 본론에 있는 자세한 내용 모두를 읽지 않고 필요한 결정을 하기 위해서 그것을 신속히 읽을 수 있게, 보고서의 요점들을 한 쪽에 캡슐처럼 요약해 넣은 것이다. 요약에는 대체로 다음 것들이 포함된다:

1. 제목
2. 프로젝트의 배경이 되는 문제의 간략한 진술(1~2 문장)
3. 프로젝트의 목적과 범주의 간략한 진술 (1~2 문장) 주의: 프로젝트가 외부 자금에 의한 것이라면, 이 부분에 그것을 적어 넣어라.
4. 설계를 개발하는데 쓴 방법론의 간략한 기술: 인터뷰, 사용자 시험, 성능 시험, 등 (1~2 문장). 그렇지만 브레인스토밍, 설계 검토, 및 경쟁 제품들의 분석 등과 같은, 모든 설계 프로젝트들에 통상적인 단계들은 언급하지 않는다. 그 대신, 목업들을 시험한 팀의 구체적인 방법과 전문가들로부터 구한 정보와 같은, 다른 것들과 구별되는 단계들과 그 내용에 초점을 맞추어라.
5. 설계와 그것의 장점들의 요약. 이것은, 요약의 가장 중요한 부분으로서, 설계의 중요한 특징들과 장점들을 기술해야 한다. 팀은 개별 특징을 간략하게 기술하고, 중요 이점들을 간결하게 진술해도 된다. 대안적으로, 팀은 중요 요구 조건들을 기술하고, 핵심 특징들이 그것들의 각각을 어떻게 충족하는지를 설명해도 된다. 이 요약은 표나 짧은 단락들로 제시해도 된다. 또한 설계의 사진이나 도면이 포함되어도 좋다.
6. 해야 한다면, 설계의 중대한 제한 사항들의 (1~2 문장) 간략한 진술문

요약은 보고서의 나머지를 쓴 후에 써야 하는데 그래야 팀이 무엇을 포함해야 할지를 정확하게 알 수 있고 그리고 심지어 보고서 본문의 문장들이나 그림을 빌려올 수 있게 된다.

요약은 내용 목차 (혹은 그림 목차와 표 목차, 그것들이 포함된다면) 다음에 넣고, 그것 혼자 기능하도록 써야 하는데, 그래야 독자가 그것을 보고서와 별개로 독립적으로 읽을 수 있다. 요약은 서론이 아니기 때문에, "보고서가 설명하는 바처럼" 혹은 "더 자세한 내용은 부록 4를 참고"와 같은 말을 쓰지 말아야 한다. (마찬가지로, 요약은 독자가 보고서 본문과 상관없이 독립적으로 읽을 수 있도록 써야 하고, 그래서 보고서는 별도의 서론이 필요하다.)

요약을 읽는 사람들은 필자의 전공 분야 전문가들이 아닐 것이어서, 요약은, 상대적으로 비전문가적인 언어로 작성되어야 한다.

5. 몸통

보고서의 몸통은 설계가 모든 이해 당사자들의 수요를 충족한다는 것을 의뢰인에게 설득하는 방식으로 설계 문제와 팀의 해결책을 제시한다. 보고서는 프로젝트를 적절히 반영해야 하고, 프로젝트가 이 구조에 맞아들지 않는다면, 보고서를 구성하는 대안 방식들에 관해서 담당 교수에게 물어라. 보고서의 본문은 요약에 이어서 시작하고, 보통 다음 부분들로 구성된다.

- 문제와 보고서의 목적을 요약하는 서론
- 주된 이용자들과 요구 조건
- 설계 개념
- 이론적 설명 근거
- 제한 사항들
- 결론

이 절들의 각각에 대해서 다음 내용을 참고하라.

■ 서론

서론은 문제와 해결책들을 요약하고, 보고서의 목적을 진술하며, 주요 절들의 목록을 나열한다. 의뢰인이 보고서를 읽을 조직의 유일한 사람이 아니라면, 팀은 문제를 더욱 자세히 설명해야 한다. 독자들이 읽을 첫 번째 내용이라고 생각하고, 서론을 써라. 그들이 요약을 읽을 것이라고 가정하지 않는다.

■ 이용자와 요구 조건

이 절은 중요 이용자들과 요구 조건들, 그 요구 조건들을 충족하는 것이 설계가 성공하는데 핵심이라고 어떻게 결정되었는지에 대해 설명한다. 개별 이해 당사자와 수요는 자세히 열거하지 않아도 되는데, 온전한 목록은 프로젝트 정의(문제정의문서)에 담겨져 있기 때문이다. 상세한 내용에 대해서는, 독자들이 적절한 부록을 참고하면 될 것이다.

■ 설계 개념

이것은 보고서의 핵심으로, 독자들에게 가장 관심거리가 되는 절이다. 그래서 이 시점까지의 설계 과정을 이야기식으로 서술하기 보다는, 설계에 대해 기술하고, 그 내용이 어떻게 작동하는 지를 독자들에게 설명해야 한다. 그를 위해 아래 지침들을 참고한다.

NOTE: 시제품이, 대부분의 경우에, 설계와 동일하지 않다; 그러나 시제품은 설계의 핵심 특징들과 기능들을 실물로 예증한다. 그러므로 이 절을 쓰는 데 있어서, 시제품이 아니라, 설계 개념에 대해 기술한다. 설계를 예증하기 위해서만 시제품 사진들을 이용한다.

1. 설계의 개관으로 시작한다. 설계의 전반적인 외양 혹은 주된 기능(그것이 무엇인지? 장비? 계획? 시스템?)을 설명하고, 중요 특징들을 열거하며, 그것이 어떻게 작동하는 지를 간략하게 기술한다. 하나 이상의 도해들을 이용해서 예증한다. 마지막 단락에서 뒤 따르는 절들을 열거하고 끝을 맺어라.
2. 말, 숫자, 및 그림들을 사용해서 설계 하부시스템과 특징들을 제시한다. 개관 다음에 오는 절들에서는 말로 하는 기술들과 개별 특징의 도해들이 조합되어

야 한다. 특징들을 기술하는 때, 설계자가 설계의 더 정교한 자세한 것들에 주의를 기울여 왔다는 것을 독자들에게 보여주기에 적절한 곳에, 무게, 치수, 및 그 외의 치수 명세들을 포함한다.

3. 하부시스템들과 특징들을 논리적으로 구성한다. 그것들은, 가장 중요한 것으로부터 가장 덜 중요한 것으로; 이용자가 그것들과 상호작용하는 순서로; 위에서 아래로, 혹은 그 반대로, 등의 순서로 제시되어야 한다.

■ 설계의 이론적 설명 근거

이 절에서, 필자는 설계가 건전한 연구에 바탕을 두었고 그리고 문제를 진정으로 해결할 것임을 독자들에게 설득한다. 여기서도, 팀이 따랐던 과정을 시간 순서로 논의하지 않는다. 대신, 일반적인 접근, 핵심 특징, 재료, 등에 대해 팀이 했던 중요 의사결정들을 중심으로 논의를 구성한다. 그 의사결정들을 팀이 한 연구와 결과들을 이용해서 뒷받침한다.

다음은 도미니카 공화국의 가정집들을 건축하는 동안에 만들어 설치할 저가 태양열 온수기를 설계하기 위한 프로젝트를 맡은 팀의 설계 보고의 예이다(Millea, Nieman, Suszko & Wrobleski, 2003). 열사이폰(태양열 온수기의 구조) 난방(thermosiphon heating)을 이용하는 일반적인 접근을 뒷받침하기 위해서, 팀은 태양 에너지 전문가와 주고받은 e-메일 서신과 태양열 히터 설계에 관한 권위 있는 매뉴얼을 연구했다.

〈예 1〉 권위 있는 연구로 설계 접근 방법을 뒷받침

우리가 개발하려는 시스템의 바탕이 되는 열사이폰 난방은 우리의 설계가 만족해야 하는 단순성, 신뢰성, 및 적응성과 같은 요구 조건들을 충족하는 데 있어서 이상적인 것으로 알려져 있다. 플로리다 태양에너지센터의 선임 연구 분석가인, John Harrison은 우리와 주고받은 e-메일 서신에서, “열사이폰 온수기들은 그 지역 [도미니카 공화국]에 완벽하게 적합할 것이다. 실제로, 열사이폰들은 미국 외의 지역에서 단연코 가장 흔한 시스템들이다. 열사이폰 시스템은 단순하고, 신뢰할만하며, 그리고 아마도 그 지역에서 구할 수 있는 재료들로 만들어질 수 있다”

(2003) 라고 썼다. McGill 대학교 공과대학 교수인, D. A. Sinson은 *How to Build a Solar Water Heater*에서 "(열사이폰)장치는, 세계의 상대적 변방 지역에서도, 일반적으로 이용할 수 있는 저가 재료들로 만들어 쓸 수 있도록 설계되어 있다"(1965)라고 썼다. 특별한 훈련이나 전문지식을 갖지 않은 사람들도 시스템을 만들 수 있다. 경험이 적은 자원봉사자들도 그 시스템을 만들 수 있고, 그것이 가장 필요한 곳의 환경에 적응될 수 있다.

다음 예에서, 팀은 물을 신속히 가열하기 위해서 검정색 고무호스와 아크릴-지붕으로 덮인 상자를 조합하려는 그들의 결정을 성능 시험 결과를 이용해서 뒷받침한다.

〈예 2〉 설계 특징들을 성능 시험 결과들로 뒷받침

장비의 중요한 이점은 물을 신속히 효율적으로 가열한다는 것이다. 가열 장비들에 대해 우리가 시험한 바에 의하면, 구름이 조금 낀 기온이 화씨 60도 인 낮에, 간단한 검정 고무호스가 2 시간 내에 물을 화씨 62도로부터 116도까지 데울 수 있었다. 호스의 가열 난방 효과는 그것을 아크릴 지붕으로 설계된 상자에 설치하면 매우 증대되었다. 물 온도는 2 시간 내에 61도에서 132도 까지 상승했다. 선형 모델들에 바탕을 둔 시스템은 기온이 110도 일 때 물을 쉽게 150도를 넘는 정도까지 가열할 것이다.

다음 예는, 이용자와 성능 시험, 둘 다를 이용해서 특별한 특징의 선택을 뒷받침한다. 프로젝트는, 척추 손상으로 인해, 손목과 손의 잡는 힘이 제한된 개인들이 다양한 모양의 용기 속 내용물을 직접 마실 수 있게 하는 장치를 설계하는 것이다.

〈예 3〉 설계 특징의 선택을 이용자와 성능 시험 결과들로 뒷받침하기

용기의 가죽 끈 손잡이: 음료는 용기 손잡이의 내부에 담겨 있다. Dycem으로 둘러싸인 고무 패드와 발포(foam) 단열재는, 용기 손잡이가 D-링으로 팽팽해지면, 음료 용기를 제자리에서 안전하게 잡고 있다. 사용자 시험에 의하면 사용자가

D-링을 쉽게 조작할 수 있다는 것이 입증되었다. 미끄러짐이 없고, 접착력도 없는 재료인, Dycem은 미국 시카고의 재활협회에서 물건들을 손으로 잡는데 어려움을 겪는 의뢰인들에 대해 대단히 성공적으로 사용되었다. 성능 시험에 의하면, 손잡이가 안전하게 최대 20 파운드가 되는 물건을 붙잡고 있을 수 있고, 그리고, 아주 큰, Arizona Iced Tea 캔을 안전하게 잡기에 충분히 큰 표면 넓이를 가지고 있다는 것이 입증되었다.

■ 설계 제한 사항

기초설계에서 만든 모형 시작품이 완전히 기능하는 제품이 되는 예는 거의 없다. 더욱 통상적으로, 과목의 설계 인공물들은 보통 제품 모형과 스케치들이다. 팀들은 설계가 기대된 바대로 작동할 것을 보증하기 위해 모든 특징들의 기능성을 시험할 시간을 갖지 못한다. 게다가 설계는 모든 요구 조건들을 충족할 수 도 없을 것이다. 책임감 있는 엔지니어들로서, 팀원은 그래서 독자들에게 무엇이 설계의 제한 사항들이고 그리고 그것들이 어떻게 반영되어 있는지를 분명하게 설명해야 한다.

■ 결론

보고서의 결론에서는, 다음 예에서처럼, 설계가 요구 조건들을 어떻게 충족하는 지를 요약한다.

〈예 4〉 설계 특징들을 요구조건들과의 관계에 대해서 효과적으로 요약

요약하자면, 우리가 한 설계는 시스템을 설치할 자원봉사자들과 시스템을 이용할 가족들의 필수 수요를 충족한다. 설계는 다음 것들을 조합해서 이용한다:

- 180 F 이상의 물을 이송할 수 있는 산업용 고무호스
- 180 F 이상 온도에서 큰 열 손실 없이 물을 이송하는 PVC-코팅 된 구리 piping
- 온실 효과를 이용해서 물을 가열하는 3/8 인치 아크릴 용지

가족들이 쓰는 시스템은 안전해야 한다. 우리가 설계한 화상 방지용 밸브는 물에 데는 것을 예방한다. 끝으로, 가족들이 쉽게 유지하고 수리할 수 있도록 설계가 간단해야 한다. 우리가 개발한 온수기가 펌프, 배터리, 혹은 전기를 전혀 사용하지 않기 때문에 이 요구는 충족된다.

자원봉사자들은 엄격한 건축 명세들이나 구하기 어려운 재료들을 요구하지 않는 단순한 시스템을 원한다. 초보 자원봉사 목공들도, 시간만 충분하다면, 820 달러 이하의 가격으로 이 시스템을 쉽게 만들 수 있다.

6. 참고문헌

보고서는 설계 문제와 이론적 근거를 설명하기 위해 필자들이 이용한 모든 책, 문건, 웹사이트 및 인터뷰들의 완전한 목록을 포함해야 한다. 이 목록은 보고서의 몸통 끝에, 그렇지만, 부록 앞에 와야 한다.

주의: 프로젝트가 외부 자금에 의해 지원된 것이라면, 참고문헌 목록 바로 앞에 그 사실을 적어라.

	ENGINE PROGRAM PARTS LIST								
	DOCUMENTING THE DESIGN								
Qty /		PART NUMBER					Delivery	RESPONSIBILITY	
Engine	PART DESCRIPTION	Prefix	Base	End	P.O. #	Source	Date	Design	Engineer
	PISTON								
6	PISTON (CAST/MACH)	SRLE	6110	24093	RN0694	Ace	11/17/95	S. LOPEZ	M. Mahoney
6	PISTON RING - UP COMPRESSION	SRLE	6150	AC	RN0694	Ace	rec'd FRL	S. LOPEZ	M. Mahoney
6	PISTON RING - LOWER COMPRESSION	SRLE	6152	AC	RN0694	Ace	rec'd FRL	S. LOPEZ	M. Mahoney
12	PISTON RING - SEGMENT OIL CONTROL	SRLE	6159	AC	RN0694	Ace	rec'd FRL	S. LOPEZ	M. Mahoney
6	PISTON RING - SPACER OIL CONTROL	SRLE	6161	AB	RN0694	Ace	rec'd FRL	S. LOPEZ	M. Mahoney
6	PIN - PISTON	SRLE	6135	AA		BN Inc.		S. LOPEZ	M. Mahoney
6	PISTON & CONNECTING ROD ASSY	SRLE	6100	AG				S. LOPEZ	M. Mahoney
6	CONNECTING ROD - FORGING	SRLE	6205	AA		Formall		S. LOPEZ	M. Mahoney
6	CONNECTING ROD ASSY	SRLE	6200	CI		MMR Inc.		S. LOPEZ	M. Mahoney
12	BUSHINGS - CONNECTING ROD	SRLE	6207	AE		Bear Inc.		S. LOPEZ	M. Mahoney
12	RETAINER - PISTON PIN	SRLE	6140	AC		Spring Co.		S. LOPEZ	M. Mahoney

재료견적서(BOM)의 예

7. 부록

대부분의 보고서들에는 문서의 본론에 있는 정보를 뒷받침하거나 보충하는 부록들이 있다. 부록들은 일부 독자들이 상세히 점검하기를 원할, 다음 종류의 정보를 싣는다. 예를 들어, 의뢰인이 설계를 구현하는 실물을 만들고 싶어 한다면, 그는 설계의 지시사항들뿐만 아니라 필요 재료들과 그것들을 판매하는 가게 이름을 알기 위해서 재료견적서(BOM, bill of materials)를 참고하려고 할 것이다. 만약 그가 설계에 대해 더 많이 알려고 한다면, 설계 팀이 무슨 성능 시험을 했는지 알아야 할 것이고, 시험을 더 해야 하는 지를 결정할 것이다.

유용한 부록:

- 프로젝트 정의: 이것은 일반적으로 설계보고서의 부록 1 번이다. 그것의 목적은 필자가 한 설계가 요구 조건들과 명세들을 적절히 살폈는지를 보여주는 것이다. 설계자가 한 것이 실제로 모든 요구 조건들과 명세들을 충족하는 지를 이중으로 점검하기 위해서 이 문서를 이용한다. 설계와 프로젝트 정의는 상호 보충적이어야 한다.
- 이용자 관찰 결과
- 이용자 시험 결과
- 성능 시험 결과
- 전문가 인터뷰 결과
- 배경 연구(예, 경쟁 제품 분석)
- 재료견적서(위 그림(Dieter, 2013: 394))
- 시제품을 만들기 위한 지시사항

부록을 팀이 프로젝트에서 했던 모든 것을 쏟아 부어놓는 자리로 이용해서는 안 된다. 팀은 시간과 자원을 아껴 쓰려는 독자들을 고려해서 보고서를 써야 한다. 보고서의 두께로 의뢰인이나 교수들에게 인상을 남기려 해서도 안 된다.

그래서 부록에는 독자들이 팀이 한 설계 과정을 이해하는데 그리고 정당화하는데 혹은 설계를 구현하는데 유용한 것으로 판단할 그런 자료들만을 넣는다. 그러므로 예를 들어, 수업 시간에 한 브레인스토밍 아이디어 목록과 같은 것들은 포함되지 않아야 한다.

반대로, 중요한 뒷받침 데이터와 도해들이 부록에 파묻혀 보기 어렵게 해서도 안 된다. 이것들은 보고서의 본론에 있어야 할 것들인데 - 대부분의 독자들은 부록에 있는 것들을 읽지 않기 때문이고, 보고서의 몸통은 그것 자체로서 설득력 있는 논증을 해야 한다. 정보를 어디에 둘 것인가를 결정하는 때, 독자들이 문서를 처음 읽을 때는 부록을 뒤지지 않을 것이라고 가정한다.

보고서들이 서툴게 조직되고, 불완전하며, 또는 번호가 엉터리로 붙어 있다면, 독자들이 얼마나 황당해 할지에 대해 미숙한 필자들은 미처 생각하지 못한다. 다음은 부록들의 구조를 짜고 조직하는데 알아야 하는 몇 가지 지침들이다:

- 부록 하나에는 한 종류의 정보만 있어야 독자들이 정보를 쉽게 찾을 수 있다.
- 부록들은 필자가 보고서 본론에서 언급한 순서대로 배열되어야 한다, 그것들에 차례대로 번호를 붙여라: 부록 A, 부록 B, 등, 각 부록을 새 쪽에서 시작하고 그것에 제목도 붙여야 한다. 예를 들어, 부록 C: 사용자 시험 결과의 요약.
- 개별 부록은 본론에서 적어도 한 번은 언급되어야 한다.
- 부록의 쪽 번호는, 몸통 문서 번호에 이어서 붙인다.
- 개별 부록의 제목과 그 시작 쪽 번호를 내용 목차에 나열한다.
- 부록 시작부에 내용 정보가 의미하는 바와 그것을 어떻게 얻게 되었는지를 간략하게 설명한다. 예를 들어, 사용자 시험 결과들을 요약하는 표를 제시하는 부록에 대해서 소개한다면, 표가 무엇이고, 시험은 어떻게 진행되었으며, 머리제목들과 수치 값들이 의미하는 바를 설명해야 한다. 부록은 그것 스스로 온전해야 하는데, 독자들이 보고서의 몸통을 뒤적거리지 않고서 그 목적과 결과들을 이해할 수 있어야 한다는 의미이다.

모든 부록에 이름을 붙이고 나열 순서를 정하는 일이 성가시지만, 그럴 만한 것이다. 엉성하게 만든 부록들은 보고서의 신뢰성을 매우 손상한다.

■ 글쓰기 스타일

좋은 설계보고서는 전문가다운 스타일로 작성되어서, 보고되는 모든 아이디어들이 분명하고 모호하지 않으며, 자세한 내용들이 매력적이고 옳아서, 보고서 스스로가 필자의 논증을 뒷받침한다. 만약 팀이 설계 요구 조건들을 충족하지 못했고 연구와 시험으로 정당화될 수 없는 부적절한 사항들이 보고 내용에 포함되어 있다면, 글을 아무리 잘 쓰고 매력적인 시각자료들을 이용했다 하더라도, 필자들이 쓴 제재들이 좋은 보고서를 만들지 않을 것이다. 그러나 그 반대도 사실이다. 만약 팀이 설계를 잘 했지만 그것을 적절히 설명하거나 정당화하지 못한다면, 의뢰인이 그것을 이해하지 못할 것이고; 그리고 만약 팀이, 흥미로운 내용을 담고 있지만, 문법적으로 허접하고, 사소하게 틀린 글자들이 있는 보고서를 제출한다면, 의뢰인은 팀의 추론뿐만 아니라 자세한 내용에 대해 의문을 가지게 될 것이다.

부록 5 회의

1. 의안 설정

팀 시간을 효율적으로 이용하기 위해서 팀원들로부터 입력을 받아서, 의안이 준비되어야 한다. 팀원들이 각자 의제를 내도록 해서 의안이 정해져야 한다. 의안에는 다음 것들이 포함된다:

- 회의 일자, 시간, 장소
- 회의 목적
- 핵심 역할: 팀장(리더)은 안건을 제시하고 논의를 활성화한다. 서기는 회의 중에 노트를 기록하고 마친 후에 팀원들에게 회의록을 공지한다. 시간 지킴이는 팀원들이 회의 주제에 대해 할당된 시간을 지키도록 점검한다. 다양한 역할을 해 보는 기회를 가지기 위해서 팀원 각자는 회의마다 역할을 돌아가며 맡는다.
- 논의할 주제

다음은, '뇌졸중 환자들을 위한 음식-자르기 장비를 개발'하는 팀이 사용한 의안 두 가지 이다. 첫 번 의안은 목업들을 계획하기 위한 회의용이다.

〈예 1〉 목업에 대해 토의하기 위한 회의용 의안

시간/장소: 4월 22일 14:00-15:00, 도서관 회의실 2322
목적: 목업 계획과 사용자 시험
의장: 박계명
서기: 김기록
안건/담당
- 목업 # 1 / 김기동
- 목업 # 2 / 이근혜
- 목업 # 3 / 김기도

- 사용자 시험 / 홍도명
- RAM 차트와 Gantt 차트 갱신 / 박그람

다음은 진도를 점검하기 위해 지도 교수와 할 회의용 의안이다. 교수가 분명성, 간결함, 및 직업 전문가다움에 바탕을 두어 팀 회의를 평가할 것이기 때문에, 의안은 훨씬 더 상세하다. 팀/교수 회의를 위해서, 산업계에서 최선의 관행으로 인정되는, 의안 모델을 참고한다.

〈예 2〉 지도교수와 팀 회의를 위한 의안

회의 일자, 시간, 장소: 5월 4일 14:30-15:00, 공대 세미나실
목적: 목업과 사용자 시험에 대해 교수께 피드백 받기
의장: 김이홍
서기: 조준서
시간 지킴이: 시태열

주제	발표자	시간	성과물	과정	준비
바로 앞 회의에서 정해진 행동 사항들의 재점검	김이홍	2분	조치할 내용들을 마무리하고, 알게 된 핵심 사항들을 교수께 보고	바로 앞 회의의 회의록과 진도보고서를 참고하여 구두 요약	바로 앞 회의의 진도보고서와 회의록 재점검
사용자 시험용 목업	조준서	10분	지도교수가 목업에 대해 피드백	목업들로 구두 요약	진도보고서 재점검; 모두 목업들을 가져와야 해
사용자 모집 계획	박계명	5분	사용자들을 모집하기 위해 의뢰인에게 보낼 e-메일을 지도교수가 점검하고 첨삭	e-메일 사본 배포	e-메일을 작성해서 점검을 위해 팀원들에게 보내고; 회의를 위해 편집된 원고 사본 준비
사용자 시험 지침	최정구	8분	지도교수가 사용자 시험 지침에 대해 점검하고 충고	사용자 시험 지침사본 배포	지침을 작성해서 점검을 위해 팀원들에게 회람하고; 회의를 위해 편집된 원고 사본 준비

교수의 질문과 코멘트	성이도	8분	지도교수가 문제들을 점검하고 우려 사항들을 제기	토의	질문에 답하는 데 필요한 경우를 대비해서 팀원 모두의 설계부가 온전한지 확인

다음은 팀이 의뢰인과 할 회의용 의안이다. 최종 설계 발표를 3주 앞둔 시점에서 하는 회의로, 목표는 사용자 시험 결과에 바탕을 두어 팀이 선택한 최종 설계 방향에 대한 피드백을 의뢰인에게 받는 것이다. 의뢰인은 개별 토픽에 대해 팀이 사용한 계획 과정에 관심이 없기 때문에 지도교수와 하는 회의용 의안보다는 덜 상세하다. 그렇지만 의뢰인의 업무 일정에 어긋나지 않도록 개별 토픽에 대해 배당된 시간이 의안에 포함된다.

〈예 3〉 의뢰인과의 회의용 의안

시간/장소: 5월 15일 10:00-10:30, 공대 회의실 1211
목적: 의뢰인과 최종 설계 개념 토의
의장: 김기록
서기: 이정록
시간 지킴이: 정기동
안건/시간/발표자

- 회의 목적과 의제 개관 / 1 분 / 이정록
- 목업에 대한 사용자 시험 점검 / 5 분 / 김기록
- 사용자 시험 결과 요약 / 5 분 / 정기동
- 최종 설계 개념에 도달하기 위해 이용한 결정 매트릭스 / 5 분 / 고태우
- 최종 설계 개념의 스케치 점검 / 2 분 / 이정록
- 최종 발표 시간과 장소 / 2 분 / 고태우

비록 의안을 준비하는 일이, 회의가 상대적으로 짧은데 비해, 많은 것처럼 보이지만, 그렇게 하면 배분된 시간 내에 팀이 할 일을 하는 데 도움이 된다.

2. 회의 진행

팀 회의에서 팀원들이 맡아야 하는 역할들은 다음과 같다.

의장

- 의안 설정
- 참여자들이 적절히 대비할 수 있도록 회의 24 ~ 48 시간 전에 의안을 보낸다.
- 회의가 정해진 시각에 시작해서 마치도록 해야 한다.
- 논의가 주제에 집중해야 하고 지지부진할 때는 재치 있게 뒤로 돌아 간다.
- 논의 주제에 대해서 팀원 각자가 적어도 한 가지 의견은 내 놓도록 팀원 개개인의 회의 참여를 독려한다.
- 모든 안건들을 논의해야 한다. 그것이 불가능하면, 팀원들에게 항목들에 대한 자료들을 회람하게 해서 다음 회의로 그것을 넘기도록 요청한다.
- 팀이 합의에 이르도록 노력한다. 논의에서 한 의사결정에 대해 혹시 반대하는 사람이 없는 지 확인한다. 그렇다면, 논의 내용을 더 명백히 해서 그 반대를 해소한다.
- 팀 회의 결정에 따라 해야 하는 조치들을, 누가 그것들에 대해서 책임을 지며, 그리고 언제 그것들이 마무리되어야 하는지, 확인한다.
- 의안 사본을 팀장 설계부에 보관해 둔다.

시간 지킴이

- 의장이 안건 주제에 대해서 논의하는 시간이 언제 종료되는지를 알게 해야 한다. 그 시점에서, 의장은, 참여자들의 찬동에 따라, 논의를 계속할 지를 정할 수 있고, 안건을 수정하거나, 혹은 안건을 묵살하고 원래 안건으로 회의를 계속한다.

서기

- 논의되는 항목들의 요점, 결정된 사항, 그리고 취할 행동들을 (그 행동들에 대해 누가 책임을 지는지 그리고 언제 그것들이 마무리되어야 하는지와 함께) 기

록해야 한다. 회의가 끝나면 팀원들과 조치 내용에 대해 점검한다.

- 회의록을 작성해서 그것들을 24 시간 내에 팀원들에게 e-메일로 보내야 팀원들이 첨가, 수정, 혹은 분명히 할 것들을 제안할 수 있다. 그러고 나서 개정된 회의록을 팀원들과 담당교수에게 공지한다. 수정을 마친 후에, 회의 노트의 사본을 프로젝트 설계부에 보관한다.

주제 발표자

- 의안에 명시된 자료를 준비해서 회의에 가져가야 한다. 만약 그 일을 못하게 되는 사정이 생기면, 팀원들에게 최대한 신속히 그것에 대해 알리고 다른 팀원이 그 자료를 대신 준비할 수 있도록 애써야 한다. 자료는 준비가 되었는데 참석을 못 한다면, 그것이 회의 전에 팀원들에게 전달되도록 해야 한다.

3. 팀 회의 일반 지침

생산적인 회의가 되도록 아래 사항들을 지킨다.

- 모두 참여
- 훼방 놓지 않는다
- 아이디어들을 즉시 (엉뚱하다고 해서) 거절하지 않는다. 그런 행동은 모욕("말도 안 돼는 소리"), 겸손("생각은 좋아 보이지만, 그러나, …"), 폄하("아니야, 틀렸어"), 무시(침묵) 등 많은 형태를 띤다. 다른 사람의 아이디어를 즉각 반박하면, 좋은 아이디어들이 묻히게 되어 팀은 귀한 관점들을 잃을 수 있다.
- 모든 의사결정에 대해서, 만장일치가 아닌 방식으로, 합의

4. 회의록 관리

회의록은 논의된 핵심 아이디어, 합의된 의사결정, 및 할당된 과제들을 기록하는 장이다. 이 방식으로, 회의록은 프로젝트가 제 갈 길로 진행되도록 한다. 지도교수는 팀원 각자가 프로젝트에 참여하고 있음을 확인하기 위해 (프로젝트 노트북에 있는)이 회의록

을 참고할 수 있다. 그리고 팀은 그들이 의뢰인에게 보낼 e-메일을 갱신하려고 할 때 회의록을 뒤져서 참고할 수 있다. 회의록에 회의에서 오고간 대화를 모두 기록하는 것은 아니다. 회의록에는 다음 정보들이 기록되어야 한다:

- 회의 장소, 일자, 및 시간
- 불참자 이름
- 서기 이름
- 논의된 주제, 각 주제에 대해 요점과 결정된 사항들의 간략한 요약이 포함된다.
- 계획된 행동, 그것들을 맡은 팀원 이름, 및 기한

회의록은 점검과 다른 팀원들이 이용할 수 있게, 속히 공지되어야 한다.

다음은 '뇌졸중 환자들이 음식을 써는데 도움을 주는 장비를 설계'하는 팀이 작성한 회의록 예이다:

〈예〉 팀 회의록
회의 장소, 일자, 시간:
참석자:
서기:
주제, 요점, 및 결정된 사항

- 사용자 시험 절차들의 점검: 박계명과 김기록이 우리가 개발한 사용자 인터뷰 설문을 따라서 RIC에서 사용자 두 사람과 세 가지 모형에 대해 시험했다. 그들은 시험을 하면서 디지털 카메라로 사진 33 장을 찍었다.
- 사용자들이 좋아한 특징:
  - 목업 1: 스펀지-손잡이; 45도 각도 손잡이
  - 목업 2: 스프링 기구
  - 목업 3: 안전 자물쇠; 둥근 모서리
- 사용자들이 싫어한 특징:
  - 목업 1: 칼날이 짧음

- 목업 2: 각도가 안 맞아 손잡이를 잡기 어려워
- 목업 3: 손잡이 구멍으로 손가락을 빼내기 어려움

• 설계 점검: 결정 행렬을 이용해서, 우리는 설계 점검을 위해 목업 하나를 만들기로 했다. 그것은 안전을 고려해 끝부분이 둥글고 길이가 대략 6 인치인 칼날과 45 도 각도를 가지는 스펀지 손잡이를 가질 것이다. 안전 자물쇠와 스프링 기구가 비용을 키우고 장비를 청소하기 어렵게 만들기 때문에, 우리는 그 특징들을 채택하지 않기로 했다. 대신 우리는 칼날들을 다른 종류(아직 미정)의 스크루로 연결하는 것과 안전을 위해 아마도 가죽으로 된 운반 케이스 목업을 만들 것이다.

• 설계 점검(과 기한)을 위해 준비할 과업:
- RAM 차트 작성: 김기록 (5/15)
- 목업에 필요한 물품 구입: 박계명 (5/16)
- 목업 만들기: 정기호와 최정구 (5/20)
- 설계 점검 슬라이더와 설문지 작성: 성문식과 이도행 (5/20)
- 설계 점검 연습: 모두 (5/21)

5. 교수가 참여하는 회의 진행

팀은 지도 교수와 30분짜리 회의를 적어도 두 번 할 것이다. 이 회의의 목적은 팀이 결정한 사항, 계획, 및 질문들을 점검하는 것인데, 그래야 지도 교수가 팀 프로젝트에 대해 건설적인 충고를 하고, 프로젝트 관리와 팀워크에 대해 평가할 수 있다.

팀이 회의 계획과 진행을 책임진다. 회의를 계획하는 때, 다음 지침들을 참고한다.

• 다가오는 수 주 동안 해야 할 핵심 설계 결정과 계획들에 대해 집중한다
• 팀원들이 회의에서 능동적이고 동등한 역할을 해야 한다
• 이전 회의들에서 결정된 내용들의 조치 상황을 점검한다
• 팀원들과 상의해서 의안을 만든다
• 모든 뒷받침 자료들을 회의에 가져간다

찾아보기

ㅂ

ㅅ

ㅇ

ㅈ

ㅊ

ㅋ

ㅌ

ㅍ

ㅎ

기타

■ 저자소개

권 성 규

- 1990년 Louisiana State University 기계공학 Ph.D.
- 1991년 한국원자력연구소 선임연구원
- 1995년 계명대학교 기계자동차공학과 교수
- 2017년도 대한기계학회 교육부문 춘계학술대회 우수논문상 수상
  : "창의적 설계 개념 발굴을 위한 문제 정의"
- 2018년도 대한기계학회 교육부문 춘계학술대회 우수논문상 수상
  : "기초설계 과목 개발"
- 강의 전공과목 : 로봇공학, 기구학
- 관심 교육 분야 : 공학글쓰기

저서:
- 기구학 (권성규 외 5인) (역서)
- Programming with FORTRAN 77 (역서)
- 과학기술문 작성법 (권성규 외 6인)
- 글쓰기의 기본 이론과 과학기술문 작성법 (권성규 외 6인)
- 수치해석 (권성규 외 3인) (역서)
- 미분적분학과 해석기하학 (권성규 외 29인) (역서)
- 공학도를 위한 글쓰기 (권성규)

공학설계와 의사소통

발행일 _ 2019년 2월 25일
저자 _ 권성규
발행인 _ 문정임
발행처 _ 학산미디어
기획 _ 이덕선
주소 _ 서울특별시 노원구 동일로245가길 41
전화 _ 02-935-0670 / 010-3223-7340
팩스 _ 02-932-0670
이메일 _ sorgento2000@hanmail.net
등록번호 _ 제 25100-2011-000001호
편집/표지 _ 강정자
ISBN 979-11-85294-26-1 03500
정가 _ 20,000원